高职高专电气电子类系列教材

课证融通
特色教材

电工技能
实训教程

陈　斗　刘志东　主　编
周秋燕　杜宝银　副主编
　　　　吴俏英　主　审

化学工业出版社
·北京·

内 容 简 介

本书是依据国家颁发的 2019 年版《国家职业技能标准——电工》应掌握的知识要求和技能要求，按照标准、教材、题库相衔接的原则和岗位培训需要的原则，紧密结合企业电工工作实际，紧扣电工职业技能等级认定进行编写的理论实践一体化教材。

本书内容共分 7 个项目 19 个任务，包括：安装与维修三相笼型异步电动机基本控制电路，安装与检修三相异步电动机降压启动控制线路，安装与检修三相笼型异步电动机制动控制线路，安装与检修双速异步电动机控制线路，检修常用机床设备电气控制线路，安装测试简单电子线路及排故，使用与设计 PLC 控制系统。本书附有配套的电工职业技能鉴定考核样题及其答案、国家职业技能标准——电工以及电子课件，以便企业培训、考核鉴定和读者自测自查。

本书适合作为高职高专电气自动化技术、电气化铁道技术、机电一体化专业等相关专业的教材，也可作为函授教材和工程技术人员参考用书，还可作为企业电工培训、职业技能鉴定、再就业转岗培训、农民工电工培训等的参考用书。

图书在版编目（CIP）数据

电工技能实训教程/陈斗，刘志东主编．—北京：化学工业出版社，2023.12（2024.8重印）
高职高专电气电子类系列教材
ISBN 978-7-122-44799-9

Ⅰ.①电… Ⅱ.①陈…②刘… Ⅲ.①电工技术-高等职业教育-教材 Ⅳ.①TM

中国国家版本馆 CIP 数据核字（2023）第 237482 号

责任编辑：葛瑞祎　　　　　　　　　　文字编辑：宋　旋
责任校对：宋　玮　　　　　　　　　　装帧设计：刘丽华

出版发行：化学工业出版社（北京市东城区青年湖南街 13 号　邮政编码 100011）
印　　装：大厂聚鑫印刷有限责任公司
787mm×1092mm　1/16　印张 16¼　字数 418 千字　2024 年 8 月北京第 1 版第 2 次印刷

购书咨询：010-64518888　　　　　　　　售后服务：010-64518899
网　　址：http://www.cip.com.cn
凡购买本书，如有缺损质量问题，本社销售中心负责调换。

定　价：49.00 元　　　　　　　　　　　　　　　　　　　版权所有　违者必究

前言

本书是依据国家颁发的 2019 年版《国家职业技能标准——电工》应掌握的知识要求和技能要求,按照标准、教材、题库相衔接的原则和岗位培训需要的原则,紧密结合企业电工工作实际,紧扣电工职业技能等级认定进行编写的理论实践一体化教材。

本书内容包括:安装与维修三相笼型异步电动机基本控制电路、安装与检修三相异步电动机降压启动控制线路、安装与检修三相笼型异步电动机制动控制线路、安装与检修双速异步电动机控制线路、检修常用机床设备电气控制线路、安装测试简单电子线路及排故、使用与设计 PLC 控制系统,共 7 个项目 19 个任务。每个项目有学习目标,包括若干个任务,每个任务包含任务分析、任务资讯、任务实施、任务考核等部分。书末附有与之配套的电工职业技能鉴定考核样题及其答案、国家职业技能标准——电工,以便于企业培训、考核鉴定和读者自测自查。本书在内容安排上按由浅入深、由易到难的顺序,每个项目自成一个系统。本书通俗易懂,阐述简练,融入了结合实际的案例、实训、应用等实用知识,配有大量的实物图和表格,既有利于培训讲解,也有利于自学。本书力求使读者通过学习,掌握电工技能,形成综合职业能力,并有助于读者通过相关升学考试和电工职业资格证书考试。

本书选取典型项目,采用任务式编写体例,力求科学、简洁、实用,在编写过程中,着力体现以下特色:

(1) 实现"教、学、做"一体化教学法,采用任务驱动体系,贯穿"分析、资讯、实施、考核"教学四步法。 本书以能力本位教育为指引,以培养技术应用能力为主线,借鉴了德国职业教育理念,融入了新加坡职业教育思想,本着"工学结合、行动导向、任务驱动、学生主体"的学习领域开发思路,贯穿"分析、资讯、实施、考核"教学四步法,更加贴近职业教育的特点。全书注重教学过程的实践性、开放性、职业性和可操作性,将知识能力、专业能力和社会能力融入课程中,实现"教、学、做"一体化教学法,采用基于工作过程系统化的任务驱动体系,以完成一个个工作任务为主线,完全以任务的实施过程来组织内容。任务的组织与安排根据认知规律由易到难,通过任务的实施,完成由实践到理论再到实践的学习过程。

(2) 体现职业教育的特色,注重实际应用和时代性。 以就业为导向、以适应社会需求为目标,针对课程涉及的职业岗位及其涵盖的职业工种,结合职业资格证要求选取内容,坚持以国家职业技能标准为依据,紧扣国家职业技能鉴定规范进行编写。紧密联系工程实际,突出理论知识的实用性,使学生能学到新颖的、实用的知识,有利于培养学生的实践能力和创新能力。附录考核样题中有与岗位贴近、与实际结合的习题,通过这些可加强实际应用能力的训练。全书的图形符号和文字符号均采用最新国家标准。

(3) 适应"双证制"考核需要。 以国家技能鉴定中心颁发的电工技能鉴定要求为依据,编写了电工职业技能鉴定考核样题及其答案,便于企业培训、考核鉴定。

（4）简明易学。以"必需够用"为度，根据教学特点，精简教学内容，突出重点。立足于学生角度编写教材，让学生"易于学"。书中的许多内容都是参编教师在平时教学中所积累的经验，在内容的表述上尽可能避免使用生硬的论述，力争深入浅出、循序渐进。全书层次分明、条理清晰、结构合理，使学生在学习的过程中提高认知的兴趣。

（5）融入课程思政，润物无声育人无痕。在每个项目的学习目标中都设置了素质目标，引导学生在掌握知识和技能的基础上提升职业素养。

本书由湖南铁路科技职业技术学院陈斗、刘志东主编，由广东生态工程职业学院周秋燕、山东省泗水县职业中等专业学校杜宝银副主编。参与编写的还有：湖南铁路科技职业技术学院蒋逢灵、龚事引。具体编写分工如下：陈斗编写项目1，刘志东编写项目2至5，龚事引、杜宝银编写项目6，蒋逢灵编写项目7，周秋燕编写电工职业技能鉴定考核样题及其答案，全书由陈斗统稿、定稿。本书由广东生态工程职业学院吴俏英主审。

由于编者水平有限、编写时间仓促，书中难免有疏漏，殷切希望广大读者批评指正，以便修订时改进，并致谢意！

编者

2023 年 8 月

目录

项目1 安装与维修三相笼型异步电动机基本控制电路 / 001

学习目标 ······ 001
任务1.1 使用与检修常用低压电器 ······ 001
 1.1.1 任务分析 ······ 001
 1.1.2 任务资讯 ······ 002
  1.1.2.1 低压电器的基础知识 ······ 002
  1.1.2.2 低压开关 ······ 005
  1.1.2.3 熔断器 ······ 012
  1.1.2.4 主令电器 ······ 014
  1.1.2.5 交流接触器 ······ 018
  1.1.2.6 继电器 ······ 020
 1.1.3 任务实施 ······ 026
  1.1.3.1 识别常用低压电器 ······ 026
  1.1.3.2 安装低压开关 ······ 026
  1.1.3.3 使用熔断器 ······ 028
  1.1.3.4 使用主令电器 ······ 030
  1.1.3.5 使用交流接触器 ······ 030
  1.1.3.6 检修与校验时间继电器 ······ 031
 1.1.4 任务考核 ······ 033
任务1.2 安装与调试三相笼型异步电动机直接启动控制线路 ······ 034
 1.2.1 任务分析 ······ 034
 1.2.2 任务资讯 ······ 034
  1.2.2.1 绘制、识读电动机控制线路图的原则 ······ 034
  1.2.2.2 几种直接启动控制线路的原理 ······ 037
  1.2.2.3 电动机基本控制线路的安装步骤及要求 ······ 043
  1.2.2.4 简单电气控制线路故障分析与检修方法 ······ 046
 1.2.3 任务实施 ······ 047
  1.2.3.1 连续与点动混合控制线路的安装与调试 ······ 047
  1.2.3.2 正反转控制线路的安装与调试 ······ 048
  1.2.3.3 自动往返控制线路的安装与调试 ······ 050
  1.2.3.4 顺序控制线路的安装与调试 ······ 051
  1.2.3.5 多地控制线路的安装与调试 ······ 053

| 1.2.4 任务考核 | 055 |

项目 2　安装与检修三相异步电动机降压启动控制线路 / 056

| 学习目标 | 056 |

任务 2.1　安装与检修三相异步电动机的 Y-△降压启动控制线路 ········· 056
- 2.1.1 任务分析 ········· 056
- 2.1.2 任务资讯 ········· 057
  - 2.1.2.1 降压启动 ········· 057
  - 2.1.2.2 星-三角降压启动控制线路 ········· 057
- 2.1.3 任务实施 ········· 058
- 2.1.4 任务考核 ········· 059

任务 2.2　安装与检修绕线电动机转子串电阻启动线路 ········· 059
- 2.2.1 任务分析 ········· 059
- 2.2.2 任务资讯 ········· 060
- 2.2.3 任务实施 ········· 060
- 2.2.4 任务考核 ········· 061

项目 3　安装与检修三相笼型异步电动机制动控制线路 / 063

| 学习目标 | 063 |

任务 3.1　安装与检修三相异步电动机反接制动控制线路 ········· 063
- 3.1.1 任务分析 ········· 063
- 3.1.2 任务资讯 ········· 064
- 3.1.3 任务实施 ········· 064
- 3.1.4 任务考核 ········· 066

任务 3.2　安装与检修三相异步电动机能耗制动控制线路 ········· 067
- 3.2.1 任务分析 ········· 067
- 3.2.2 任务资讯 ········· 067
- 3.2.3 任务实施 ········· 068
- 3.2.4 任务考核 ········· 069

项目 4　安装与检修双速异步电动机控制线路 / 071

| 学习目标 | 071 |

任务 4.1　安装与检修双速异步电动机高低速控制线路 ········· 071
- 4.1.1 任务分析 ········· 071
- 4.1.2 任务资讯 ········· 072
  - 4.1.2.1 双速异步电动机定子绕组的连接 ········· 072
  - 4.1.2.2 双速异步电动机控制线路的分析 ········· 072
- 4.1.3 任务实施 ········· 073
- 4.1.4 任务考核 ········· 074

任务 4.2　安装与检修变频器控制电动机的多段速运行操作 ········· 075
- 4.2.1 任务分析 ········· 075
- 4.2.2 任务资讯 ········· 075

	4.2.2.1 变频器的用途	075
	4.2.2.2 变频器的结构	076
4.2.3	任务实施	076
4.2.4	任务考核	080

项目 5　检修常用机床设备电气控制线路 / 081

学习目标 ... 081

任务 5.1　检修 C650 型卧式车床电气控制线路 ... 081
- 5.1.1 任务分析 ... 081
- 5.1.2 任务资讯 ... 082
  - 5.1.2.1 电工在检修操作中的安全常识 ... 082
  - 5.1.2.2 一般电气故障的检修步骤 ... 083
  - 5.1.2.3 一般电气故障的检修方法 ... 083
  - 5.1.2.4 电气设备维护保养制度 ... 084
  - 5.1.2.5 C650 型普通车床的工艺特点与电气控制 ... 084
  - 5.1.2.6 C650 型卧式车床的电气控制线路分析 ... 085
  - 5.1.2.7 C650 型卧式车床常见电气故障的分析与检修 ... 088
- 5.1.3 任务实施 ... 088
- 5.1.4 任务考核 ... 089

任务 5.2　检修 Z3040 型摇臂钻床电气控制线路 ... 089
- 5.2.1 任务分析 ... 089
- 5.2.2 任务资讯 ... 090
  - 5.2.2.1 Z3040 型摇臂钻床的工艺特点与电气控制 ... 090
  - 5.2.2.2 Z3040 型摇臂钻床的电气控制线路分析 ... 090
  - 5.2.2.3 Z3040 型摇臂钻床常见电气故障的分析与检修 ... 093
- 5.2.3 任务实施 ... 094
- 5.2.4 任务考核 ... 095

任务 5.3　检修 M7120 型平面磨床电气控制线路 ... 095
- 5.3.1 任务分析 ... 095
- 5.3.2 任务资讯 ... 096
  - 5.3.2.1 M7120 型平面磨床的工艺特点与电气控制 ... 096
  - 5.3.2.2 M7120 型平面磨床的电气控制线路分析 ... 097
  - 5.3.2.3 M7120 型平面磨床常见电气故障的分析与检修 ... 099
- 5.3.3 任务实施 ... 101
- 5.3.4 任务考核 ... 101

任务 5.4　检修 X62W 型万能铣床电气控制线路 ... 102
- 5.4.1 任务分析 ... 102
- 5.4.2 任务资讯 ... 102
  - 5.4.2.1 X62W 型万能铣床的工艺特点与电气控制 ... 102
  - 5.4.2.2 X62W 型万能铣床控制电路分析 ... 103
  - 5.4.2.3 X62W 型万能铣床常见电气故障的分析与检修 ... 108

| 5.4.3 任务实施 | 109 |
| 5.4.4 任务考核 | 109 |

项目 6 安装测试简单电子线路及排故 / 111

学习目标	111
任务 6.1 识别与检测常用电子元器件	111
6.1.1 任务分析	111
6.1.2 任务资讯	111
6.1.2.1 电阻器与电位器	111
6.1.2.2 电容器	115
6.1.2.3 电感器与变压器	119
6.1.2.4 常用分立半导体器件	122
6.1.3 任务实施	129
6.1.4 任务考核	131
任务 6.2 电子元器件在印制电路板上插装与焊接	131
6.2.1 任务分析	131
6.2.2 任务资讯	132
6.2.2.1 元器件的引线成形	132
6.2.2.2 在印制电路板上插装元器件	134
6.2.2.3 焊接与拆焊元器件	136
6.2.3 任务实施	139
6.2.4 任务考核	140
任务 6.3 检测简单电子线路	141
6.3.1 任务分析	141
6.3.2 任务资讯	141
6.3.2.1 基本放大电路	141
6.3.2.2 直流稳压电源	143
6.3.3 任务实施	145
6.3.3.1 放大电路的安装、测试与故障排除	145
6.3.3.2 串联稳压电路的安装、测试与故障排除	148
6.3.3.3 单结晶体管可控整流电路的安装、测试	150
6.3.4 任务考核	157

项目 7 使用与设计 PLC 控制系统 / 158

学习目标	158
任务 7.1 掌握 PLC 的基础知识及程序编写	158
7.1.1 任务分析	158
7.1.2 任务资讯	159
7.1.2.1 可编程序控制器的基本结构	159

   7.1.2.2 可编程序控制器的工作原理 ·· 160
   7.1.2.3 可编程序控制器的性能指标 ·· 160
   7.1.2.4 程序编写 ·· 160
  7.1.3 任务实施 ··· 161
   7.1.3.1 可编程序控制器基本结构、原理和性能指标分析 ·························· 161
   7.1.3.2 PLC 控制程序设计 ·· 162
  7.1.4 任务考核 ··· 163

任务 7.2 使用、检修 PLC ··· 164
  7.2.1 任务分析 ··· 164
  7.2.2 任务资讯 ··· 164
   7.2.2.1 PLC 的安装 ·· 164
   7.2.2.2 PLC 的配线 ·· 164
   7.2.2.3 PLC 的自动检测功能及故障诊断 ··· 165
   7.2.2.4 PLC 的维护与检修 ·· 165
  7.2.3 任务实施 ··· 166
  7.2.4 任务考核 ··· 166

任务 7.3 使用西门子/三菱系列 PLC 产品 ······································· 167
  7.3.1 任务分析 ··· 167
  7.3.2 任务资讯 ··· 167
   7.3.2.1 S7-200 系列 PLC 简介 ··· 167
   7.3.2.2 STEP7-Micro/WIN32 编程软件的使用 ··································· 168
   7.3.2.3 S7-200 系列 PLC 的指令系统 ·· 171
   7.3.2.4 FX3U 系列 PLC 的系统构成 ··· 173
   7.3.2.5 FX3U 系列 PLC 编程软组件 ··· 173
   7.3.2.6 FX3U 系列 PLC 基本逻辑指令 ·· 175
   7.3.2.7 FX3U 系列 PLC 基本功能指令 ·· 176
   7.3.2.8 FX3U 系列 PLC 步进顺控指令 ·· 178
   7.3.2.9 FX3U 系列 PLC 的编程软件 ··· 178
  7.3.3 任务实施 ··· 182
   7.3.3.1 STEP7-Micro/WIN32 编程软件使用 ····································· 182
   7.3.3.2 FXGP-WIN-C 编程软件使用 ··· 183
  7.3.4 任务考核 ··· 186

任务 7.4 设计 PLC 控制系统 ·· 186
  7.4.1 任务分析 ··· 186
  7.4.2 任务资讯 ··· 186
   7.4.2.1 PLC 应用系统设计的内容和原则 ··· 186

####### 7.4.2.2　PLC系统设计步骤 ………………………………………………………………… 187
7.4.3　任务实施 ……………………………………………………………………………… 190
7.4.4　任务考核 ……………………………………………………………………………… 192

附录 / 193

一、电工职业技能鉴定考核样题及其答案 ………………………………………………… 193
样题一　电工初级职业技能鉴定考核样题及其答案 ………………………………… 193
样题二　电工中级职业技能鉴定考核样题及其答案 ………………………………… 209
样题三　电工高级职业技能鉴定考核样题及其答案 ………………………………… 225
二、国家职业技能标准——电工（2019年版） …………………………………………… 247

参考文献 / 249

项目1

安装与维修三相笼型异步电动机基本控制电路

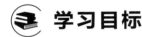

学习目标

【知识目标】

(1) 了解低压电器的作用与分类、基本结构组成、主要技术参数和动作原理。
(2) 掌握常用低压电器的选配方法、安装方法、使用方法、检修方法。
(3) 了解电气原理图、电气元件布置图、电气安装接线图的绘制原则。
(4) 了解三相异步电动机点动和连续运行、多地、顺序控制线路的动作原理。
(5) 掌握三相异步电动机正反转控制线路、自动往返控制线路的组成和动作原理。

【技能目标】

(1) 能识别、选配、使用、安装、检修、校验常用低压电器。
(2) 能够熟练识读、绘制电气图。
(3) 能够绘制三相异步电动机点动和连续运行、多地、顺序、正反转、自动往返控制线路的原理图。
(4) 能将电气原理图变换成电气元件布置图、安装接线图。
(5) 能够制订电路的安装工艺计划,会进行线路的安装、调试和检修。
(6) 会整理与记录制作和检修技术文件。

【素质目标】

(1) 使用与检修常用低压电器时做到精益求精、一丝不苟。
(2) 安装与调试控制线路时遵守规则,安全文明生产。

任务 1.1 使用与检修常用低压电器

1.1.1 任务分析

在生产过程自动化装置中,大多数采用电动机拖动各种生产机械,这种拖动的形式称为电力拖动。为提高生产效率,就必须在生产过程中对电动机进行自动控制,即控制电动机的启动、正反转、调速及制动等。实现控制的手段较多，在先进的自控装置中通常采用可编程控制器（PLC）、单片机、变频器及计算机控制系统，但使用更广泛的仍是由按钮、接触器、继电器组成的继电-接触器控制电路。通过对低压电器的学习，为后续三相异步电动机的控制线路安装奠定基础。

1.1.2 任务资讯

1.1.2.1 低压电器的基础知识

（1）低压电器的作用与分类

低压电器是指工作在交流额定电压1200V及以下、直流额定电压1500V及以下的电路中起保护、控制、调节、转换和通断作用的电气设备。低压电器作为基本元器件，广泛用于发电厂、变电所、工矿企业、交通运输和国防工业等的电力输配电系统和电力拖动控制系统中。

低压电器的种类繁多，按其结构用途及所控制的对象不同，可以有不同的分类方式。根据它在电气线路中所处的地位和作用，通常按3种方式分类。

① 按低压电器的作用分类

a. 控制电器。这类电器主要用于电力传动系统中，主要有启动器、接触器、控制继电器、控制器、主令电器、电阻器、变阻器、电压调整器及电磁铁等。

b. 配电电器。这类电器主要用于低压配电系统和动力设备中，主要有刀开关和转换开关、熔断器、断路器等。

② 按低压电器的动作方式分类

a. 手控电器。这类电器是指依靠人力直接操作来进行切换等动作的电器，如刀开关、负荷开关、按钮、转换开关等。

b. 自控电器。这类电器是指按本身参数（如电流、电压、时间、速度等）的变化或外来信号变化而自动工作的电器，如各种形式的接触器、继电器等。

③ 按低压电器有无触点分类

a. 有触点电器。前述各种电器都是有触点的，由有触点的电器组成的控制电路又称为继电-接触控制电路。

b. 无触点电器。用晶体管或晶闸管做成的无触点开关、无触点逻辑元件等属于无触点电器。

（2）低压电器的基本结构组成

低压电器的基本结构由电磁机构和触头系统组成。

① 电磁机构　由电磁线圈、铁芯和衔铁三部分组成。电磁线圈分为直流线圈和交流线圈两种。直流线圈需通入直流电，交流线圈需通入交流电。

② 触头系统　触头的形式主要有：点接触式，常用于小电流电器中；线接触式，用于通电次数多、电流大的场合；面接触形式，用于较大电流的场合。当触头在分断时，若触头之间的电压超过12V，电流超过0.25A时，触头间隙内就会产生电弧。常用的灭弧方法包括双断口灭弧、磁吹灭弧、栅片灭弧、灭弧罩灭弧。

（3）低压电器的主要技术参数

① 额定电压　额定电压分额定工作电压、额定绝缘电压和额定脉冲耐受电压三种。

② 额定电流　额定电流分额定工作电流、额定发热电流、额定封闭发热电流及额定不间断电流四种。

③ 操作频率和通电持续率

④ 通断能力和短路通断能力

⑤ 机械寿命和电寿命

(4) 低压电器的主要技术指标

低压电器的主要技术指标有以下几项：

① 绝缘强度　电气元件的触头处于分断状态时，动、静触头之间耐受的电压值（无击穿或闪络现象）。

② 耐潮湿性能　保证电器可靠工作的允许环境潮湿条件。

③ 极限允许温升　电器的导电部件，通过电流时将引起发热和温升，极限允许温升指为防止过度氧化和烧熔而规定的最高温升值。

④ 操作频率　电气元件在单位时间（1h）内允许操作的最高次数。

⑤ 寿命　电器寿命包括电寿命和机械寿命两项指标。电寿命是指电气元件的触头在规定的电路条件下，正常操作（$I \leqslant$ 额定负荷电流）的总次数。机械寿命是指电气元件在规定的使用条件下，正常操作的总次数。

⑥ 正常工作条件　a. 环境温度：$-5 \sim 40℃$。b. 安装地点：不超过海拔 2000m。c. 相对湿度：不超过 50%。d. 污染等级：共分 4 级。

(5) 常用低压电器的选配

对低压电器进行合理的选配，可实现设备和能源利用的最优化，节约成本，创造价值。人们在工作实践中总结出了根据负载选择熔断器、熔体、接触器、热继电器、铜导线截面积等低压电器的经验数据，见表 1.1.1。

表 1.1.1　负载（电动机）与低压电器的选配

电动机/kW		电机额定电流/A	断路器额定电流/A	熔体额定电流/A	接触器额定电流/A	热继电器		铜导线截面积/mm²
220V	380V					额定电流/A	整定电流/A	
1.1	2.2	4.4	6	10	10	20	4.4	2.5
1.5	3	6	10	10、15	10	20	6	2.5
2	4	8	10、16	15、20	16	20	8	2.5
2.5	5.5	11	16	20、25	16	20	11	2.5
3.5	7.5	15	25	30、35	25	20	15	4
5	10	20	30	40	40	60	20	6
6.5	13	26	40	50、60	40	60	26	6、10
8.5	17	34	50	80	60	60	34	10、16
11	22	44	60	80、100	63	60	44	16、25
14	28	56	80	120	100	150	56	25
15	30	60	100	120	100	150	60	25
17.5	35	70	100	150	100	150	70	35
18.5	37	74	100	150	160	150	74	35
22	40	80	120	160	160	150	80	35
27.5	55	110	150	200	160	150	110	50
40	80	160	225	300、350	250	180	160	70
45	90	180	250	350	250	400	180	95

(6) 常用低压电器的故障与维修

各种低压电器的元件经长期使用，由于自然磨损或频繁动作或者日常维护不及时，特别是用于多灰尘、潮气大、有化学气体等场合，容易引起故障。其故障现象常常表现为触头发热、触头磨损或烧损、触头熔焊、触头失灵、衔铁噪声大、线圈过热或烧毁、活动部件卡住等。检修时，必须根据故障特征，仔细检查和分析，及时排除故障。

由于低压电器种类很多，结构繁简程度不一，产生故障的原因也是多方面的，主要集中在触头和电磁系统。本节仅对一般低压电器所共有的触头和电磁系统的常见故障与维修进行分析。

① 触头的故障与维修　触头是接触器、继电器及主令电器等设备的主要部件，起着接通和断开电路电流的作用，所以是电器中比较容易损坏的部件。触头的故障一般有触头过热、磨损和熔焊等现象。

a. 触头过热。触头通过电流会发热，其发热的程度与触头的接触电阻有关。动、静触头之间的接触电阻越大，触头发热越厉害，有时甚至将动、静触头熔在一起，从而影响电器的使用，因此，对于触头发热必须查明原因，及时处理，维护电器的正常工作。造成触头发热的原因主要有以下几个方面：

（a）触头接触压力不足，造成过热。电器由于使用时间长，或由于受到机械损伤和高温电弧的影响，使弹簧产生变形、变软而失去弹性，造成触头压力不足；当触头磨损后变薄，使动、静触头完全闭合后触头间的压力减小。这两种情况都会使动、静触头接触不良，接触电阻增大，引起触头过热。处理的方法是调整触头上的弹簧压力，用以增加触头间的接触压力。如调整后仍达不到要求，则应更换弹簧或触头。

（b）触头表面接触不良，触头表面氧化或积有污垢，也会造成触头过热。对于银触头，氧化后影响不大；对于铜触头，需用小刀将其表面的氧化层刮去。触头表面的污垢，可用汽油或四氯化碳清洗。

（c）触头接触表面被电弧灼伤烧毛，使触头过热。此时要用小刀或锉刀修整表面，修整时不宜将触头表面锉得过分光滑，也不允许用砂布或砂纸来修整触头的毛面。此外，由于用电设备或线路产生过电流故障，也会引起触头过热，此时应从用电设备和线路中查找故障并排除，避免触头过热。

b. 触头磨损。触头的磨损有两种：一是电磨损，由于触头间电弧或电火花的高温使触头产生磨损；另一种是机械磨损，是由触头闭合时的撞击、触头接触面的相对滑动摩擦等造成的。触头在使用过程中，由于磨损，其厚度越来越薄。若发现触头磨损过快，则应查明原因，及时排除。如果触头磨损到原厚度的 $1/2 \sim 2/3$ 时，则需要更换触头。

c. 触头熔焊。触头熔焊是指动、静触头表面被熔化后焊在一起而断不开的现象。熔焊是由于触头闭合时，撞击和产生的振动在动、静触头间的小间隙中产生短电弧，电弧的温度很高，可使触头表面被灼伤以致烧熔，熔化后的金属使动、静触头焊在一起。当发生触头熔焊时，要及时更换触头，否则会造成人身或设备的事故。产生触头熔焊的原因大都是触头弹簧损坏，触头的初压力太小，此时应调整触头压力或更换弹簧。有时因为触头容量过小或因电路发生过载，当触头闭合时通过的电流太大，而使触头熔焊。

② 电磁系统的故障与维修　许多电器触头的闭合或断开是靠电磁系统的作用而完成的，电磁系统一般由铁芯、衔铁和吸引线圈等组成。电磁系统的常见故障有衔铁噪声大、线圈故障及衔铁吸不上等。

a. 衔铁噪声大。电磁系统在工作时发出一种轻微的嗡嗡声，这是正常的。若声音过大或异常，这说明电磁系统出现了故障，其原因一般有以下几种情况：

（a）衔铁与铁芯的接触面接触不良或衔铁歪斜。电磁系统工作过程中，衔铁与铁芯经过多次碰撞后，接触面变形或磨损，以及接触面上有锈蚀、油污，都会造成相互间接触不良，产生振动及噪声。衔铁的振动将导致衔铁和铁芯的加速损坏，同时还会使线圈过热，严重的甚至烧毁线圈。通过清洗接触面的油污及杂质，修整衔铁端面，来保持接触良好，排除故障。

（b）短路环损坏。铁芯经过多次碰撞后，短路环会出现断裂而使铁芯发出较大的噪声，此时应更换短路环。

（c）机械方面的原因。如果触头弹簧压力过大，或因活动部分受到卡阻，而使衔铁不能完全吸合，都会产生强烈的振动和噪声。此时应调整弹簧压力，排除机械卡阻等故障。

b. 线圈的故障与维修。线圈主要的故障是由于所通过的电流过大，使线圈发热，甚至烧毁。如果线圈发生匝间短路，应重新绕制线圈或更换；如果衔铁和铁芯间不能完全闭合，有间隙，也会造成线圈过热。电源电压过低或电器的操作超过额定操作频率，也会使线圈过热。

c. 衔铁吸不上。当线圈接通电源后，衔铁不能被铁芯吸合时，应立即切断电源，以免线圈被烧毁。导致衔铁吸不上的原因有：线圈的引出线连接处发生脱落；线圈有断线或烧毁的现象，此时衔铁没有振动和噪声。活动部分有卡阻现象、电源电压过低等也会造成衔铁吸不上，但此时衔铁有振动和噪声。应通过检查，分别采取措施，保证衔铁正常吸合。

1.1.2.2 低压开关

低压开关主要作隔离、转换、接通和分断电路用，多数用作机床电路的电源开关和局部照明电路的控制开关，有时也可用于直接控制小容量电动机的启动、停止和正反转。

低压开关一般为非自动切换电器，常用的主要类型有刀开关、转换开关和低压断路器。

(1) 刀开关

刀开关又称闸刀开关，它是结构最简单、应用最广泛的一种低压手动电器。适用于交流50Hz、500V以下小电流电路中，主要作为一般电灯、电阻和电热等回路的控制开关用，三相开关适当降低容量后，可作为容量小于7.5kW异步电动机的手动不频繁操作控制开关，并具有短路保护作用。

如图1.1.1所示，刀开关由闸刀（动触点）、静插座（静触点）、手柄和绝缘底板等组成。依靠手动来完成闸刀插入静插座或脱离静插座的操作。刀开关的种类很多。按极数（刀片数）分为单极、双极和三极；按结构分为平板式和条架式；按操作方式分为直接手柄操作式、杠杆操作机构式和电动操作机构式；按转换方向分为单投和双投等。

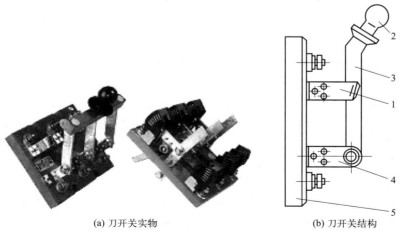

(a) 刀开关实物　　　　　(b) 刀开关结构

图1.1.1　刀开关

1—静插座；2—手柄；3—闸刀；4—铰链支座；5—绝缘底板

刀开关常用的产品有：HK 系列开启式负荷开关（又称瓷底胶盖刀开关）；HH 系列封闭式负荷开关（又称铁壳开关），HH 系列开关附有熔断器。刀开关额定电压为 500V，额定电流为 10A、15A、30A、60A、100A、200A、400A、600A、1000A 等。

① 胶盖刀开关　胶盖刀开关又叫开启式负荷开关，其结构简单，价格低廉，应用维修方便。常用作照明电路的电源开关，也可用于 5.5kW 以下电动机作不频繁启动和停止控制。图 1.1.2 所示为胶盖刀开关外形、结构及图形符号和文字符号。

图 1.1.2　胶盖刀开关外形、结构及符号

a. 胶盖刀开关的型号和技术参数。应用较广泛的胶盖刀开关为 HK 系列，其型号含义如下所示：

表 1.1.2 所示为 HK1 系列开启式负荷开关的基本技术参数。

表 1.1.2　HK1 系列开启式负荷开关基本技术参数

型号	极数	额定电流/A	额定电压/V	可控制电动机最大容量/kW		熔丝线径 Φ/mm
				220V	380V	
HK1-15	2	15	220	—	—	1.45～1.59
HK1-30	2	30	220	—	—	2.30～2.52
HK1-60	2	60	220	—	—	3.36～4.00
HK1-15	3	15	380	1.5	2.2	1.45～1.59
HK1-30	3	30	380	3.0	4.0	2.30～2.52
HK1-60	3	60	380	4.5	5.5	3.36～4.00

b. 胶盖刀开关的选用。

（a）对于普通负载，选用的额定电压为 220V 或 250V，额定电流不小于电路最大工作电流。对于电动机，选用的额定电压为 380V 或 500V，额定电流为电动机额定电流的 3 倍。

（b）在一般照明线路中，瓷底胶盖开关的额定电压大于或等于线路的额定电压，常选用 220V、250V。而额定电流等于或稍大于线路的额定电流，常选用 10A、15A、30A。

c. 胶盖刀开关的安装和使用注意事项。

（a）胶盖刀开关必须垂直安装在控制屏或开关板上，不能倒装，即接通状态时手柄（瓷柄）朝上，否则有可能在分断状态时闸刀开关松动落下，造成误接通。

（b）安装接线时，刀闸上桩头接电源，下桩头接负载。接线时进线和出线不能接反，否则在更换熔丝时会发生触电事故。

（c）操作胶盖刀开关时，不能带重负载，因为 HK 系列瓷底胶盖刀开关不设专门的灭弧装置，它仅利用胶盖的遮护防止电弧灼伤。

（d）如果要带一般性负载操作，动作应迅速，使电弧较快熄灭，一方面不易灼伤人身，另一方面也减少电弧对动触头和静插座的损坏。

② 铁壳开关　铁壳开关又叫封闭式负荷开关，具有通断性能好、操作方便、使用安全等优点。铁壳开关主要用于各种配电设备中手动不频繁接通和分断负载的电路。交流 380V、60A 及以下等级的铁壳开关还可用作 15kW 及以下三相交流电动机的不频繁接通和分断控制。它的基本结构是在铸铁壳内装有由刀片和夹座组成的触点系统、熔断器和速断弹簧，30A 以上的还装有灭弧罩。铁壳开关的外形及结构如图 1.1.3 所示。

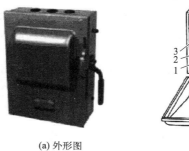
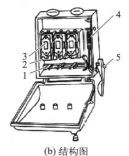

(a) 外形图　　(b) 结构图

图 1.1.3　铁壳开关

1—刀式触头；2—夹座；3—熔断器；4—速断弹簧；5—手柄

a. 铁壳开关的型号。常用铁壳开关为 HH 系列，其型号含义如下所示：

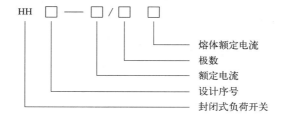

b. 铁壳开关的选用。

（a）铁壳开关用来控制感应电动机时，应使开关的额定电流为电动机满载电流的 3 倍以上。用来控制启动不频繁的小型电动机时，可按表 1.1.3 进行选择。

表 1.1.3　HH 系列封闭式负荷开关与可控电动机容量的配合

额定电流/A	可控电动机最大容量/kW		
	220V	380V	500V
10	1.5	2.7	3.5
15	2.0	3.0	4.5
20	3.5	5.0	7.0
30	4.5	7.0	10
60	9.5	15	20

（b）选择熔丝时，要使熔丝的额定电流为电动机额定电流的 1.5～2.5 倍。更换熔丝时，管内石英砂应重新调整再使用。

c. 铁壳开关的安装和使用注意事项。

（a）为了保障安全，开关外壳必须连接良好的接地线。

（b）接开关时，要把接线压紧，以防烧坏开关内部的绝缘。

（c）HH 系列开关装有速动弹簧，弹力使闸刀快速从夹座拉开或嵌入夹座，提高灭弧效果。为了保证用电安全，在铁壳开关铁质外壳上装有机构联锁装置，当壳盖打开时，不能合闸；合闸后，壳盖不能打开。

（d）安装时，先预埋固定件，将木质配电板用紧固件固定在墙壁或柱子上，再将铁壳开关固定在木质配电板上。

（e）铁壳开关应垂直于地面安装，其安装高度以手动操作方便为宜，通常在1.3～1.5m。

（f）铁壳开关的电源进线和开关的输出线，都必须经过铁壳开关的进出线孔。100A以下的铁壳开关，电源进线应接开关的下接线桩，出线接开关上接线桩。100A以上的铁壳开关接线则与此相反。安装接线时应在进出线孔处加装橡胶垫圈，以防尘土落入铁壳内。

（g）操作时，必须注意不得面对铁壳开关拉闸或合闸，一般用左手操作合闸。若更换熔丝，必须在拉闸后进行。

(2) 转换开关

转换开关又称组合开关，属于刀开关类型，其结构特点是用动触片的左右旋转代替闸刀上下分合操作，有单极、双极和多极之分。

转换开关多用于不频繁接通和断开的电路，或无电切换电路。如用作机床照明电路的控制开关，或5kW以下小容量电动机的启动、停止和正反转控制。

转换开关有许多系列，常用的型号有HZ等系列，如HZ1、HZ2、HZ4、HZ5和HZ10等。其中HZ1～HZ5是淘汰产品，HZ10系列是全国统一设计产品，具有寿命长、使用可靠、结构简单等优点。

①结构及工作原理　图1.1.4所示的是转换开关的外形、图形符号。图1.1.5是HZ10-10/3型转换开关的结构图。

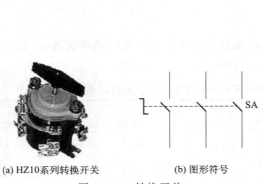

图1.1.4　转换开关

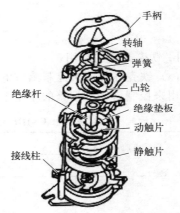

图1.1.5　HZ10-10/3型转换开关结构图

转换开关有三对触头，手柄每次转动90°，带动三对触头接通或者断开，即手柄转动的同时带动触片转动，使触头接通或断开。它共有三副静触片，每一副静触片的一边固定在绝缘垫板上，另一边伸出盒外并附有接线柱，供电源和用电设备接线。三个动触片装在另外的绝缘垫板上，垫板套在附有手柄的绝缘杆上。手柄每次能沿任一方向旋转90°，并带动三个动触片分别与之对应的三副静触片保持接通或断开。在开关转轴上也装有扭簧储能装置，使开关的分合速度与手柄动作速度无关，有效地抑制了电弧过大。

②型号及技术参数　HZ10系列转换开关额定电压为直流220V、交流380V，额定电流有6A、10A、25A、60A、100A 5个等级，极数有1～4极。表1.1.4给出了HZ10系列转换开关的额定电压及额定电流。

表 1.1.4　HZ10 系列转换开关的额定电压及额定电流

型号	极数	额定电流/A	额定电压/V	
			直流	交流
HZ10-10	2,3	5,10	220	380
HZ10-25	2,3	25		
HZ10-60	2,3	60		
HZ10-100	2,3	100		

③ 转换开关的选用

a. 转换开关应根据电源种类、电压等级、所需触头数、电动机的容量进行选择。

b. 用于照明或电热负载，转换开关的额定电流应等于或大于被控制电路中各负载额定电流之和。

c. 用于电动机负载，转换开关的额定电流一般取电动机额定电流的 1.5~2.5 倍。

④ 转换开关的安装和使用注意事项

a. 转换开关应固定安装在绝缘板上，周围要留一定的空间便于接线。

b. 操作时频次不要过高，一般每小时的转换次数不宜超过 15~20 次。

c. 用于控制电动机正反转时，必须使电动机完全停止转动后，才能接通电动机反转的电路。

d. 由于转换开关本身不带过载保护和短路保护，使用时必须另设其他保护电器。

e. 当负载的功率因数较低时，应降低转换开关的容量使用，否则会影响开关的寿命。

(3) 低压断路器

低压断路器又称自动空气开关或自动空气断路器，主要用于低压动力线路中起过载、短路、失压保护等作用，当电路发生短路故障时，它的电磁脱扣器自动脱扣进行短路保护，直接将三相电源同时切断，保护电路和用电设备的安全。在正常情况下也可用作不频繁地接通和断开电路或控制电动机。

低压断路器按结构形式可分为塑壳式（又称装置式）和框架式（又称万能式）两大类，常用的塑壳式低压断路器有 DZ5、DZ10、DZ20 等系列，其中 DZ20 为统一设计的新产品；框架式有 DW10、DW15 两个系列。如图 1.1.6 所示为几种常见的低压断路器的外形图。塑壳式低压断路器的特点是外壳用绝缘材料制作，具有良好的安全性，广泛用于电气控制设备及建筑物内作电源线路保护及对电动机进行过载和短路保护。框架式低压断路器为敞开式结构，适用于大容量配电装置。

(a) 微型断路器　　(b) 塑壳式断路器　　(c) 万能式断路器

图 1.1.6　低压断路器

① 低压断路器的结构及工作原理　　低压断路器主要由三个基本部分组成：触头、灭弧系统和各种脱扣器。脱扣器包括过电流脱扣器、失压（欠电压）脱扣器、热脱扣器、分励脱

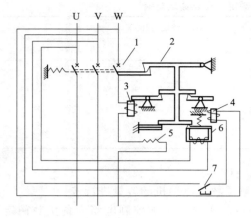

图 1.1.7　低压断路器的工作原理示意图
1—主触头；2—自由脱扣机构；3—过电流脱扣器；
4—分励脱扣器；5—热脱扣器；
6—失压脱扣器；7—按钮

扣器和自由脱扣器。图 1.1.7 是低压断路器的工作原理示意图。低压断路器是靠操动机构手动或电动合闸的，触头闭合后，自由脱扣器机构将触头锁在合闸位置上。当电路发生故障时，通过各自的脱扣器使自由脱扣机构动作，自动跳闸，实现保护作用。

a. 过电流脱扣器。当流过断路器的电流在整定值以内时，过电流脱扣器 3 所产生的吸力不足以吸动衔铁。当电流超过整定值时，磁场的吸力克服弹簧的拉力，拉动衔铁，使自由脱扣机构动作，断路器跳闸，实现过电流保护。

b. 失压脱扣器。失压脱扣器 6 的工作原理与过电流脱扣器恰恰相反。当电源电压为额定电压时，失压脱扣器产生的磁力足以将衔铁吸合，使断路器保持在合闸状态。当电压下降到低于整定值或降到零时，在弹簧的作用下衔铁释放，自由脱扣机构动作而切断电源。

c. 热脱扣器。热脱扣器 5 的作用与热继电器相同。

d. 分励脱扣器。分励脱扣器 4 用于远距离操作。在正常工作时，其线圈是断电的，在需要远方操作时，按下按钮 7，使线圈通电，其电磁机构使自由脱扣机构动作，断路器跳闸。

低压断路器的图形符号和文字符号如图 1.1.8 所示。

② 低压断路器的选用　选用低压断路器，一般应遵循以下原则：

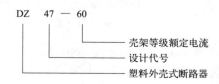

图 1.1.8　低压断路器的图形符号和文字符号

a. 额定电压和额定电流应不小于线路的额定电压和计算负载电流。

b. 低压断路器的极限通断能力不小于线路中最大的短路电流。

c. 线路末端单相对地短路电流÷低压断路器瞬时（或短延时）脱扣整定电流≥1.25。

d. 脱扣器的额定电流不小于线路的计算电流。

e. 欠压脱扣器的额定电压等于线路的额定电压。

③ DZ47-60 小型断路器的使用

a. 用途。DZ47-60 小型断路器（简称断路器）主要用于交流 50Hz/60Hz，单极 230V，二、三、四极 400V，电流至 60A 的线路中起过载、短路保护之用，同时也可以在正常情况下不频繁地通断电器装置和照明线路。尤其适用于工业和商业的照明配电系统。目前在工厂和家庭中得到了广泛的应用。

b. 产品型号规格及分类。

（a）产品型号规格及含义：

```
DZ  47 — 60
│    │    │
│    │    └── 壳架等级额定电流
│    └─────── 设计代号
└──────────── 塑料外壳式断路器
```

(b) 分类。

ⓐ 按额定电流分：1A、2A、3A、4A、5A、6A、10A、15A、16A、20A、25A、32A、40A、50A、60A 共 15 种。

ⓑ 按极数分：单极、二极、三极、四极 4 种。

ⓒ 按瞬时脱扣器的形式分：B 型为照明保护型；C 型为照明保护型；D 型为动力保护型。

c. 主要结构及工作原理。

（a）断路器主要由外壳、操作机构、瞬时脱扣器、灭弧装置等组成。断路器动触头只能停留在闭合或断开位置；多极断路器的动触头应机械联动，各极能基本同时闭合或断开；垂直安装时，手柄向上运动时，触头向闭合方向运动。

（b）断路器的工作原理：当断路器手柄扳向指示 ON 位置时，通过机械机构带动动触头靠向静触头并可靠接触，使电路接通；当被保护线路发生过载故障时，故障电流使热双金属元件弯曲变形，推动杠杆使得锁定机械复位，动触头移离静触头，从而实现分断线路的功能；当被保护线路发生短路故障时，故障电流使得瞬时脱扣机构动作，铁芯组件中的顶杆迅速顶动杠杆使锁定机构复位，实现分断线路的功能。

d. 主要技术参数。DZ47-60 小型断路器的主要参数见表 1.1.5。

表 1.1.5　DZ47-60 小型断路的主要技术参数

额定电流 /A	极数	额定电压 /V	额定短路通断能力	
			预期电流/A	功率因数
C1～C40	单极	230/400	6000	0.65～0.70
	二极、三极、四极	400		
C50～C60 D1～D60	单极	230/400	4000	0.75～0.80
	二极、三极、四极	400		

e. 安装注意事项。

（a）严禁在断路器出线端进行短路测试；

（b）断路器安装时应使手柄在下方（标志正面朝上），使得手柄向上运动时，触头向闭合方向运动；

（c）与断路器额定电流相匹配的连接铜导线标称截面积见表 1.1.6。

表 1.1.6　连接铜导线标称截面积

额定电流 I_n/A	1、2、3、4、5、6	10	15、16、20	25	32	40、50	60
标称铜导线截面积 /mm^2	1	1.5	2.5	4	6	10	16

f. 订货规范。订购断路器时需标明下列内容：

（a）产品型号和名称，如 DZ47-60 小型断路器；

（b）瞬时脱扣器形式和额定电流，如 C25（照明保护型，额定电流 25A）；

（c）断路器极数，如 2 极；

（d）订货数量；

（e）订货举例：DZ47-60，C10，小型断路器，2 极，80 台。

1.1.2.3 熔断器

熔断器是基于电流热效应原理和发热元件热熔断原理而设计的，它串联在电路中。当电路或电气设备发生过载和短路故障时，熔断器的熔体首先熔断，切断电源，起到保护线路或电气设备的作用，它属于保护电器。

(1) 熔断器的结构

熔断器在结构上主要由熔断管（或盖、座）、熔体及导电部分等组成。其中熔体是主要部分，它既是感测元件又是执行元件。熔断管一般由硬质纤维或瓷质绝缘材料制成半封闭式或封闭式管状外壳，熔体则装于其内。熔断管的作用是便于安装熔体和有利于熔体熔断时熄灭电弧。熔体由不同金属材料（铅锡合金、锌、铜或银等）制成丝状、带状、片状或笼状。常见的熔断器外形如图1.1.9所示。结构及图形符号如图1.1.10所示。

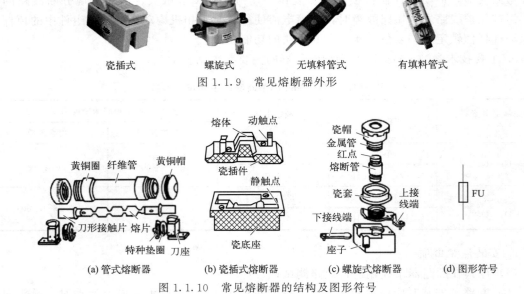

图1.1.9 常见熔断器外形

图1.1.10 常见熔断器的结构及图形符号

(2) 熔断器的型号

常用熔断器的型号的含义如下：

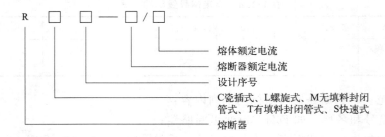

(3) 熔断器的分类

熔断器的种类很多，按结构来分，有半封闭插入式、螺旋式、无填料密封管式和有填料密封管式；按用途来分，有快速熔断器和特殊熔断器（如具有两段保护特性的快慢动作熔断器、自复式熔断器等）。

① 瓷插式熔断器　瓷插式熔断器结构简单、价格低廉、更换熔丝方便，广泛用作照明和小容量电动机的短路保护。常用的产品有 RC1A 系列。

② 螺旋式熔断器　螺旋式熔断器主要由瓷帽、熔断管（熔芯）、瓷套、上下接线桩及底座等组成。常用的产品有 RL1、RL6、RL7、RLS2 等系列。该系列产品的熔管内装有石英砂或惰性气体，用于熄灭电弧，具有较高的分断能力，并带有熔断指示器，当熔体熔断时指示器自动弹出。其中 RL1、RL6、RL7 多用于机床配电线路中；RLS2 为快速熔断器，主要用于保护电力半导体器件。

③ 无填料密封管式熔断器　常用的无填料密封管式熔断器为 RM 系列，主要由熔断管、熔体和静插座等部分组成，具有分断能力强、保护性好、更换熔体方便等优点，但造价较高。无填料密封管式熔断器适用于额定电压交流 380V 或直流 440V 的各电压等级的电力线路及成套配电设备中，作为短路保护或防止连续过载。

RM 系列无填料密封管式熔断器有 RM1、RM3、RM7、RM10 等系列产品。为了保证这类熔断器的保护功能，当熔管中的熔体熔断三次后，应更换新的熔管。

④ 有填料密封管式熔断器　使用较多的有填料密封管式熔断器为 RT 系列。主要由熔管、触刀、夹座、底座等部分组成。它具有极限断流能力大（可达 50kA）、使用安全、保护特性好、带有明显的熔断指示器等优点，缺点是熔体熔断后不能单独更换，造价较高。有填料密封管式熔断器适用于交流电压 380V、额定电流 1000A 以内的高短路电流的电力网络和配电装置中，作为电路、电动机、变压器及电气设备的过载与短路保护。

RT 系列有填料密封管式熔断器有螺栓连接的 RT12、RT15 系列和圆筒形帽熔断器 RT14、RT19 系列等。

(4) 熔断器的选用

a. 熔断器的类型应根据使用场合及安装条件进行选择。电网配电一般用管式熔断器；电动机保护一般用螺旋式熔断器；照明电路一般用瓷插式熔断器；保护晶闸管则应选择快速熔断器。

b. 熔断器的额定电压必须大于或等于线路的电压。

c. 熔断器的额定电流必须大于或等于所装熔体的额定电流。

d. 合理选择熔体的额定电流。对于变压器、电炉和照明等负载，熔体的额定电流应略大于线路负载的额定电流；对于一台电动机负载的短路保护，熔体的额定电流应大于或等于 1.5~2.5 倍电动机的额定电流；对于几台电动机同时保护，熔体的额定电流应大于或等于其中最大容量的一台电动机的额定电流的 1.5~2.5 倍加上其余电动机额定电流的总和；对于降压启动的电动机，熔体的额定电流应等于或略大于电动机的额定电流。

(5) 熔断器的安装及使用注意事项

a. 安装前检查熔断器的型号、额定电流、额定电压、额定分断能力等参数是否符合规定要求。

b. 安装熔断器除保证足够的电气距离外，还应保证足够的间距，以便于拆卸、更换熔体。

c. 安装时应保证熔体和触刀，以及触刀和触刀之间接触紧密可靠，以免由于接触处发热，使熔体温度升高，发生误熔断。

d. 安装熔体时必须保证接触良好，不允许有机械损伤，否则准确性将大大降低。

e. 熔断器应安装在各相线上，三相四线制电源的中性线上不得安装熔断器，而单相两线制的零线上应安装熔断器。

f. 瓷插式熔断器安装熔丝时，熔丝应顺着螺钉旋紧方向绕过去，同时应注意不要划伤熔丝，也不要把熔丝绷紧，以免减小熔丝截面尺寸或绷断熔丝。

　g. 安装螺旋式熔断器时，必须将用电设备的连接线接到金属螺旋壳的上接线端，电源线接到瓷底座的下接线端（即低进高出的原则），使旋出瓷帽更换熔断管时金属壳上不带电，以确保用电安全。

　h. 更换熔体，必须先断开电源，一般不应带负载更换熔体，以免发生危险。

　i. 在运行中应经常注意熔断器的指示器，以便及时发现熔体熔断，防止缺相运行。

　j. 更换熔体时，必须注意新熔体的规格尺寸、形状应与原熔体相同，不能随意更换。更不可以用铜丝或铁丝代替。

（6）快速熔断器

　　快速熔断器是有填料封闭式熔断器，它具有发热时间常数小、熔断时间短、动作迅速等特点，主要用于半导体元件或整流装置的短路保护。其主要型号有 RS0、RS3、RS14 和 RLS2 等系列。

　　由于半导体元件的过载能力很低，只能在极短的时间内承受较大的过载电流，因此要求短路保护器件具有快速熔断能力。快速熔断器的结构与有填料封闭管式熔断器基本相同，但熔体材料和形状不同。其熔体一般用银片冲成有 V 形深槽的变截面形状，图 1.1.11 所示为快速熔断器的外形。

图 1.1.11　快速熔断器的外形

1.1.2.4　主令电器

　　主令电器是一种非自动切换的小电流开关电器，它在控制电路中的作用是发布命令去控制其他电器动作，以实现生产机械的自动控制。由于它专门发送命令或信号，故称主令电器，也称主令开关。

　　主令电器应用很广泛，种类繁多。最常见的有按钮开关、位置开关、万能转换开关和主令控制器等。

（1）按钮开关

　　按钮开关是一种手按下即动作、手释放即复位的短时接通的小电流开关电器。它适用于交流电压 500V 或直流电压 440V，电流为 5A 及以下的电路中。一般情况下它不直接操纵主电路的通断，而是在控制电路发出"指令"，通过接触器、继电器等电器去控制主电路，也可用于电气联锁等线路中。

　　① 结构及工作原理　按钮开关一般由按钮帽、复位弹簧、桥式动触头、静触头和外壳等组成，常见按钮的外形、原理及图形符号如图 1.1.12 所示。

　　按钮开关按照用途和触头的结构不同分为停止按钮（常闭按钮）、启动按钮（常开按钮）及复合按钮（常开常闭组合按钮）三类。按钮的种类很多，常用的有 LA2、LA18、LA19 和 LA20 等系列。按钮帽有红、黄、蓝、白、绿、黑等颜色，可供值班人员根据颜色来辨别和操作。

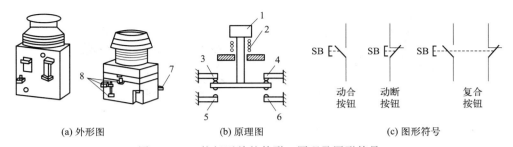

图 1.1.12 按钮开关的外形、原理及图形符号
1—按钮帽；2—复位弹簧；3，4—动断触点；5，6—动合触点；7，8—触点接线柱

a. 动合（常开）触点：手指未按时，即正常状态下，触头是断开的，见图 1.1.12(b) 中的 5-6。当手指按下按钮帽时，触头 5-6 被接通；而手指松开后，按钮在复位弹簧的作用下自动复位断开。

b. 动断（常闭）触点：手指未按下时，即正常状态下，触头是闭合的，见图 1.1.12(b) 中的 3-4。当手指按下按钮帽时，触头 3-4 被断开；而手指松开后，按钮在复位弹簧的作用下自动复位闭合。

c. 复合按钮：手指未按时，即正常状态下，触头 3-4 是闭合的，而 5-6 是断开的。当手指按下按钮帽时，触头 3-4 首先被断开，而后 5-6 再闭合，有一个很小的时间差，当手指松开时，触头全部恢复原状态。

② 按钮的选用

a. 根据使用场合选择按钮的种类。

b. 根据用途选择合适的形式。

c. 根据控制回路的需要确定按钮数。

d. 按工作状态指示和工作情况要求选择按钮和指示灯的颜色。

③ 按钮的安装和使用

a. 将按钮安装在面板上时，应布置整齐，排列合理，可根据电动机启动的先后次序从上到下或从左到右排列。

b. 按钮的安装固定应牢固，接线应可靠。应用红色按钮表示停止（"急停"按钮必须是红色蘑菇头式），绿色或黑色表示启动或通电，不要搞错。

c. 由于按钮触头间距较小，如有油污等容易发生短路故障，因此应保持触头的清洁。

d. 安装按钮的按钮板和按钮盒必须是金属的，并设法使它们与机床总接地母线相连接，对于悬挂式按钮必须设有专用接地线，不得借用金属管作为地线。

e. 带指示灯的按钮因灯泡发热，长期使用易使塑料灯罩变形，应降低灯泡电压，延长使用寿命。

(2) 行程开关

① 行程开关的作用　行程开关又叫限位开关或位置开关，作用与按钮开关相同，只是其触头的动作是利用生产机械的运动部件的碰撞，将机械信号变为电信号，达到接通或断开控制电路，实现一定控制要求的目的。通常，它用来限制机械运动的位置或行程，使运动机械按一定位置或行程自动停止、反向运动、变速运动或自动往返运动等。

② 外形、种类和结构　行程开关的外形如图 1.1.13 所示，工作过程如图 1.1.14(a) 所示，图形符号如图 1.1.14(b) 所示。行程开关由操作头、触头系统和外壳组成。按结构可分为按钮式（直动式）、旋转式（滚动式）和微动式三种。

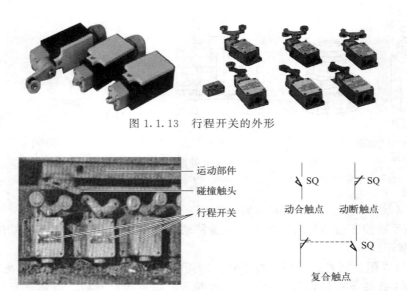

图 1.1.13　行程开关的外形

(a) 行程开关的工作过程　　　(b) 行程开关的图形符号

图 1.1.14　行程开关的工作过程及图形符号

行程开关的作用和工作原理与按钮开关相同，区别在于触点的动作不靠手动操作，而是通过生产机械运动部件的碰撞触头碰压而使触点动作[如图 1.1.14（a）所示]，从而实现接通或分断控制电路，达到预定的控制目的。

如图 1.1.15 所示，当运动机械的挡铁压到行程开关的滚轮上时，杠杆 2 连同转轴 3 一起转动，使凸轮 4 推动撞块 5。当撞块被压到一定位置时，推动微动开关 7 快速动作，使其常闭触头分断，常开触头闭合；滚轮上的挡铁移开后，复位弹簧 8 就使行程开关各部分恢复原始位置。这种单轮旋转式能自动复位。还有一种自动式行程开关也是依靠复位弹簧复位的。另有一种双滚轮式行程开关不能启动复位，当挡铁碰压其中一个滚轮时，摆杆不会自动复位，触点也不动，当部件返回时，挡铁碰压另一只滚轮，摆杆才回到原来的位置，触点又再次切换。

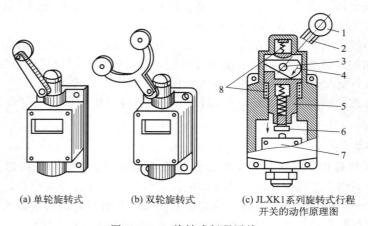

(a) 单轮旋转式　　(b) 双轮旋转式　　(c) JLXK1 系列旋转式行程开关的动作原理图

图 1.1.15　旋转式行程开关

1—滚轮；2—杠杆；3—转轴；4—凸轮；5—撞块；6—调节螺钉；7—微动开关；8—复位弹簧

③ 选用　可根据使用场合和控制电路的要求进行选用。当机械运动速度很慢，且被控

制电路中电流较大时,可选用快速动作的行程开关;如被控制的回路很多,又不易安装时,可选用带有凸轮的转动式行程开关;在有要求工作频率很高、可靠性也较高的场合,可选用晶体管式的无触点行程开关。常用的行程开关有 LX19 和 JLXK1 等系列产品。

(3) 万能转换开关

万能转换开关是多种配电设备的远距离控制开关,主要用作控制电路的转换或功能切换以及配电设备(高压断路器、低压断路器等)的远距离控制,也可用作电压表、电流表的换向开关,还可用于控制伺服电动机和 5.5kW 及以下三相异步电动机的直接控制(启动、正、反转及多速电动机的变速)。由于这种开关触点数量多,因而可同时控制多条控制电路,用途较广,故称为万能转换开关。

使用万能转换开关控制电动机的主要缺点是没有过载保护,因此它只能用于小容量电动机上。

万能转换开关的手柄形式有旋钮式、普通式、带定位钥匙式和带信号灯式等。

万能转换开关的常用型号有 LW2、LW4、LW5、LW6、LW8 等系列。其中 LW5 的触点系统有 1～16、18、21、24、27、30 挡等 21 种。16 挡以下者为单列,每层只能接换一条线路;18 挡以上为三列,一层可接换三条线路。其手柄有 0 位、左转 45°及右转 45°三个位置,分别对应于电动机的停止、正转和反转三种运行状态。

万能转换开关由凸轮机构、触点系统和定位装置等主要部件组成,并用螺栓组装成整体。依靠凸轮转动,用变换半径来操作触头,使其按预定顺序接通与分断电路,同时由定位机构和限位机构来保证动作的准确可靠。凸轮是用尼龙或耐磨塑料压制而成,其工作位置有 90°、60°、45°、30°四种,触头系统多为双断口桥式结构,定位装置采用滚轮卡棘轮的辐射形机构。万能转换开关的外形见图 1.1.16。万能转换开关在电路图中的图形符号如图 1.1.17(a) 所示。各层触点在不同位置时的开、合情况如图 1.1.17(b) 所示,可提供使用者在安装和维修时查对。图中"——○ ○——"代表一路触点,每一根竖点画线则表示手柄位置,在某一位置该哪路接通,即用下方的黑点表示。在图 1.1.17(b) 的触点通断表中,在 Ⅰ 或 Ⅱ 位置,凡打有"×"者表示该两个触点接通。

图 1.1.16 万能转换开关外形

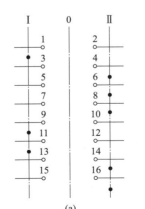

触点标号	Ⅰ	0	Ⅱ
1-2	×		
3-4			×
5-6			×
7-8			×
9-10	×		
11-12	×		
13-14			×
15-16			×

(a) (b)

图 1.1.17 万能转换开关符号及触点通断表

选用万能转换开关时,应根据其用途、所需触点数量和额定电流等方面考虑。LW5 系列万能转换开关在额定电压 380V 时,额定电流为 12A,额定操作频率为 120 次/h,机械寿命为 100 万次。

(4) 接近开关

行程开关是有触点开关，在操作频繁时，易产生故障，工作可靠性也较低。接近开关是无触点开关，按工作原理来区分，有高频振荡型、电容型、感应电桥型、永久磁铁型、霍尔效应型等多种，其中最常用的是高频振荡型。

高频振荡型接近开关的电路由振荡器、晶体管放大器和输出电路三部分组成。其基本工作原理是：当装在运动部件上的金属物体接近高频振荡器的线圈 L（称为感辨头）时，由于该物体内部产生涡流损耗，使振荡回路等效电阻增大，能量损耗增加，从而使振荡减弱直至终止，输出控制信号。通常把接近开关刚好动作时感辨头与检测体之间的距离称为动作距离。

常用的接近开关有 LJ1、LJ2 和 JXJO 等系列。图 1.1.18 为接近开关的外形与图形、文字符号图。

图 1.1.18 接近开关的外形及图形、文字符号

接近开关因具有工作稳定可靠、使用寿命长、重复定位精度高、操作频率高、动作迅速等优点，故应用越来越广泛。

1.1.2.5 交流接触器

接触器是一种用来接通或切断电动机或其他电力负载（如电阻炉、电焊机等）主电路的一种控制电器。它具有控制容量大、欠电压释放保护、零压保护、频繁操作、工作可靠、寿命长等优点。

按其主触头通断电流的种类，接触器可以分为直流接触器和交流接触器两种，其线圈电流的种类一般与主触头相同，但有时交流接触器也可以采用直流控制线圈或直流接触器采用交流控制线圈。

常用的交流接触器有 CJ0、CJ10、CJ12、CJ20、CJX1、CJX2、B、3TB 等系列产品。CJ10、CJ12 系列为早期全国统一设计产品，CJ10X 系列消弧接触器是近年来发展起来的新产品，适用于条件较差、频繁启动和反接制动的电路中。近年来还生产了由晶闸管组成的无触点接触器，主要用于冶金和化工行业。

① 接触器的结构　交流接触器的外形及图形符号如图 1.1.19 所示。交流接触器主要由以下四部分组成：

a. 电磁机构。电磁机构由线圈、动铁芯（衔铁）、静铁芯和释放弹簧组成。其结构形式取决于铁芯与衔铁的运动方式，共有两种。一种是衔铁绕轴转动的拍合式，如 CJ12B 型交流接触器；另一种是衔铁作直线运动的直动式，如 CJ0、CJ10 型交流接触器。

b. 触头系统。包括主触头和辅助触头。主触头的接触面积较大，用于通断负载电流较大的主电路，通常是三对（三极）动合触头；辅助触头接触面积小，具有动合和动断两种形

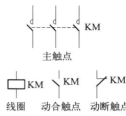

图 1.1.19　交流接触器的外形及图形符号

式，无灭弧装置，用于通断电流较小（小于 5A）的控制电路。

c. 灭弧装置。直流接触器和电流在 20A 以上的交流接触器都有灭弧装置。对于较小容量的接触器可采用双断点桥式电动灭弧，或相间弧板隔弧及陶土灭弧罩灭弧；对于大容量的接触器采用纵缝灭弧罩及栅片灭弧。

d. 其他部分。包括作用弹簧、缓冲弹簧、触头压指弹簧、传动机构、连接导线及外壳等。

② 接触器的工作原理　当交流接触器线圈通电后，在铁芯中产生磁通。磁场对衔铁产生吸力，使衔铁产生闭合动作，主触头在衔铁的带动下闭合，于是接通了主电路。同时衔铁还带动辅助触头动作，使原来断开的辅助触头闭合，而使原来闭合的辅助触头断开。当线圈断电或电压显著降低时，吸力消失或减弱，衔铁在释放弹簧作用下打开，主、辅助触头又恢复原来状态。这就是接触器的工作原理。

直流接触器的工作原理与交流接触器基本相同，仅在电磁机构方面不同。对于直流电磁机构，因其铁芯不发热，只有线圈发热，所以通常直流电磁机构的铁芯是用整块钢材或工程纯铁制成；它的励磁线圈做成高而薄的瘦高型，且不设线圈骨架，使线圈与铁芯直接接触，易于散热。而对于交流电磁机构，由于其铁芯存在磁滞和涡流损耗，这样铁芯和线圈都发热，所以通常交流电磁机构的铁芯用硅钢片叠铆而成；它的励磁线圈设有骨架，使铁芯与线圈隔离，并将线圈制成短而厚的矮胖型，这样有利于铁芯和线圈的散热。

③ 交流接触器的选用

a. 接触器类型的选择。根据电路中负载电流的种类来选择，即交流负载应选用交流接触器，直流负载应选用直流接触器。

b. 主触头额定电压和额定电流的选择。接触器主触头的额定电压应大于或等于负载电路的额定电压。主触头的额定电流应大于负载电路的额定电流。

c. 线圈电压的选择。交流线圈电压有 36V、110V、127V、220V、380V 几种；直流线圈电压有 24V、48V、110V、220V、440V 几种。从人身和设备安全角度考虑，线圈电压可选择低一些；但当控制线路简单，线圈功率较小时，为了节省变压器，可选 220V 或 380V。

d. 触头数量及触头类型的选择。通常交流接触器的触头数量应满足控制回路数的要求，触头类型应满足控制线路的功能要求。

e. 接触器主触头额定电流的选择。主触头额定电流应满足下面条件，即

$$I_{N主触头} \geq \frac{P_{N电动机}}{(1-1.4)U_{N电动机}}$$

式中　$P_{N电动机}$——电动机额定功率；
　　　$U_{N电动机}$——电动机额定电压。

若接触器控制的电动机启动或正反转频繁，一般将接触器主触头的额定电流降一级使用。

f. 接触器操作频率的选择。操作频率是指接触器每小时的通断次数。当通断电流较大或通断频率过高时，会引起触头过热，甚至熔焊。操作频率若超过规定值，应选用额定电流大一级的接触器。

④ 交流接触器的安装使用及维护

a. 接触器安装前应核对线圈额定电压和控制容量等是否与选用的要求相符合。

b. 安装接触器时，除特殊情况外，一般应垂直安装，其倾斜不得超过5°；有散热孔的接触器，应将散热孔放在上下位置。

c. 接触器使用时，应进行经常和定期的检查与维修。经常清除表面污垢，尤其是进出线端相间的污垢。

d. 接触器工作时，如发出较大的噪声，可用压缩空气或小毛刷清除衔铁极面上的尘垢。

e. 接触器主触头的银接点厚度磨损至不足0.5mm时，应更换新触头；主触头弹簧的压缩行程小于0.5mm时，应进行调整或更换新触头。

f. 接触器如出现异常现象，应立即切断电源，查明原因，排除故障后方可再次投入使用。

1.1.2.6 继电器

继电器是一种根据电量（电压、电流等）或非电量（压力、转速、时间、热量等）的变化来接通或断开控制电路，以完成控制和保护任务的自动切换电器。在电力机车控制电路中，继电器具有控制、保护和转换信号的作用。

继电器一般由感测机构、中间机构和执行机构三个基本部分组成。感测机构把感测到的电量或非电量传递给中间机构，将它与整定值（按要求预先调定的值）进行比较，当达到整定值（过量或欠量）时，中间机构则使执行机构动作，从而接通或断开所控制的电路。

继电器和接触器的基本任务都是用来接通和断开所控制的电路，但其所控制的对象与能力是有所区别的。继电器用来控制小电流电路，多用于控制电路；而接触器用来控制大电流电路，多用于主电路。

继电器种类很多，主要有控制继电器和保护继电器两类。常用的有电压继电器、电流继电器、中间继电器、热继电器、时间继电器和速度继电器等。

(1) 热继电器

① 热继电器的结构　热继电器是利用感温元件受热而动作的一种继电器，它主要用于电动机过载保护、断相保护、电流不平衡保护及其他电气设备过热状态时的保护。目前我国在生产中常用的热继电器有国产的JR16、JR20、JR36等系列以及引进的T系列、3UA等系列产品，它们均为双金属片式。

热继电器有两相或三相结构式，主要由热元件、动作机构、触头系统、电流整定装置、复位机构和温度补偿元件等部件组成。热继电器的外形如图1.1.20所示，内部结构及符号如图1.1.21所示。

图1.1.20　热继电器的外形

a. 热元件。热元件是一段阻值不大的电阻丝，使用时与电动机主回路串联，被热元件包围着的双金属片是由两种具有不同膨胀系数的金属材料碾压而成，如铁镍铬合金和铁镍合金。电阻丝一般由康铜、镍铬合金等材料制成。

b. 动作机构和触头系统。动作机构利

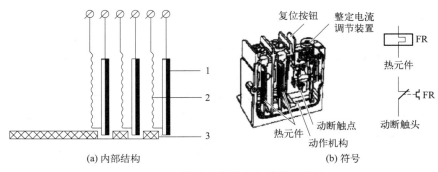

图 1.1.21　热继电器的内部结构及符号
1—双金属片；2—电阻丝；3—导板

用杠杆传递及弓簧式瞬跳机构保证触头动作的迅速、可靠。触头为单断点弓簧式跳跃式动作，一般为一个常开触头，一个常闭触头。

c. 电流整定装置。通过旋钮和电流调节凸轮调节推杆间隙，改变推杆移动距离，从而调节整定电流。

d. 温度补偿元件。温度补偿元件也称为双金属片，其受热弯曲的方向与主双金属片一致，它能保证热继电器的动作特性在-30~40℃的环境温度范围内基本上不受周围介质温度的影响。

e. 复位机构。复位机构有手动和自动两种形式，可根据使用要求通过复位调节螺钉来自由调整选择。一般自动复位的时间不大于 5min，手动复位时间不大于 2min。

② 热继电器的工作原理　热继电器的两组或三相发热元件串接在电动机的主电路中，而其动断触点串联在控制电路中。电动机正常工作时，双金属片不起作用。当电动机过载时，流过发热元件的电流超过其整定电流，使双金属片因受热而有较大的弯曲，向左推动导板，温度补偿双金属片与推杆相应移动，动触点离开静触点，于是使控制电路中的接触器线圈断电，从而断开电动机电源，达到过载保护的目的。

如果三相电源中有一相断开，电动机处于单相运行状态，定子电流显著增大，不管接在主电路中是两组发热元件还是三组发热元件，都能保证至少有一组发热元件起作用，使电动机得到保护。

热继电器动作后，应检查并消除电动机过载的原因，待双金属片冷却后，用手指按下复位按钮，可使动触点复位，与静触点恢复接触，电动机才能重新操作启动。或者通过调节螺钉待双金属片冷却后，使动触点自动复位。

③ 热继电器的选用

a. 热继电器的类型选用。一般轻载启动、长期工作的电动机或间断长期工作的电动机，选择二相结构的热继电器；当电源电压的均衡性和工作环境较差，或较少有人照管的电动机，或多台电动机的功率差别较大，可选择三相结构的热继电器；而三角形联结的电动机，应选用带断相保护装置的热继电器。

b. 热继电器的额定电流选用。热继电器的额定电流应略大于电动机的额定电流。

c. 热继电器的型号选用。根据热继电器的额定电流应大于电动机的额定电流原则，查表确定热继电器的型号。

d. 热继电器的整定电流选用。一般将热继电器的整定电流调整到等于电动机的额定电流，对过载能力差的电动机，可将热元件整定值调整到电动机额定电流的 0.6~0.8 倍，对于启动时间较长，拖动冲击性负载或不允许停车的电动机，热继电器的整定电流应调节到电动机额定电流的 1.1～1.15 倍。

④ 热继电器的安装使用和维护

a. 热继电器进线端子标志为 1/L1、2/L2、3/L3，与之对应的出线端子标志为 2/T1、4/T2、6/T3，常闭触头接线端子标志为 95、96，常开触头接线端子标志为 97、98。

b. 必须选用与所保护的电动机额定电流相同的热继电器，如不符合，则失去保护作用。

c. 热继电器除了接线螺钉外，其余螺钉均不得拧动，否则其保护特性即行改变。

d. 热继电器安装接线时，必须切断电源。

e. 当热继电器与其他电器安装在一起时，应将它安装在其他电器的下方，以免其动作特性受到其他电器发热的影响。

f. 热继电器的主回路连接导线不宜太粗，也不宜太细。如果连接导线过细，轴向导热差，热继电器可能提前动作；反之，连接导线太粗，轴向导热快，热继电器可能滞后动作。

g. 当电动机启动时间过长或操作次数过于频繁，会使热继电器误动作或烧坏电器，故这种情况一般不用热继电器过载保护。

h. 热继电器在出厂时均调整为自动复位形式。如欲调为手动复位，可将热继电器侧面孔内螺钉倒退约三四圈即可。

i. 热继电器脱扣动作后，若再次启动电动机，必须待热元件冷却后，才能使热继电器复位。

j. 热继电器的整定电流必须按电动机的额定电流进行调整，在调整时，绝不允许弯折双金属片。

（2）时间继电器

时间继电器是一种利用电磁原理或机械动作原理来延迟触头闭合或分断的自动控制电器。在电路中起控制动作的作用，它的种类很多，按动作原理，可分为电磁式、电动式、空气阻尼式（又称气囊式）、晶体管式等。常用时间继电器的外形如图 1.1.22 所示；时间继电器的符号如表 1.1.7 所示。按照延时方式，可分为通电延时、断电延时和重复延时三种。它们各有特点，适用于不同要求的场合。通电延时和断电延时的区别在于：通电延时是电磁线圈通电后，触头延时动作；断电延时是电磁线圈断电后，触头延时动作。

(a) 空气式　　　　　　(b) 电子式　　　　　　(c) 晶体管式

图 1.1.22　常见时间继电器

电磁式时间继电器结构简单，价格也便宜，但延时较短，只能用于直流电路的断电延时，且体积和质量较大。空气阻尼式时间继电器利用气囊中的空气通过小孔节流的原理来获得延时动作，延时范围较大，有 0.4～60s 和 0.4～180s 两种，可用于交流电路，更换线圈后也可用于直流电路；其结构简单，有通电延时和断电延时两种，但延时误差较大。电动式时间继电器的延时精度较高，延时可调范围大，但价格较贵。晶体管式时间继电器也称半导体时间继电器或电子式时间继电器，其延时可达几分钟到几十分钟，比空气阻尼式长，比电动式短。延时精度比空气阻尼式好，比电动式略差。随着电子技术的发展，它的应用也日益广泛。目前，在交流电路中应用较广泛的是空气阻尼式时间继电器。

表 1.1.7 时间继电器的符号

名称		图形符号
线圈	线圈一般符号	KT
	通电延时线圈	KT
	断电延时线圈	KT
瞬时触头	常开触头	KT
	常闭触头	KT
延时触头	延时闭合动合（常开）触头	KT 或 KT
	延时断开动合（常开）触头	KT 或 KT
	延时断开动断（常闭）触头	KT 或 KT
	延时闭合动断（常闭）触头	KT 或 KT

① 时间继电器的工作原理　常用的空气阻尼式时间继电器为 JS7-A 系列，图 1.1.23 是 JS7-A 系列时间继电器的结构示意图，它主要由电磁系统、工作触点、气室及传动机构四部分组成。

其工作原理如下：

图 1.1.23(a) 为通电延时型时间继电器，当线圈 1 通电时，铁芯 2 将衔铁 3 吸合（推板 5 使微动开关 16 立即动作），活塞杆 6 在塔形弹簧 8 的作用下，带动活塞 12 及橡胶膜 10 向上移动，由于橡胶膜下方气室空气稀薄，形成负压，因此活塞杆 6 不能迅速上移。当空气由进气孔 14 进入时，活塞杆 6 才逐渐上移。移到最上端时，杠杆 7 才使微动开关 15 动作。延时时间即为自电磁铁吸引线圈通电时刻起到微动开关动作时为止的这段时间。通过调节螺钉 13 调节进气孔的大小，就可以调节延时时间。

当线圈 1 断电后，衔铁 3 在复位弹簧 4 的作用下将活塞 12 推向最下端。因活塞被往下推时，橡胶膜 10 下方气室内的空气通过橡胶膜、弱弹簧 9 和活塞 12 肩部所形成的单向阀，迅速从橡胶膜上方缝隙中排掉，使得微动开关 15 动合触头瞬时闭合，动断触头瞬时断开。而微动开关 16 触头也立即复位。

将电磁机构翻转 180°安装，可得到图 1.1.23(b) 所示的断电延时型时间继电器。它工作原理与通电型相似，微动开关 15 在吸引线圈断电后延时动作。

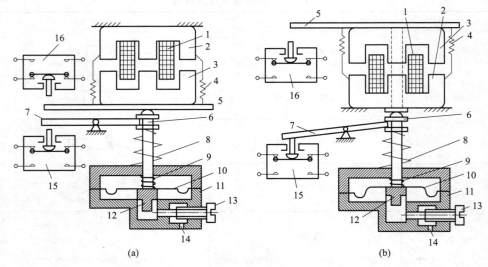

图 1.1.23　JS7-A 系列时间继电器动作原理图

1—线圈；2—铁芯；3—衔铁；4—复位弹簧；5—推板；6—活塞杆；7—杠杆；8—塔形弹簧；9—弱弹簧；
10—橡胶膜；11—空气室腔；12—活塞；13—调节螺钉；14—进气孔；15,16—微动开关

② 时间继电器的选用

a. 类型的选择。在要求延时范围大、延时准确度较高的场合，应选用电动式或电子式时间继电器。在延时精度要求不高、电源电压波动大的场合，可选用价格较低的电磁式或气囊式时间继电器。

b. 线圈电压的选择。根据控制线路电压来选择时间继电器吸引线圈的电压。

c. 延时方式的选择。时间继电器有通电延时和断电延时两种，应根据控制线路的要求来选择。

③ 时间继电器的安装使用和维护

a. 必须按接线端子图正确接线，核对继电器额定电压与所接的电源电压是否相符，直流型应注意电源极性。

b. 时间继电器应按说明书规定的方向安装。无论是通电延时型还是断电延时型，都必须使继电器在断电后，释放时衔铁的运动方向垂直向下，其倾斜度不得超过 5°。

c. 对于晶体管时间继电器，延时刻度不表示实际延时值，仅供调整参考。若需精确的延时值，需在使用时先核对延时数据。

d. JS7-A 系列时间继电器由于无刻度，故不能准确地调整延时时间，同时气室的进排气孔也有可能被尘埃堵住而影响延时的准确性，应经常清除灰尘和油污。

e. JS7-1A、JS7-2A 系列时间继电器只要将线圈转动 180°即可将通电延时改为断电延时方式。

f. JS11-□2 系列断电延时时间继电器，必须在接通离合器电磁铁线圈电源时才能调节延时值。

(3) 速度继电器

速度继电器依靠速度的大小为信号与接触器配合，实现对电动机的反接制动。常用的速度继电器有 JY1 和 JFZ0 两种。

① 结构　速度继电器由转子、定子及触点三部分组成，其结构、动作原理及符号如图 1.1.24 所示。

 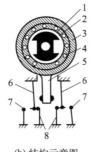 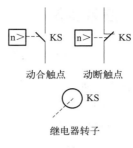

(a) 外形　　　　　　　(b) 结构示意图　　　　　(c) 图形与文字符号

图 1.1.24　速度继电器

1—转轴；2—转子；3—定子；4—绕组；5—摆杆；6—簧片；7—动合触点；8—动断触点

② 动作原理　速度继电器使用时，其轴与电动机轴相连，外壳固定在电动机的端盖上。当电动机旋转时，带动速度继电器的转子（磁极）转动，于是在气隙中形成一个旋转磁场，定子绕组切割该磁场而产生感应电动势及电流，进而产生力矩。定子受到的磁场力方向与电动机旋转方向相同，从而使定子向轴的转动方向偏摆，通过定子拨杆拨动触点，使触点动作。

③ 用途　在机床电气控制中，速度继电器用于电动机的反接制动控制。速度继电器的动作转速一般不低于 100～300r/min，复位转速约在 100r/min 以下。使用速度继电器时，应将其转子装在被控制电动机的同一根轴上，而将其动合触点串联在控制线路中。制动时，控制信号通过速度继电器与接触器的配合，使电动机接通反相序电源而产生制动转矩，使其迅速减速；当转速下降到 100r/min 以下时，速度继电器的动合触点恢复断开，接触器断电释放，其主触点断开而迅速切断电源，电动机便停转而不致反转。

④ 选用　速度继电器主要根据所需控制的转速大小、触点数量和触点的电压、电流来选用。如 JY1 型在 100～300r/min 时能可靠工作；JFZ0-1 型适用于 300～1000r/min；JFZ0-2 型适用于 1000～3600r/min。其技术数据见表 1.1.8。

表 1.1.8　速度继电器技术数据

型号	触点额定电压/V	触点额定电流/A	触点对数		额定工作转速/(r/min)	允许操作频率/(次/h)
			正转动作	反转动作		
JY1	380	2	1组转换触点	1组转换触点	100～300	<30
JFZ0-1			1动合、1动断	1动合、1动断	300～1000	
JFZ0-2			1动合、1动断	1动合、1动断	1000～3600	

⑤ 安装与使用

a. 速度继电器的转轴应与电动机同轴连接，应使两轴中心线重合。

b. 速度继电器有两副动合、动断触点，其中一副为正转动作触点，一副为反向动作触点。接线时，可暂时任选一副动合触点，串接在控制回路中的指定位置。

c. 调试时，看电动机能否迅速制动。若无制动过程，则说明速度继电器动合触点应改选另一个。若电动机有制动，但制动时间过长，可调节速度继电器的调节螺钉，使弹簧压力增大或减小，调节后，把固定螺母锁紧。切忌用外力弯曲其动、静触点，使之变形。

1.1.3 任务实施

1.1.3.1 识别常用低压电器

(1) 具体要求

通过对不同类型低压电器的识别,掌握其型号意义及用途。对按钮进行简单拆装、结构认识,以加深对触头的了解,并做好记录。

(2) 仪器、设备、元器件及材料

胶盖式刀开关、铁壳开关、转换开关、低压断路器、交流接触器、瓷插式熔断器、螺旋式熔断器、组合按钮、热继电器、速度继电器、时间继电器、行程开关。万用表、螺钉旋具(一字形和十字形)。

(3) 内容及步骤

① 仔细观察所给定的低压电器,学习低压电器的分类方法,了解其图形及文字符号,掌握其型号意义及用途,并将其填入表 1.1.9 中。

表 1.1.9 常用低压电器的识别

名称	图形及文字符号	型号及意义	(保护)作用简述

② 对组合按钮先进行拆卸,仔细观察其触头结构,并用万用表电阻挡对各对触头进行测试,以了解触头的分类。了解清楚后再对按钮进行复原装配。

1.1.3.2 安装低压开关

(1) 具体要求

能正确掌握刀开关的安装与检修方法;学会低压断路器的安装方法。

(2) 仪器设备、工具、元器件及材料

元件见表 1.1.10。

表 1.1.10 元件表

序号	名称	型号与规格	数量	备注
1	刀开关	HK 系列	1 只	胶盖式

续表

序号	名称	型号与规格	数量	备注
2	开关箱		1个	
3	万用表	MF-47 或其他	1个	
4	低压断路器	DZ5-20 或其他	1只	

(3) 内容及步骤

① 刀开关的安装　刀开关起着分合电路、开断电流的作用，有明显的断开点，以保证电气设备检修人员的安全。

a. 在安装开启式负荷开关时，必须将开关垂直安装在控制屏或开关箱（板）上，手柄向上为合闸，向下为断闸，不得倒装，如图 1.1.25 所示。否则，在分断状态下，若刀开关松动脱落，造成误接通，会引起安全事故。

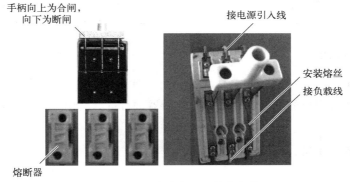

图 1.1.25　胶盖式刀开关的安装

b. 刀开关接线时，电源进线应接在刀座上端，负载引线接在下方，熔断器接在负荷侧，否则，在更换熔丝时容易发生触电事故。

c. 接线应拧紧，否则会引起过热，影响正常运行。开关距离地面的高度为 1.3～1.5m，在有行人通过的地方，应加装防护罩。同时，刀开关在接线、拆线时，应首先断电。

d. 封闭式负荷开关装有灭弧装置，有一定的灭弧能力。因此，应进行保护接零或接地。

② 刀开关的检修

a. 检查刀开关导电部分有无发热、动静触头有无烧损及导线（体）连接情况，遇有以上情况时，应及时修复。

b. 用万用表欧姆挡检查动静触头有无接触不良，对外壳为金属的开关，要检查每个触头与外壳的绝缘电阻。

c. 检查绝缘连杆、底座等绝缘部件有无烧伤和放电现象。

d. 检查开关操动机构各部件是否完好，动作是否灵活，断开、合闸时三相是否同时，是否准确到位。

e. 检查外壳内、底座等处有无熔丝熔断后造成的金属粉尘，若有，应清扫干净，以免降低绝缘性能。

③ 低压断路器的安装　低压断路器在正常条件下，用于不频繁地接通和断开电路以及控制电动机。当发生严重的过载、短路或欠电压等故障时能自动切断电路。它是低压配电线路中应用非常广泛的一种开关电器。

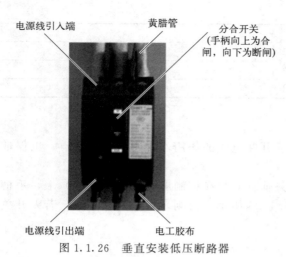

图 1.1.26 垂直安装低压断路器

a. 低压断路器一般应垂直安装,如图 1.1.26 所示。其操作手柄及传动杠杆的开、合位置应准确。对于有半导体脱扣器的低压断路器,其接线应符合相序要求,脱扣装置动作应可靠。直流快速低压断路器的极间中心距离及开关与相邻设备或建筑物的距离不应该小于 500mm,若小于 500mm,要加隔弧板,隔弧板高度不小于单极开关的总高度。

b. 安装时,应对触点的压力、开距及分断时间等进行检查,并要符合出厂技术条件。对脱扣装置必须按照设计要求进行校验,在短路或者模拟短路的情况下,合闸时脱扣装置应能立即自动脱扣。

1.1.3.3 使用熔断器

(1) 具体要求

正确掌握熔断器型号的选择;熟练地对熔断器进行拆卸与组装,以加深对熔断器使用的认识。

(2) 仪器设备、工具、元器件及材料

元件见表 1.1.11。

表 1.1.11 元件表

序号	名称	型号与规格	数量	备注
1	螺钉旋具	75mm	1 套	一字形和十字形
2	熔断器	RC1A-10、RL1-60/30A、RL1-60/30A、RM10 系列、RT0 系列	若干	
3	万用表	MF-47 或其他	1 个	
4	丝状熔体	20A、25A、30A	若干	长度 100cm
5	管状熔体	10A、15A、20A、25A、30A、35A	若干	
6	三相异步电动机	12kW、额定电流 25.3A、额定电压 380V	1 台	

(3) 内容及步骤

在电气设备安装和维护时,只有正确选择熔断器的熔体和熔断管,才能保证线路和用电设备的正常工作,起到保护作用。

① 熔断器的选择

a. 熔断器类型的选择。选择熔断器的类型时,主要依据负载的保护特性和短路电流的大小。例如,用于保护照明和电动机的熔断器,一般是考虑它们的过载保护,这时,希望熔断器的熔化系数适当小些。所以容量较小的照明线路和电动机宜采用熔体为铅锌合金的 RC1A 系列熔断器,而大容量的照明线路和电动机,除过载保护外,还应考虑短路时分断短路电流的能力。若短路电流较小时，可采用熔体为锡质的 RC1A 系列或熔体为锌质的 RM10 系列熔断器。用于车间低压供电线路的保护熔断器，一般是考虑短路时的分断能力。当短路电流较大时，宜采用具有高分断能力的 RL1 系列熔断器。当短路电流相当大时，宜采用有限流作用的 RT0 及 RT12 系列熔断器。

b. 熔体额定电流的选择。

（a）用于保护照明或电热设备的熔断器，因负载电流比较稳定，熔体的额定电流一般应等于或稍大于负载的额定电流，即

$$I_{re} \geq I_e$$

式中　I_{re}——熔体的额定电流；

　　　I_e——负载的额定电流。

（b）用于保护单台长期工作电动机（即供电支线）的熔断器，考虑电动机启动时不应熔断，即

$$I_{re} \geq (1.5 \sim 2.5) I_e$$

轻载启动或启动时间比较短时，系数可取近似 1.5；带重载启动或启动时间比较长时，系数可取近似 2.5。

（c）用于保护频繁启动电动机（即供电支线）的熔断器，考虑频繁启动时发热而熔断器也不应熔断，即

$$I_{re} \geq (3 \sim 3.5) I_e$$

式中　I_{re}——熔体的额定电流；

　　　I_e——电动机的额定电流。

（d）用于保护多台电动机（即供电干线）的熔断器，在出现尖峰电流时不应熔断。通常将其中容量最大的一台电动机启动，而其余电动机正常运行时出现的电流作为其尖峰电流。为此，熔体的额定电流应满足下述关系

$$I_{re} \geq (1.5 \sim 2.5) I_{e,max} + \Sigma I_e$$

式中　$I_{e,max}$——多台电动机中容量最大的一台电动机额定电流；

　　　ΣI_e——其余电动机额定电流之和。

（e）为防止发生越级熔断，上、下级（即供电干、支线）熔断器间应有良好的协调配合，为此，应使上一级（供电干线）熔断器的熔体额定电流比下一级（供电支线）大 1~2 个级差。

c. 熔断器额定电压的选择。熔断器的额定电压应等于或大于线路的额定电压。

d. 熔断器的最大分断能力应大于被保护线路上的最大短路电流。

② 熔断器的拆卸

a. 拧开瓷帽，取下瓷帽。在拧开瓷帽时，要用手按住瓷座。

b. 取下熔芯，注意不要使上端红色指示器脱落。

③ 熔断器的检查

a. 检查熔断器有无破裂或损伤和变形现象，瓷绝缘部分有无破损。

b. 检查熔断器的实际负载大小，看是否与熔体的额定值相匹配。

c. 检查熔体有无氧化、腐蚀或损伤，必要时应及时更换。

d. 检查熔断器接触是否紧密，有无过热现象。

e. 检查是否有短路、断路及发热变色现象。

④ 熔断器的装配　按拆卸的逆顺序进行。装配时应保证接线端等处接触良好。螺旋式熔断器的电源进线端应接在底座中心端的下接线桩上，出线端接在上接线桩上。

1.1.3.4 使用主令电器

(1) 具体要求

熟悉行程开关与按钮开关的作用与结构。能够正确使用行程开关和按钮开关。

(2) 仪器设备、工具、元器件及材料

元件见表 1.1.12。

表 1.1.12 元件表

名称	型号与规格	数量	备注
行程开关	JLXK1 系列或其他	1个	
按钮开关	LA10-3H	1个	

(3) 内容及步骤

行程开关是用以反映工作机械的行程,发出命令,以控制运动机械的运动方向和行程大小的开关。它主要用于机床、自动生产线和其他机械的限位及行程控制。常用的行程开关有 LX19K、LX19-111、LX19-121、LX19-131、LX19-212、LX19-222、LX19-232、JLXK1 等型号。

按钮开关是一种手动且一般可自动复位的主令电器。它不直接控制主电路的通断,而是通过控制电路的接触器、继电器等来操纵主电路。

① 准备工作 行程开关与按钮开关的识别。

② 检测工作 行程开关的选用。在选用行程开关时,要根据应用场合及控制电路的要求选择。同时,根据机械与行程开关的传动与位移关系,选择适合的操作形式。

1.1.3.5 使用交流接触器

(1) 具体要求

了解交流接触器的结构组成;掌握交流接触器的拆卸与组装。

(2) 仪器设备、工具、元器件及材料

元件见表 1.1.13。

表 1.1.13 元件表

名称	型号与规格	数量	备注
工具		1套	螺钉旋具(一字形和十字形)、电工刀、尖嘴钳、钢丝钳
万用表	MF47 型或其他	1个	
交流接触器	CJ20-16 型或其他	1个	线圈电压 380V
三相自耦调压器	0~250V、400V、3kV	1台	

(3) 内容及步骤

交流接触器是一种常用的控制电器,主要用于频繁接通或分断交流电路。控制容量大,可远距离操作,配合继电器可以实现定时操作、联锁控制、各种定量控制和失电压及欠电压保护,广泛应用于自动控制电路中。其主要控制对象是电动机,也可用于控制其他电力负载。因此,了解和掌握接触器的结构及工作原理对正确使用接触器具有重要意义。

① 交流接触器的拆卸

a. 卸下灭弧罩紧固螺钉，取下灭弧罩。

b. 拉紧主触头定位弹簧夹，取下主触头及主触头压力弹簧片。拆卸主触头时必须将主触头侧转 45°后取下。

c. 松开辅助常开静触头的接线桩螺钉，取下常开静触头。

d. 松开接触器底部的盖板螺钉，取下盖板。在松盖板螺钉时，要用手按住螺钉并慢慢放松。

e. 取下静铁芯缓冲绝缘纸片及静铁芯。

f. 取下静铁芯支架及缓冲弹簧。

g. 拔出线圈接线端的弹簧夹片，取下线圈。

h. 取下反作用弹簧，取下衔铁和支架。

i. 从支架上取下动铁芯定位销。

j. 取下动铁芯及缓冲绝缘纸片。

② 交流接触器的检查

a. 检查灭弧罩有无破裂或烧损，清除灭弧罩内的金属飞溅物和颗粒。

b. 检查触头的磨损程度，磨损严重时应更换触头。若不需更换，则清除触头表面上烧毛的颗粒。

c. 清除铁芯端面的油垢，检查铁芯有无变形及端面接触是否平整。

d. 检查触头压力弹簧及反作用弹簧是否变形或弹力不足，如有则需要更换弹簧。触头压力的测量与调整：将一张约 0.1mm 厚比触头稍宽的纸条夹在触头之间，使触头处于闭合状态，用手动拉纸条。若触头压力合适，稍用力纸条便可拉出，若纸条很容易被拉出，说明触头压力不够，若纸条被拉断，说明触头压力过大，可调整或更换触头弹簧，直到符合要求。

e. 检查电磁线圈的电阻是否正常。

f. 自检。检查各对触头是否良好；用兆欧表测量各触头间及主触头对地电阻是否符合要求；用手按动主触头检查运动部分是否灵活，以防产生接触不良、振动和噪声。

g. 通电测试，接触器应固定在控制板上，用三相自耦调压器按接触器线圈电玉标准给接触器通电，看触头动作情况是否正常。

h. 交流接触器的装配

装配按拆卸的逆顺序进行。

1.1.3.6 检修与校验时间继电器

(1) 具体要求

① 熟悉 JS7-A 系列时间继电器的结构，并对其触点进行调整。

② 将 JS7-2A 型时间继电器改装成 JS7-4A 型，并进行通电校验。

(2) 仪器设备、工具、元器件及材料

元件见表 1.1.14。

表 1.1.14 元件表

名称	型号与规格	数量	备注
工具		1套	螺钉旋具(一字形和十字形)、电工刀、尖嘴钳、钢丝钳、验电笔

续表

名称	型号与规格	数量	备注
万用表	MF47 型或其他	1个	
时间继电器	JS7-2A、线圈电压 380V	1个	
组合开关	HZ10-10/3、三极、10A	1个	
熔断器	RL1-15/2、15A、配熔体 2A	1个	
按钮	LA4-3H、保护式、按钮数 3	1个	
指示灯	220V、15W	3个	
控制板	500mm×400mm×200mm	1块	
导线	BVR-1.0mm²	若干	

(3) 内容及步骤

时间继电器是在电路中起控制动作时间的继电器，它主要用于需要按时间顺序进行控制的电气控制线路中。JS7-2A 型时间继电器主要由电磁系统、工作触点、气室及传动机构四部分组成。根据触点延时的特点，它既可以做成通电延时型，又可以做成断电延时型。JS7-A、JS7-2A 型为通电延时型；JS7-3A、JS7-4A 型为断电延时型。将通电延时型继电器的电磁机构翻转 180°安装即成为断电延时型继电器。

① 整修 JS7-2A 型时间继电器的触点

a. 松开延时或瞬时微动开关的紧固螺钉，取下微动开关。

b. 均匀用力慢慢撬开并取下微动开关盖板。

c. 小心取下动触点及附件，要防止用力过猛而弹失小弹簧和薄垫片。

d. 进行触点整修。整修时，不允许用砂纸或其他研磨材料，而应使用锋利的刀刃或细锉修平，然后用干净布擦净，不得用手指直接接触触点或用油类润滑，以免沾污触点。整修后的触点应做到接触良好。若无法修复应调换新触点。

e. 按拆卸的逆顺序进行装配。

f. 手动检查微动开关的分合是否瞬间动作，触点接触是否良好。

② JS7-2A 型改装成 JS7-4A 型

a. 松开线圈支架紧固螺钉，取下线圈和铁芯总成部件。

b. 将总成部件沿水平方向旋转 180°后，重新旋上紧固螺钉。

c. 观察延时和瞬时触点的动作情况，将其调整在最佳位置上。

d. 拧紧各安装螺钉，进行手动检查，若达不到要求须重新调整。

③ 通电校验

a. 将整修和装配好的时间继电器按图 1.1.27 所示连入线路，进行通电校验。

b. 通电校验要做到一次通电校验合格。通电校验合格的标准为：在 1min 内通电频率不少于 10 次，做到各触点工作良好，吸合时无噪声，铁芯释放无延缓，并且每次动作的延时时间一致。

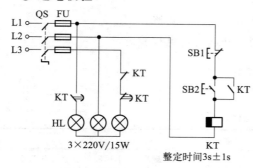

图 1.1.27　JS7-A 系列时间继电器校验电路

(4) 注意事项

① 拆卸时，应备有盛放零件的容器，以

免丢失零件。

② 修整和改装过程中，不许硬撬，防止损坏电器。

③ 在进行校验接线时，要注意各接线端子上线头间的距离，防止产生相间短路故障。

④ 改装后的时间继电器，使用时要将原来的安装位置水平旋转180°，使衔铁释放时的运动方向始终保持垂直向下。

1.1.4 任务考核

针对考核任务，相应的考核评分细则见表1.1.15。

表 1.1.15 评分细则

序号	考核内容	考核项目	配分	评分标准	得分
1	低压电器的识别	外形识别；功能作用	10分	(1)能正确识别(5分)； (2)功能用法正确(5分)	
2	组合按钮拆卸、装配	拆卸步骤正确；工艺熟练；了解触头的结构特点；爱护公物器件；操作严谨细致	10分	(1)拆装方法、步骤正确，未遗失零件和损坏元件，能装配复原(5分)； (2)观察和检测触头仔细、正确，并能简述触头的特点(5分)	
3	开关、低压断路器的符号、结构、工作原理、作用、选用、安装及维修	(1)开关的符号、结构、工作原理、作用、选用、安装与维修； (2)低压断路器的符号、结构、工作原理、作用、选用、安装	10分	(1)能够正确写出开关、低压断路器的图形符号、文字符号(2分)； (2)能够简述开关、低压断路器的结构、工作原理、作用(2分)； (3)能够简述开关的选用原则、安装方法、维修方法(2分)； (4)能够简述低压断路器的选用原则、安装方法(4分)	
4	螺旋式熔断器的型号选择、拆卸、装配	(1)熔断器的分类、使用场合、型号的选择步骤； (2)熔断器的结构、工作原理、维修、装配方法	10分	(1)能叙述熔断器的分类、结构、工作原理、作用(2分)； (2)能进行熔断器型号的选择、熔体的选择(2分)； (3)能进行熔断器的维修、拆卸、装配(6分)	
5	交流接触器的拆卸与装配、调整和校验	(1)交流接触器的结构； (2)交流接触器拆卸步骤及方法； (3)交流接触器的装配； (4)判断和调整触头压力的方法； (5)检查接触器的好坏	20分	(1)能阐述接触器的结构组成、拆卸步骤及方法、检查及校验方法(5分)； (2)能凭经验判断触头压力的大小及进行调整(5分)； (3)能正确装配接触器(5分)； (4)能进行通电校验(5分)	
6	时间继电器的结构、整修触点、改装、校验	(1)时间继电器的结构； (2)整修触点的步骤及方法； (3)JS7-2A改装成JS7-4A的原理、改装步骤及方法； (4)通电校验的方法及合格的标准	20分	(1)能阐述时间继电器的结构组成、改装的原理、改装的步骤及方法、整修触点的步骤及方法(5分)； (2)整修后触点接触良好(5分)； (3)通电校验接线与操作，会判断通电校验合格与否(10分)	
7		安全文明生产	20分	违反安全文明操作规程酌情扣分	
		合计	100分		

注：每项内容的扣分不得超过该项的配分。

任务结束前，填写、核实制作和维修记录单并存档。

任务 1.2 安装与调试三相笼型异步电动机直接启动控制线路

1.2.1 任务分析

电气图是电气工程图的简称。电气工程图是按照统一的规范和规定绘制的。电气图是电气设备安装、维护与管理必备的技术文件。可以说，没有电气图，一切电气设备都将无法安装、维护和管理。学习电气识图常识对维修电工来说至关重要。通过完成实际电气图的分析任务，掌握电气图的识图常识。

能安装与调试三相笼型异步电动机的基本控制线路。

1.2.2 任务资讯

1.2.2.1 绘制、识读电动机控制线路图的原则

生产机械电气控制线路常用电路图、接线图和布置图来表示。

(1) 绘制、识读电路图的原则

电路图（电气原理图）是根据生产机械运动形式对电气控制系统的要求，按照电气设备和电器的工作顺序，采用国家统一规定的电气图形符号和文字符号，详细表示电路、设备或成套装置的全部基本组成和连接关系，而不考虑其实际位置的一种简图。电路图能充分表达电气设备和电器的用途、作用和工作原理，是电气控制电路安装、调试与维修的理论依据。

绘制、识读电路图时应遵循以下原则：

① 电路图一般分电源电路、主电路和辅助电路三部分绘制。

a. 电源电路一般画成水平线，如图 1.2.1 所示。三相交流电源相序 L1、L2、L3 自上而下依次画出，中线 N 和保护地线 PE 依次画在相线之下。直流电源的"＋"端画在上边，"－"端在下边画出。电源开关要水平画出。

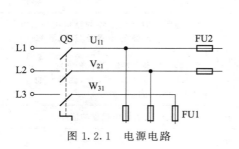

图 1.2.1 电源电路

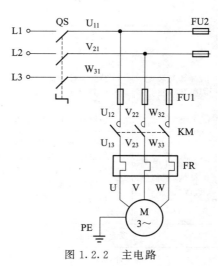

图 1.2.2 主电路

b. 主电路是指给用电器（电动机、电弧炉等）供电的电路，是受辅助电路控制的电路，

它由主熔断器、接触器的主触头、热继电器的热元件及电动机等组成,如图1.2.2所示。主电路通过的电流是电动机的工作电流,电流较大。主电路图要画在电路图的左侧并垂直于电源电路。

c. 辅助电路一般包括控制主电路工作状态的控制电路,显示主电路工作状态的指示电路,提供机床设备局部照明的照明电路等。它由主令电器的触头、接触器线圈及辅助触头、继电器线圈及触头、指示灯和照明灯等组成,如图1.2.3所示。辅助电路通过的电流都较小,一般不超过5A。画辅助电路图时,辅助电路要跨接在两相电源线之间,一般按照控制电路、指示电路和照明电路的顺序依次垂直画在主电路图的右侧,且电路中与下边电源线相连的耗能元件(如接触器和继电器的线圈、指示灯、照明灯等)要画在电路图的下方,而电器的触头要画在耗能元件与上边电源线之间。为读图方便,一般应按照自左至右、自上而下的排列来表示操作顺序。

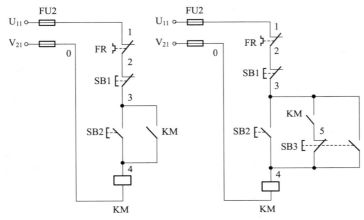

图1.2.3 辅助电路

② 电路图中,各电器的触头位置都按电路未通电或电器未受外力作用时的常态位置画出。分析原理时,应从触头的常态位置出发。

③ 电路图中,不画各电气元件实际的外形图,而采用国家统一规定的电气图形符号画出。

④ 电路图中,同一电器的各元件不按它们的实际位置画在一起,而是按其在线路中所起的作用分别画在不同电路中,但它们的动作却是相互关联的,因此,必须标注相同的文字符号。若图中相同的电器较多时,需要在电器文字符号后面加注不同的数字,以示区别,如KM1、KM2等。

⑤ 画电路图时应尽可能减少线条和避免线条交叉。对有直接电联系的交叉导线连接点,要用小黑圆点表示;无直接电联系的交叉导线则不画小黑圆点。

⑥ 电路图采用电路编号法,即对电路中的各个接点用字母或数字编号。

a. 主电路在电源开关的出线端按相序依次编号为 U_{11}、V_{11}、W_{11}。然后按从上至下、从左至右的顺序,每经过一个电气元件后,编号要递增,如 U_{12}、V_{12}、W_{12};U_{13}、V_{13}、W_{13}……。单台三相交流电动机(或设备)的三根引出线按相序依次编号为U、V、W。对于多台电动机引出线的编号,为了不致引起误解和混淆,可在字母前用不同的数字加以区别,如1U、1V、1W;2U、2V、2W……。

b. 辅助电路编号按"等电位"原则从上至下、从左至右的顺序用数字依次编号,每经过一个电气元件后,编号要依次递增。控制电路编号的起始数字必须是1,其他辅助电路编号的起始数字依次递增100,如照明电路编号从101开始;指示电路编号从201开始等。

(2) 绘制、识读接线图的原则

接线图是根据电气设备和电气元件的实际位置和安装情况绘制的,只用来表示电气设备和电气元件的位置、配线方式和接线方式,而不明显表示电气动作原理,如图1.2.4所示;主要用于安装接线、线路的检查维修和故障处理。

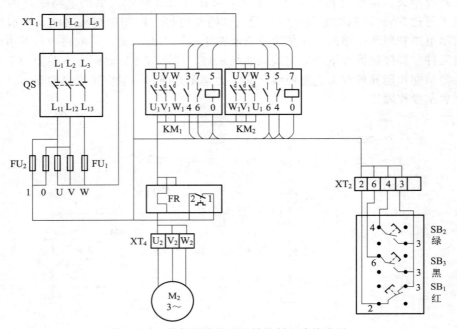

图1.2.4 接触器联锁正反转控制电路接线图

绘制、识读接线图应遵循以下原则:

① 接线图中一般标出如下内容:电气设备和电气元件的相对位置、文字符号、端子号、导线号、导线类型、导线截面积、屏蔽和导线绞合等。

② 所有的电气设备和电气元件都按其所在的实际位置绘制在图纸上,且同一电路的各元件根据其实际结构,使用与电路图相同的图形符号画在一起,并用点画线框上,其文字符号以及接线端子的编号应与电路图中的标注一致,以便对照检查接线。元件所占据的面积按它的实际尺寸依照统一的比例绘制。各电气元件的位置关系依据安装底板的面积大小、比例及连接线的顺序来决定,并注意不得违反安装规程。

③ 导线编号标示:首先应在电气原理图上编写线号,再编写电气接线图线号。电气接线图的线号和实际安装的线号应与电气原理图编写的线号一致。线号的编写方法如下:

a. 主回路的编写:三相自上而下编号为 L_1、L_2 和 L_3,经电源开关后出线上依次编号为 U_1、V_1 和 W_1,每经过一个电气元件的接线桩编号要递增,如 U_1、V_1 和 W_1 递增后为 U_2、V_2 和 W_2……。如果是多台电动机制编号,为了不引起混淆,可在字母的前面冠以数字来区分,如1U、1V 和 1W;2U、2V 和 2W。

b. 控制回路线号的编写:应从上至下、从左到右每经过一个电气元件的接线桩,编号要依次递增。编号的起始数字除控制回路必须从阿拉伯数字"1"开始外,其他辅助电路依次递增为101、201……作起始数字,如照明电路编号从101开始;信号电路从201开始。

④ 各个电气元件上凡是需要接线的部件及接线桩都应给出,且一定要标注端子线号。

各端子编号必须与电气原理图上相应的编号一致。

⑤ 安装板内、外的电气元件之间的连线，都应通过接线端子板（排）进行连接。

⑥ 接线图中的导线有单根导线、导线组（或线扎）、电缆等之分，可用连续线和中断线来表示。凡导线走向相同的可以合并，用线束来表示，到达接线端子板或电气元件的连接点时再分别画出。在用线束来表示导线组、电缆等时可用加粗的线条表示，在不引起误解的情况下也可采用部分加粗。另外，导线及管子的型号、根数和规格应标注清楚。

(3) 绘制、识读布置图的原则

布置图是根据电气元件在控制板上的实际安装位置，采用简化的外形符号（如正方形、矩形、圆形等）而绘制的一种简图，如图 1.2.5 所示。它不表示各电器的具体结构、作用、接线情况以及工作原理，主要用于电气元件的布置和安装。图中各电器的文字符号必须与电路图和接线图的标注相一致。

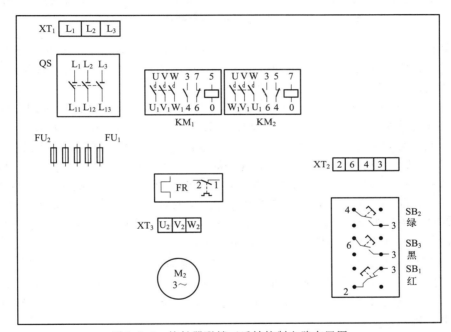

图 1.2.5　接触器联锁正反转控制电路布置图

要求各电气元器件布局合理、整齐。布局时，主电路的电气元件处于线路图左侧，从上而下依次是电源、熔断器、接触器、热保护继电器（包括其他继电器）、端子排、电动机等；辅助线路（控制线路）的电气元件位于右侧，从上而下依次是电源进线、熔断器、按钮等。

在实际应用中，电路图、接线图和布置图要结合起来使用。

1.2.2.2　几种直接启动控制线路的原理

(1) 连续与点动混合控制线路

电动机的单向运行控制线路是电动机的最基本、最常用的控制线路，掌握其工作原理，学会其接线方法，为分析复杂的电机控制电路和安装复杂的电气电路打下基础。

① 单向点动控制线路　电动机的单向点动控制是电动机最简单的控制方式。点动控制是指按下按钮电动机就启动转动，松开按钮电动机即停转的控制电路。它能实现电动机短时转动，常用于机床的对刀调整和电动葫芦控制及地面操作的小型起重机等。

图 1.2.6(a) 是电动机单向点动控制线路原理图，由主电路和控制电路组成。

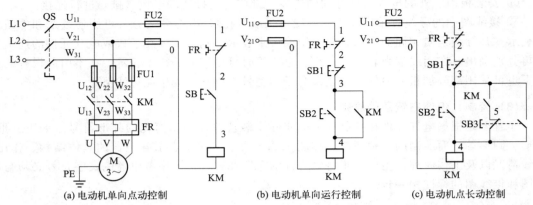

(a) 电动机单向点动控制　　　(b) 电动机单向运行控制　　　(c) 电动机点长动控制
图 1.2.6　电动机单向点动、运行和点长动控制线路

当电动机需要单向点动控制时，先合上电源开关 QS，然后按下启动按钮 SB，接触器 KM 线圈获电，KM 主触头闭合，电动机 M 启动运转。当松开按钮 SB 时，接触器 KM 线圈失电，KM 主触头断开，电动机 M 断电停转。

② 单向长动控制线路　生产实际工作中不仅需要点动，有时还需要拖动电动机长时间单向运转，即电动机持续工作，又称为长动。其控制线路如图 1.2.6(b) 所示。

合上电源开关 QS 后，按下启动按钮 SB2，接触器 KM 线圈获电，KM 三个主触头闭合，电动机 M 获电启动，同时又使与 SB2 并联的一个常开辅助触头 KM（3-4）闭合，这个触头叫自锁触头，松开 SB2，控制线路通过 KM 自锁触头使线圈仍保持获电吸合。如需电动机停转，只需按一下停止按钮 SB1，接触器 KM 线圈断电，KM 三副主触头断开，电动机 M 断电停转，同时 KM 自锁触头也断开，所以松开 SB1，接触器 KM 线圈不再获电，需重新启动。

在单向运行控制线路中所用的保护有以下四种：

a. 短路保护。由熔断器 FU1、FU2 分别实现主电路与控制电路的短路保护。

b. 过载保护。由热继电器 FR 实现电动机的长期过载保护。FR 的热元件串联在电动机的主电路中，当电动机过载达一定程度时，FR 的动断触点断开，KM 因线圈断电而释放，从而切断电动机的主电路。

c. 失压保护。该电路每次都必须按下启动按钮 SB2，电动机才能启动运行，这就保证了在突然停电而又恢复供电时，不会因电动机自行启动而造成设备和人身事故。这种在突然停电时能够自动切断电动机电源的保护称为失压（或零压）保护。

d. 欠压保护。如果电源电压过低（如降至额定电压的 85% 以下），则接触器线圈产生的电磁吸力不足，接触器会在复位弹簧的作用下释放，从而切断电动机电源。所以接触器控制电路对电动机有欠压保护的作用。

③ 单向运行的连续与点动混合控制线路　单向运行的连续与点动混合控制线路简称点长动控制线路，如图 1.2.7(c) 所示。当按下 SB2 按钮时，接触器 KM 的线圈得电，其辅助动合触头闭合自锁，电动机运行；按 SB1 按钮时，电动机才停止运行。当按下 SB3 按钮时，KM 线圈得电，电动机运行；当松开 SB3 时，按钮复位断开，电动机停止运行，实现对电动机的点动控制。

(2) 正反转控制线路

在生产过程中，很多生产机械的运行部件都需要正、反两个方向运动，如机床工作台的前进、后退，摇臂钻床中摇臂的上升和下降、夹紧和放松等。要实现三相异步电动机的反转,只需将电动机所接三相电源的任意两根对调即可。

① 接触器联锁的正反转控制线路　接触器联锁正反转控制线路如图1.2.7(a)所示。该线路能有效防止因接触器故障而造成的电源短路事故,故其应用比较广泛。

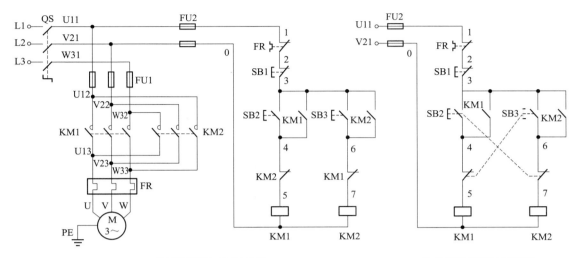

(a) 接触器联锁的正反转控制　　　　　　　　(b) 按钮联锁的正反转控制

图1.2.7　电动机正反转控制线路

图中采用两个接触器,即正转用的接触器KM1和反转用的接触器KM2。当接触器KM1的三对主触头接通时,三相电源的相序按L1、L2、L3接入电动机。而当接触器KM2的三个主触头接通时,三相电源的相序按L3、L2、L1接入电动机,电动机即反转。

必须指出接触器KM1和KM2的主触头,绝不能同时接通,否则将造成两相电源L1和L3短路,为此在KM1和KM2线圈各支路中相互串联对方接触器的一对常闭辅助触头,以保证接触器KM1和KM2的线圈不会同时通电。KM1和KM2这两个动断辅助触头在线路中所起的作用称为联锁作用,这两个动断触头就叫联锁触头。

正转控制时,按下正转按钮SB2,接触器KM1线圈获电,KM1主触头闭合,电动机M启动正转,同时KM1的自锁触头闭合,联锁触头断开。

反转控制时,必须先按停止按钮SB1,使接触器KM1线圈断电,KM1主触头复位,电动机M断电;然后按下反转按钮SB3,接触器KM2线圈获电吸合,KM2主触头闭合,电动机M启动反转,同时KM2自锁触头闭合,联锁触头断开。

这种线路的缺点是操作不方便,因为要改变电动机的转向时,必须先要按停止按钮让电动机停转,再按反转按钮才能使电动机反转启动。

② 按钮联锁的正反转控制线路　按钮联锁的正反转控制线路如图1.2.7(b)所示。

按钮联锁的正反转控制线路的动作原理与接触器联锁的正反转控制线路基本相似。但由于采用了复合按钮,当按下反转按钮SB3时,使接在正转控制线路中的SB3常闭触头先断开,正转接触器KM1线圈断电,KM1主触头断开,电动机M断电,接着按钮SB3的常开触头闭合,使反转接触器KM2线圈获电,KM2主触头闭合,电动机M反转起来,既保证了正反转接触器KM1和KM2断电,又可不按停止按钮SB1而直接按反转按钮SB3进行反转启动,由反转运行转换成正转运行的情况,也只要直接按正转按钮SB2即可。

这种线路的优点是操作方便,缺点是易产生短路故障。如正转接触器KM1主触头发生熔焊故障而分断不开时,若按反转按钮SB3进行换向,则会产生短路故障。

如果将按钮联锁和接触器联锁结合起来,将兼有两者之长,安全可靠,并且操作方便。这就构成了接触器、按钮双重联锁的正反转控制线路,线路图如图 1.2.8 所示,其工作原理读者可自行分析。

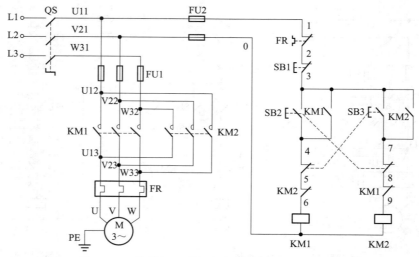

图 1.2.8　接触器、按钮双重联锁正反转控制线路

(3) 自动往返控制线路

实际生产过程中,一些生产机械运动部件的行程或位置要受到限制,或者需要其运动部件在一定范围内自行往返循环运动,如龙门刨床、平面磨床。这种控制常用行程开关按运动部件的位置或机件的位置变化来进行控制,通常称为行程控制。往返运动是由行程开关控制电动机的正反转来实现的。

图 1.2.9 所示为工作台自动往返循环运动示意图。图中 SQ1、SQ2、SQ3、SQ4 为行程开关,SQ1、SQ2 用以控制往返运动,SQ3、SQ4 用以运动方向行程限位保护,即限制工作台的极限位置。在工作台的两端装有挡铁,随工作台一起移动,通过挡铁分别压下 SQ1 与 SQ2 改变电路工作状态,实现电动机的正反转,并拖动工作台实现自动往返循环运动。

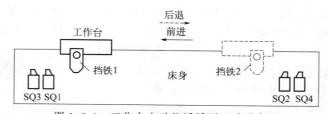

图 1.2.9　工作台自动往返循环运动示意图

自动往返循环运动控制电路如图 1.2.10 所示。工作台自动往返循环动作过程如下:合上电源开关 QS,按下正向启动按钮 SB2,KM1 线圈通电,KM1(3-4) 闭合自锁,KM1(10-11) 断开,互锁;KM1 主触点闭合,电动机正向启动运转,拖动工作台前进。当工作台上挡铁 1 压下 SQ1 时,使其动断触点 SQ1(4-5) 断开,KM1 线圈断电释放;动合触点 SQ1(3-8) 闭合,KM2 线圈通电并自锁;电动机由正转变为反转,拖动工作台由前进变为后退。当工作台上挡铁 2 压下 SQ2 时,使其动断触点 SQ2(8-9) 断开,KM2 线圈断电释放;动合触点 SQ2(3-4) 闭合,KM1 线圈通电并自锁;电动机由反转变为正转,拖动工作台由后退变为前进。如此循环

往返，通过 SQ1、SQ2 控制电动机的正反转，实现工作台自动往返循环运动。当行程开关 SQ1、SQ2 失灵时，工作台将继续沿原方向移动，挡铁压下行程开关 SQ3 或 SQ4，分断相应接触器线圈回路，电动机断电停转，工作台停止移动，避免了运动部件超出极限位置而发生事故，实现了限位保护。按下停止按钮 SB1，控制回路断电，电动停转。

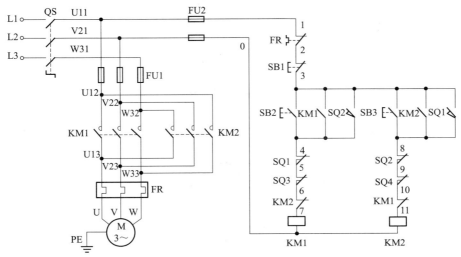

图 1.2.10　电动机自动往返循环控制线路

（4）顺序控制线路

在某些机床控制线路中，有时不能随意启动或停车，而是必须按照一定的顺序操作才行。这种控制线路称为顺序控制线路。

在铣床的控制中，为避免发生工件与刀具的相撞事件，控制线路必须确保主轴铣刀旋转后才能有工件的进给。图 1.2.11 就是具有这种控制功能的线路图。

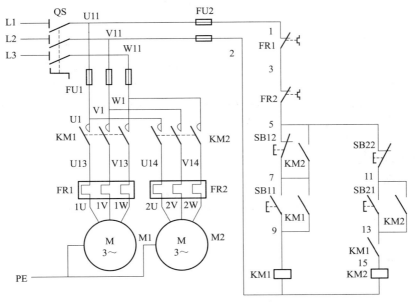

图 1.2.11　顺序控制线路

控制线路工作原理：
① 先合上电源开关 QS。
② 顺序启动。

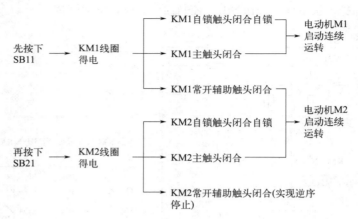

③ 逆序停止。

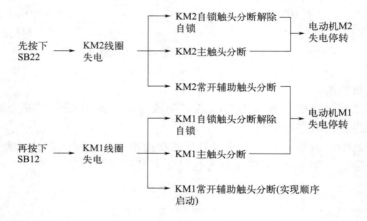

(5) 多地控制线路

能在两地或多地控制同一台电动机的控制方式叫电动机的多地控制。如图 1.2.12 所示为两地控制线路。图中 SB11、SB12 为安装在甲地的启动按钮；SB21、SB22 为安装在乙地的启动按钮。线路的特点是：两地的启动按钮 SB11、SB21 并联在一起，停止按钮 SB12、SB22 并联在一起，这样就可以在甲乙两地启停同一台电动机，达到操作方便之目的。

控制线路工作原理：
① 先合上电源开关 QS。
② 甲地启动。

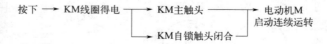

③ 甲地停止。

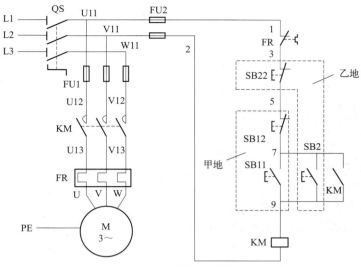

图 1.2.12 两地控制电路

④ 乙地启动。

⑤ 乙地停止。

1.2.2.3 电动机基本控制线路的安装步骤及要求

(1) 安装步骤

电动机电气控制电路的连接，不论采用哪种配线方式，一般都按以下步骤进行：

① 识读电路图，明确电路所用电气元件及其作用，熟悉电路的工作原理。在电气原理图上编写线号。

② 根据电路图或元件明细表配齐电气元件，并进行检验。检验时注意以下几点：

a. 外观检查，是否清洁完整，外壳有无裂纹，各接线桩螺栓有无缺失、生锈等现象，零部件是否齐全。

b. 电气元件的电磁机构动作是否灵活，有无衔铁卡阻、吸合位置不正等不正常现象。用万用表检查电磁线圈的通断情况，测量它们的直流阻值并做好记录，以备检查线路和排除故障时作为参考。新品使用前应拆开并清除铁芯端的防锈油。检查衔铁复位弹簧是否正常。

c. 检查电气元件触头有无熔焊、变形、严重氧化锈蚀现象，触点的闭合、分断动作是否灵活，触点距、超程是否符合要求，接触压力弹簧是否有效。核对各电气元件的规格与图纸要求是否一致，如电压等级、电流容量、触头数目、开闭状况、时间继电器的延时类型等。

d. 检查有延时作用的电气元件的功能，如时间继电器的延时动作、延时范围及整定机构的作用；检查热继电器的热元件和触头的动作情况。

③ 根据电气元件选配安装工具和控制板。

④ 根据电路图绘制布置图和接线图，然后按要求在控制板上安装电气元件（电动机除外），并贴上醒目的文字符号。在确定电气元件安装位置时，应做到既方便安装时布线，又要便于检修。如图1.2.13所示。

⑤ 根据电动机容量选配主电路导线的截面，控制电路导线一般采用截面为$1mm^2$的BVR铜芯线；按钮线一般采用截面为$0.75mm^2$的BVR铜芯线；接地线一般采用截面不小于$1.5mm^2$BVR的铜芯线。按接线图规定的方位，在固定好的电气元件之间测量距离确定所需导线的长度，截取相应导线的长短，剥去导线两端的绝缘（注意绝缘剥离时不要过长）。为保证导线与端子接触良好，要用电工刀将线芯的氧化层刮去；使用多股导线时，将线头绞紧，必要时可进行烫锡处理。

图1.2.13　电气控制电路实训安装板

⑥ 根据接线图布线，同时将剥去绝缘层的两端线头套上标有与电路图相一致编号的编码套管（线号管）。

⑦ 安装电动机。

⑧ 连接电动机和所有电气元件金属外壳的保护接地线。

⑨ 连接电源和电动机等控制板外部的导线。

⑩ 自检。

⑪ 复检。

⑫ 通电试车。

(2) 安装要求

① 板上安装的电气元件的名称、型号、工作电压性质和数值、信号灯及按钮的颜色等，都应正确无误，固定应牢固、排列整齐，防止电气元件的外壳压裂损坏，在醒目处应贴上各器件的文字符号。

② 连接导线要采用规定的颜色：

a. 接地保护导线（PE）必须采用黄绿双色；

b. 动力电路的中线（N）和中间线（M）必须是浅蓝色；

c. 交流和直流动力电路应采用黑色；

d. 直流控制电路采用蓝色。

③ 按电气接线图确定的走线方向进行布线。可先布主回路线，也可先布控制回路线。对于明露敷设的导线，走线应合理，尽量避免交叉，先将导线校直，把同一走向的导线汇成一束，依次弯向所需的方向，做到横平竖直、拐直角弯、整齐、合理，接点不得松动。做线时要用手将拐角做成90°的"慢弯"，不要用尖嘴钳将导线做成"死弯"，以免损坏绝缘或操作线芯。进行控制板外部布线，对于可移动的导线应放适当的余量，使绝缘套管（或金属软管）在运动时不承受拉力。导线的绝缘和耐压要符合电路要求，敷设线路时不得损伤导线绝缘及线芯。所有从一个接线桩到另一个接线桩的导线必须是连续的，中间不能有接头。接线时，可根据接线桩的情况，将导线直接压接或将导线顺时针方向搣成稍大于螺栓直径的圆

环，加上金属垫圈压接。

④ 主回路和控制回路的线号套管必须齐全，每一根导线的两端都必须套上编码套管。套管上的线号可用环乙酮与龙胆紫调和，不易褪色。在遇到 6 和 9 或 16 和 19 这类倒顺都能读数的号码时，必须做记号加以区别，以免造成线号混淆。

⑤ 安装时按钮的相对位置及颜色：

a. "停止" 按钮应置于 "启动" 按钮的下方或左侧，当用两个 "启动" 按钮控制相反方向时，"停止" 按钮可装在中间；

b. "停止" 和 "急停" 用红色，"启动" 用绿色，"启动" 和 "停止" 交替动作的按钮用黑色、白色或灰色，点动按钮用黑色，复位按钮用蓝色，当复位按钮带有 "停止" 作用时则须用红色。

⑥ 安装指示灯及光标按钮的颜色。

a. 指示灯颜色的含义：

红——危险或报警；

黄——警告；

绿——安全；

白——电源开关接通。

b. 光标按钮颜色的用法：

红——"停止" 或 "断开"；

黄——注意或警告；

绿——"启动"；

蓝——指示或命令执行某任务；

白——接通辅助电路。

(3) 通电前的检查及通电试运转

安装完毕的控制线路板，必须经过认真检查后，才能通电试车，以防止错接、漏接造成不能实现控制功能或短路事故。检查内容如下：

a. 按电气原理图或电气接线图从电源端开始，逐段核对接线及接线端子处的线号。重点检查主回路有无漏接、错接及控制回路中容易接错之处。检查导线压接是否牢固，接触良好，用手一一摇动、拉拨端子上的接线，不允许有松脱现象，以免带负载运转时产生打弧现象。

b. 未通电前，用手动模拟电器操作动作，用万用表检查线路的通断情况，主要根据线路控制动作来确定测量点。可先断开控制回路，用欧姆挡检查主回路有无短路现象。然后断开主回路再检查控制回路有无开路或短路现象，以及自锁、联锁装置的动作及可靠性。

c. 用 500V 兆欧表检查线路的绝缘电阻，不应小于 $1M\Omega$。

通电试运转：为保证人身安全，在通电试运转时，应认真执行安全操作规程的有关规定，一人监护，一人操作。试运转前应清点工具、清除安装板上的线头等杂物、装好接触器的灭弧罩、安装熔断器等，检查与通电试运转有关的电气设备是否有不安全的因素存在。查出后应立即整改，方能试运转。通电试运转的顺序如下：

a. 空载试运转：先切除主电路，装上控制电路熔断器，接通三相电源，合上电源开关，用试电笔检查熔断器出线端，氖管亮，则电源接通。按动操作按钮，观察接触器、继电器动作情况是否正常，并符合线路功能要求；检查自锁、联锁控制；用绝缘棒操作行程开关或限位开关控制作用等。观察电气元件动作是否灵活，有无卡阻及噪声过大等现象，有无异味。检查负载接线端子三相电源是否正常。经反复几次操作，均正常后方可进行带负载试运转。

b. 带负载试运转：切断电源，装好主电路熔断器，先接上检查完好的电动机连线后，再接三相电源线，检查接线无误后，再合闸送电。按控制原理启动电动机。当电动机平衡运行，用钳形电流表测量三相电流是否平衡。通电试运行完毕，停转、断开电源。先拆除三相电源线，再拆除电动机线，完成通电试运转。特别提醒的是在启动电动机后，应做好停止电动机准备，如出现电动机启动困难、发出噪声及线圈过热等异常现象，应立即停车。

1.2.2.4 简单电气控制线路故障分析与检修方法

(1) 常见电气控制线路故障分析

电气控制线路常见的故障主要有断路、短路、电动机过热、过压、欠压和相序错乱等故障。各类故障出现的现象不尽相同，同一类故障也会有不同的表现形式，必须结合具体情况来进行分析。下面针对一些常见故障的产生原因进行分析。

① 断路故障　断路故障产生的主要原因有线路接头松脱和接触不良、导线断裂、熔断器熔断、开关未闭合、控制电器不动作和触点接触不良等。这类故障会导致受控对象（一般是电动机）不工作和设备部分或全部功能不能实现等现象。

② 短路故障　短路故障产生的主要原因有接线错误、导线和器件短接及器件触点粘接等。这类故障会导致保护器件（熔断器和断路器等）动作，使设备不能工作。

③ 电动机过热　电动机过热一般是由过电流造成的，而产生过电流的主要原因有过载、断相和电动机自身的机械故障等。电动机长时间过热会导致内部绕组绝缘能力下降而被击穿烧毁。

④ 过压故障　过压的主要原因是接线错误和设备或器件选择不当。这类故障可能会导致设备和器件烧毁。

⑤ 欠压故障　欠压故障产生的主要原因是接线端子接触不良或器件接触不良、接线错误。这类故障会导致控制器件不能正常吸合，长时间欠压还会引起电动机电流增大过热，甚至烧毁。

⑥ 相序错乱故障　相序错乱故障产生的主要原因是供电电源出现问题或接线错误。这类故障会导致交流电动机的旋转方向反向，可能造成事故。

(2) 常见电气控制线路故障检修方法

当电气控制线路出现故障时，应根据故障现象，结合电路原理图，通过分析、观察和询问等方法，对故障进行判断，并借助万用表、低压验电器和绝缘电阻表等仪器设备进行测量，找准故障点，排除故障。电气控制线路故障检修有如下方法。

① 通电试验法　用通电试验法观察故障现象，初步判定故障范围。试验法是在不扩大故障范围，不损坏电气和机械设备的前提下，对线路进行通电试验。通过观察电气设备和电气元件的动作，判断它是否正常，各控制环节（如电动机、各接触器和时间继电器等）的动作程序是否符合工作原理要求。若出现异常现象，应立即断电检查，找出故障发生部位或回路。

② 逻辑分析法　用逻辑分析法缩小故障范围，并在电路图上标出故障部位的最小范围。逻辑分析法是根据电气控制线路的工作原理、控制环节的动作程序以及它们之间的联系，结合故障现象做具体的分析，迅速缩小故障范围，从而判断出故障所在。这种方法是一种以准为前提、以快为目的的检查方法，特别适用于对复杂线路的故障检查。

③ 电压测量法　电压测量法是在线路通电的情况下，通过对各部分电压的测量来查找故障点。这种方法不需拆卸器件和导线，测试结果比较直观，适宜对断路故障、过压故障和

欠压故障进行检修，是故障检修中最常用的方法。这种方法中常用的仪器仪表有万用表、电压表和低压验电器。

④ 电阻测量法　电阻测量法是在线路断电的情况下，通过对各部分电路通断和电阻值的测量来查找故障点。这种方法对查找断路和短路故障特别适用，也是故障检修中的重要方法。这种方法一般用万用表的欧姆挡进行测量。

⑤ 电流测量法　电流测量法是在线路通电的情况下，对线路电流进行测量。这种方法适用于对电动机的过热故障检修，同时还可检测电动机的运行状态及判断三相电流是否平衡。这种方法一般采用万用表电流挡和钳形电流表进行测量。

⑥ 短接法　短接法是在怀疑线路有断路或某一独立功能的部位有断路的情况下，用绝缘良好的导线将其短接，根据短接后的情况来判断该部分线路是否存在故障。这种方法一般用于断路故障的检修。

⑦ 替代法　替代法是对怀疑有故障的器件，用同型号和规格的器件进行替换，替换后若电路恢复正常，就可以判断是被替代器件的故障。

⑧ 观察法　观察法是在线路通电的情况下，操作各控制器件（如开关、按钮等），观察相应受控器件（如接触器、继电器线圈等）的动作情况，以及观察设备有无异常声响、颜色和气味，从而确定故障范围的方法。

上述几种方法常需配合使用。在实践中，灵活应用各方法并不断总结经验，才能又快又准地对电气控制线路出现的故障进行检修。

(3) 注意事项

① 检修前要先掌握电路图中各个控制环节的作用和原理，并熟悉电动机的接线方法。
② 在检修过程中严禁扩大和产生新的故障，否则，要立即停止检修。
③ 检修思路和方法要正确。
④ 带电检修故障时，必须有指导老师在现场监护，并要确保用电安全。
⑤ 检修必须在规定时间内完成。

1.2.3　任务实施

1.2.3.1　连续与点动混合控制线路的安装与调试

(1) 具体要求

掌握低压电器的使用与接线，明确电路所用电气元件及其作用，掌握检查和测试电气元件的方法；学会由电气原理图变换成安装接线图的方法、线路安装的步骤和安装的基本方法；掌握三相异步电动机的连续与点动混合控制线路的工作原理、安装与调试；理解"自锁"控制的作用；掌握通电试车和排除故障的方法；增强专业意识，培养良好的职业道德和职业习惯。

(2) 仪器、设备、元器件及材料

元器件见表1.2.1。

表 1.2.1　元器件表

序号	名称	型号与规格	数量	检查内容和结果
1	转换开关		1个	
2	三相笼型异步电动机		1台	

续表

序号	名称	型号与规格	数量	检查内容和结果
3	主电路熔断器		3个	
4	控制电路熔断器		2个	
5	交流接触器		1个	
6	组合按钮		1个	
7	热继电器		1个	
8	塑铜线		若干	
9	万用表		1个	
10	常用电工工具(试电笔、螺钉旋具、尖嘴钳、斜口钳、剥线钳、电工刀等)		1套	

(3) 内容及步骤

① 识读电气原理图，明确线路所用电气元件及其作用，熟悉线路的工作原理。

② 按元件表配齐所用元件，进行质量检验，并填入表1.2.1中。

a. 电气元件的技术数据应完整并符合要求，外观无损伤。

b. 电气元件的电磁机构动作是否灵活，有无衔铁卡阻等不正常现象。用万用表检查电磁线圈的通断情况及各触点的分布情况。

c. 接触器线圈额定电压是否与电源电压一致。

d. 对电动机的质量进行常规检查。

③ 根据电路图画出布置图，在控制板上安装电气元件，并贴上醒目的文字符号；线路板上进行槽板布线和套编码管和冷压接线头；连接相关电气元件，并按电路图自检连线的正确性、合理性和可靠性。

自检时用万用表检查线路的通断情况。应选用倍率适当的电阻挡，并进行校零，以防止短路故障的发生。

对控制电路的检查（可断开主电路），将表棒分别搭在U11、V21线端上，此时读数应为"∞"。按下SB或按下SB2或用起子按下KM的衔铁时，指针应偏转很大，读数应为接触器线圈的直流电阻。

④ 安装电动机，可靠连接电动机和电气元件金属外壳的保护接地线；连接控制板外部的接线。

⑤ 经教师检查合格，同意后，方可通电试车。

⑥ 通电试车完毕，停转，切断电源。先拆除三相电源线，再拆除电动机线。

(4) 注意事项

① 螺旋式熔断器的接线应正确，以确保用电安全。

② 在训练过程中要做到安全操作和文明生产。

③ 训练结束后要清理好训练场所，关闭电源总开关。

1.2.3.2 正反转控制线路的安装与调试

(1) 具体要求

掌握低压电器的使用与接线，明确电路所用电气元件及其作用，掌握检查和测试电气元件的方法；掌握接触器联锁正、反转控制电路的工作原理；正确理解自锁、互锁的含义；掌握由电气原理图接成实际电路的方法、线路安装的步骤和安装的基本方法；掌握三相异步电动机的正反转控制线路的工作原理、安装与调试；掌握通电试车和排除故障的方法；增强专业意识，培养良好的职业道德和职业习惯。

（2）**仪器、设备、元器件及材料**

元器件见表1.2.2。

表1.2.2 元器件表

序号	名称	型号与规格	数量	检查内容和结果
1	转换开关		1个	
2	三相笼型异步电动机		1台	
3	主电路熔断器		3个	
4	控制电路熔断器		2个	
5	交流接触器		2个	
6	组合按钮		1个	
7	热继电器		1个	
8	塑铜线		若干	
9	万用表		1个	
10	常用电工工具（试电笔、螺钉旋具、尖嘴钳、斜口钳、剥线钳、电工刀等）		1套	

（3）**内容及步骤**

① 识读电气原理图，明确线路所用电气元件及其作用，熟悉线路的工作原理。

② 按元件表配齐所用元件，进行质量检验，并填入表1.2.2中。

③ 根据电路图画出布置图，在控制板上安装电气元件，并贴上醒目的文字符号；线路板上进行槽板布线和套编码管和冷压接线头；连接相关电气元件，并按电路图自检连线的正确性、合理性和可靠性。

自检时用万用表检查线路的通断情况。应选用倍率适当的电阻挡，并进行校零，以防止短路故障的发生。

对控制电路的检查（可断开主电路），将表棒分别搭在U11、V21线端上，此时读数应为"∞"。按下SB2或按下SB3或用起子按下KM1或KM2的衔铁时，指针应偏转很大，读数应为接触器线圈的直流电阻。

④ 安装电动机，可靠连接电动机和电气元件金属外壳的保护接地线；连接控制板外部的接线。

⑤ 经教师检查合格，同意后，方可通电试车。

⑥ 通电试车完毕，停转，切断电源。先拆除三相电源线，再拆除电动机线。

（4）**注意事项**

① 螺旋式熔断器的接线应正确，以确保用电安全。

② 接触器联锁触头接线必须正确，否则将会造成主电路中两相电源短路事故。

③ 通电试车时，应先合上QS，再按下SB2（或SB3），看控制是否正常，在接触器联锁的正反转控制电路中，电动机由正转变为反转时，必须先按下停止按钮，让电动机正转断电后，才能按反转启动按钮让电动机反转。

④ 在训练过程中要做到安全操作和文明生产。训练结束后要清理好训练场所，关闭电

源总开关。

1.2.3.3 自动往返控制线路的安装与调试

(1) 具体要求

掌握低压电器的使用与接线,明确电路所用电气元件及其作用,掌握检查和测试电气元件的方法;学会由电气原理图变换成安装接线图的方法、线路安装的步骤和安装的基本方法;正确理解自锁、互锁的含义;掌握用行程开关指令电动机作可逆运转的控制电路的工作原理、安装与调试,为安装电动机拖动生产机械做往返运动的控制电路打下基础;掌握通电试车和排除故障的方法;增强专业意识,培养良好的职业道德和职业习惯。

(2) 仪器、设备、元器件及材料

元器件见表1.2.3。

表 1.2.3 元器件表

序号	名称	型号与规格	数量	检查内容和结果
1	转换开关		1个	
2	三相笼型异步电动机		1台	
3	主电路熔断器		3个	
4	控制电路熔断器		2个	
5	交流接触器		2个	
6	组合按钮		1个	
7	热继电器		1个	
8	行程开关		4个	
9	塑铜线		若干	
10	万用表		1个	
11	常用电工工具(试电笔、螺钉旋具、尖嘴钳、斜口钳、剥线钳、电工刀等)		1套	

(3) 内容及步骤

① 识读电气原理图,明确线路所用电气元件及其作用,熟悉线路的工作原理。

② 按元件表配齐所用元件,进行质量检验,并填入表1.2.3中。

③ 根据电路图画出布置图,在控制板上安装电气元件,并贴上醒目的文字符号;线路板上进行槽板布线和套编码管和冷压接线头;连接相关电气元件,并按电路图自检连线的正确性、合理性和可靠性。

自检时用万用表检查线路的通断情况。应选用倍率适当的电阻挡,并进行校零,以防止短路故障的发生。

对控制电路的检查(可断开主电路),将表棒分别搭在 U11、V21 线端上,此时读数应为"∞"。按下 SB2 或按下 SB3 或用起子按下 KM1 或 KM2 的衔铁时,指针应偏转很大,读数应为接触器线圈的直流电阻。

④ 安装电动机,可靠连接电动机和电气元件金属外壳的保护接地线;连接控制板外部的接线。

⑤ 经教师检查合格,同意后,方可通电试车。

⑥ 通电试车完毕,停转,切断电源。先拆除三相电源线,再拆除电动机线。

(4) 注意事项

① 螺旋式熔断器的接线应正确,以确保用电安全。

② 接触器联锁触头接线必须正确,否则将会造成主电路中两相电源短路事故。

③ 通电试车时,应先合上 QS,再按下 SB2（或 SB3）,看控制是否正常,电动机由正转变为反转时,必须先按下停止按钮,让电动机正转断电后,才能按反转启动按钮让电动机反转。

④ 在训练过程中要做到安全操作和文明生产。训练结束后要清理好训练场所,关闭电源总开关。

⑤ 行程开关在安装时要注意的问题。

1.2.3.4 顺序控制线路的安装与调试

(1) 具体要求

掌握低压电器的使用与接线,明确电路所用电气元件及其作用,掌握检查和测试电气元件的方法；学会由电气原理图变换成安装接线图的方法、线路安装的步骤和安装的基本方法；正确理解自锁、互锁的含义；掌握三相异步电动机的顺序控制线路的工作原理、安装与调试；掌握通电试车和排除故障的方法；增强专业意识,培养良好的职业道德和职业习惯。

(2) 仪器、设备、元器件及材料

元器件见表 1.2.4。

表 1.2.4 元器件表

序号	名称	型号与规格	数量	检查内容和结果
1	转换开关		1 个	
2	三相笼型异步电动机		2 台	
3	主电路熔断器		3 个	
4	控制电路熔断器		2 个	
5	交流接触器		2 个	
6	组合按钮		2 个	
7	继电器方座		2 个	
8	热继电器		2 个	
9	塑铜线		若干	
10	万用表		1 个	
11	常用电工工具(试电笔、螺钉旋具、尖嘴钳、斜口钳、剥线钳、电工刀等)		1 套	

(3) 内容及步骤

① 识读电气原理图,明确线路所用电气元件及其作用,熟悉线路的工作原理。

② 按元件表配齐所用元件,进行质量检验,并填入表 1.2.4 中。

③ 根据电路图画出布置图,在控制板上安装电气元件,并贴上醒目的文字符号；线路板上进行槽板布线和套编码管和冷压接线头；连接相关电气元件,并按电路图自检连线的正确性、合理性和可靠性。

a. 自检步骤：

(a) 按电路图或接线图从电源端开始,逐段核对接线及接线端子处线号是否正确,有无漏接、错接之处。检查导线接点是否符合要求，压接是否牢固。

（b）学生用万用表检查线路的通断情况。应选用倍率适当的电阻挡，并进行校零，以防止短路故障的发生。

b. 控制电路的检查（可断开主电路），将表棒分别搭在 U11、V11 线端上，此时读数应为"∞"。

（a）按下 SB11（或者用起子按下 KM1 的衔铁）时，指针应偏转很大，读数应为接触器 KM1 线圈的直流电阻。

（b）按下 SB21（或者用起子按下 KM2 的衔铁）时，指针应不动，此时读数应为"∞"；再同时用起子按下 KM1 的衔铁，指针应偏转很大，读数应为接触器 KM2 线圈的直流电阻。

（c）同时按下 SB11、SB12，再用起子按下 KM2 的衔铁，指针应偏转很大，读数应为接触器 KM1 线圈的直流电阻。

c. 对主电路的检查（断开控制电路），看有无开路或短路现象，此时可用手动来代替接触器通电进行检查。

d. 用兆欧表检查线路的绝缘电阻应不得小于 1MΩ。

④ 安装电动机，可靠连接电动机和电气元件金属外壳的保护接地线；连接控制板外部的接线。

⑤ 检查无误后通电试车。

试车前必须征得教师同意，并由教师在现场监护。由教师接通三相电源 L1、L2、L3，学生合上电源开关 QS，按下 SB11，观察接触器 KM1 是否吸合，松开 SB11 观察接触器 KM1 是否自锁，观察电动机 M1 运行是否正常等；按下 SB21，观察接触器 KM2 是否吸合，松开 SB21 观察接触器 KM2 是否自锁，观察电动机 M2 运行是否正常等；按下 SB12 两台电动机应没有影响；先按下 SB22，观察接触器 KM2 是否释放，电动机 M2 是否停转；再按下 SB12，观察接触器 KM1 是否释放，电动机 M1 是否停转。

⑥ 通电试车完毕，停转，切断电源。先拆除三相电源线，再拆除电动机线。

（4）注意事项

① 螺旋式熔断器的接线应正确，以确保用电安全。

② 接触器联锁触头接线必须正确，否则将会造成主电路中两相电源短路事故。

③ 通电试车时，应先合上 QS，再按下 SB22，电动机应该不能启动；然后再按下 SB12，M1 运转后再按下 SB22，M2 才运转。

④ 在训练过程中要做到安全操作和文明生产。训练结束后要清理好训练场所，关闭电源总开关。

（5）故障的排除（部分故障现象的排除路径）

例：① 按下 SB11，KM1 不吸合。

电源—FU2—1—3—5—7—9—KM1 线圈—2。

② 按下 SB11，KM1 吸合，松开 SB1，KM1 释放。

7—7—9—9（KM1 自锁触点两端与 SB11 两端接触不良）。

③ 合上电源，KM1 立即吸合。

7—9（短接）。

④ 按下 SB21，KM2 吸合。

13—15（KM1 常开辅助触头没串接）。

⑤ 按下 SB11，KM1 吸合，按下 SB12，KM1 释放。

5—7（KM2 常开辅助触头没并接在 SB12 两端）。

⑥ 主电路及控制电路其余故障现象思考分析。

1.2.3.5 多地控制线路的安装与调试

(1) 具体要求

掌握低压电器的使用与接线，明确电路所用电气元件及其作用，掌握检查和测试电气元件的方法；学会由电气原理图变换成安装接线图的方法、线路安装的步骤和安装的基本方法；正确理解自锁、互锁的含义；掌握三相异步电动机的多地控制线路的工作原理、安装与调试；掌握通电试车和排除故障的方法；增强专业意识，培养良好的职业道德和职业习惯。

(2) 仪器、设备、元器件及材料

元器件见表 1.2.5。

表 1.2.5 元器件表

序号	名称	型号与规格	数量	检查内容和结果
1	转换开关		1个	
2	三相笼型异步电动机		1台	
3	主电路熔断器		3个	
4	控制电路熔断器		2个	
5	交流接触器		1个	
6	组合按钮		2个	
7	继电器方座		1个	
8	热继电器		1个	
9	塑铜线		若干	
10	万用表		1个	
11	常用电工工具(试电笔、螺钉旋具、尖嘴钳、斜口钳、剥线钳、电工刀等)		1套	

(3) 内容及步骤

① 识读电气原理图，明确线路所用电气元件及其作用，熟悉线路的工作原理。

② 按元件表配齐所用元件，进行质量检验，并填入表 1.2.5 中。

③ 根据电路图画出布置图，在控制板上安装电气元件，并贴上醒目的文字符号；线路板上进行槽板布线和套编码管和冷压接线头；连接相关电气元件，并按电路图自检连线的正确性、合理性和可靠性。

自检时用万用表检查线路的通断情况。应选用倍率适当的电阻挡，并进行校零，以防止短路故障的发生。

对控制电路的检查（可断开主电路），将表棒分别搭在 U11、V11 线端上，此时读数应为"∞"。按下 SB11 或按下 SB21 或用起子按下 KM 的衔铁时，指针应偏转很大，读数应为接触器线圈的直流电阻。

④ 安装电动机，可靠连接电动机和电气元件金属外壳的保护接地线；连接控制板外部的接线。

⑤ 经教师检查合格，同意后，方可通电试车。

⑥ 通电试车完毕，停转，切断电源。先拆除三相电源线，再拆除电动机线。

(4) 注意事项

① 螺旋式熔断器的接线应正确，以确保用电安全。

② 接触器联锁触头接线必须正确，否则将会造成主电路中两相电源短路事故。

③ 通电试车时，应先合上 QS，再按下 SB3（或 SB4），看控制是否正常，电动机由正转变为反转时，必须先按下停止按钮，让电动机正转断电后，才能按反转启动按钮 SB5（或 SB6）让电动机反转。

④ 在训练过程中要做到安全操作和文明生产。训练结束后要清理好训练场所，关闭电源总开关。

(5) 故障检修（如图 1.2.14 所示）

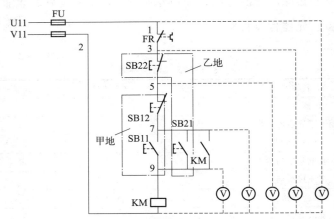

图 1.2.14　两地控制电路故障检测图

① 用试验法观察故障现象：先合上电源开关 QS，然后按下 SB11 或 SB21，KM 均不吸合。

② 用逻辑分析法判定故障范围：根据故障现象（KM 不吸合），结合电路图，可初步确定故障点可能在控制电路的公共支路上。

③ 用测量法确定故障点：采用电压分阶测量法，测量时，先合上电源开关 QS，然后把万用表的转换开关置于交流 500V 挡上，然后一只手按下 SB11 或 SB21 不放，另一只手用万用表黑表笔接到 2 点上，红表笔依次接 1、3、5、7、9 各点，分别测量 2—1、2—3、2—5、2—7、2—9 各阶之间的电压值，根据测量结果可找出故障点，见表 1.2.6。

表 1.2.6　故障现象表

故障现象	测试状态	2—1	2—3	2—5	2—7	2—9	故障点
按下 SB11 或 SB21 时，KM 不吸合	按下 SB11 不放	0	0	0	0	0	FU2 熔断
		380V	0	0	0	0	FR 常闭触头接触不良
		380V	380V	0	0	0	SB22 接触不良
		380V	380V	380V	0	0	SB12 接触不良
		380V	380V	380V	380V	0	SB11 或 SB21 接触不良
		380V	380V	380V	380V	380V	KM 线圈断路

④ 根据故障点的情况，采取正确的检修方法，排除故障。

a. FU2 熔断，可查明熔断的原因，排除故障后更换相同规格的熔体。

b. FR 常闭触头接触不良。若按下复位按钮时，热继电器常闭触头不能复位，则说明热继电器已损坏，可更换同型号的热继电器，并调整好其整定电流值；若按下复位按钮时，

FR 的常闭触头复位，则说明 FR 完好，可继续使用，但要查明 FR 常闭触头动作的原因并排除。

  c. SB22 接触不良。更换按钮 SB22。
  d. SB12 接触不良。更换按钮 SB12。
  e. SB11 或 SB21 接触不良。更换按钮 SB11 或 SB21。
 ⑤ KM 线圈断路。更换相同规格的线圈或接触器。

1.2.4 任务考核

针对考核任务，相应的考核评分细则参见表 1.2.7。

表 1.2.7 评分细则

序号	考核内容	考核项目	配分	评分标准	得分
1	电气原理图、电气元件布置图、电气安装接线图的绘制原则	熟练识读和绘制电气原理图、电气元件布置图、电气安装接线图	10 分	(1) 了解电气原理图、电气元件布置图、电气安装接线图的绘制原则 (2 分)；(2) 能正确指出电气原理图的主要元器件并能说明每个元器件在电路中的作用，能正确分析其控制过程 (3 分)；(3) 根据电气原理图正确绘制电气元件布置图和电气安装接线图 (5 分)	
2	电动机及电气元件的检查	检查方法正确，完整填写了元件明细表	10 分	每漏检或错检一项扣 5 分	
3	接线质量	(1) 按接线图接线，电气接线符合要求；(2) 能正确使用工具熟练安装元器件，安装位置合格；(3) 布线合理、规范、整齐；(4) 接线紧固、接触良好	30 分	接线图每处错误扣 1 分；不按图接线扣 15 分；错、漏、多接一根线扣 5 分；触点使用不正确，每个扣 3 分；安装有问题，一处扣 2 分；布线不整齐、不合理，每处扣 2 分	
4	通电试车	(1) 用万用表对控制电路进行检查；(2) 用万用表对主电路进行检查；(3) 对控制电路进行通电试验；(4) 接通主电路的电源，接入电动机，不加负载进行空载试验；(5) 接通主电路的电源，接入电动机进行带负载试验，直到电路工作正常为止	30 分	没有检查扣 10 分；第一次试车不成功扣 10 分，第二次试车不成功扣 10 分	
5	安全文明生产	积累电路制作经验，养成好的职业习惯	20 分	违反安全文明操作规程酌情扣分	
		合计	100 分		

注：每项内容的扣分不得超过该项的配分。
  任务结束前，填写、核实制作和维修记录单并存档。

项目 2

安装与检修三相异步电动机降压启动控制线路

学习目标

【知识目标】

(1) 掌握时间继电器的结构、作用、工作原理及应用。
(2) 掌握 Y-△ 降压启动、三相绕线异步电动机转子回路串电阻启动控制线路的工作原理。

【技能目标】

(1) 能正确选择并检测时间继电器。
(2) 会安装 Y-△ 降压启动和电动机转子回路串电阻启动控制线路,并进行故障检修。

【素质目标】

(1) 严谨认真、规范操作。
(2) 在安装与检修过程中具有良好的生产、安全大局意识。
(3) 在安装与检修过程中具有较强的团队合作精神和集体意识。

任务 2.1 安装与检修三相异步电动机的 Y-△ 降压启动控制线路

2.1.1 任务分析

电动机的启动电流近似地与定子的电压成正比,大功率电动机如果直接(即全压)启动,它的启动电流可达到额定电流的 4~7 倍,过大的启动电流将造成电动机过热,影响电动机的寿命,同时电动机绕组在电动力的作用下,会发生变形,可能造成短路而烧坏电动机,而且还会造成电网电压显著下降而影响同一电网上其他负载的正常工作。因此要采用降低定子电压的办法来限制启动电流,即为降压启动。对于因直接启动冲击电流过大而无法承受的场合,通常采用降压启动,此时,启动转矩下降,启动电流也下降,因此降压启动只适用于必须减小启动电流，又对启动转矩要求不高的场合。

2.1.2 任务资讯

2.1.2.1 降压启动

降压启动是指在启动时降低加在电动机定子绕组上的电压，当电动机启动后，再将电压升到额定值，使电动机在额定电压下运行。降压启动的目的是减小启动电流，进而减小电动机启动电流在供电线路上产生的电压降，减小对线路电压的影响。

三相笼型感应电动机降压启动方法有：定子串电阻或电抗器降压启动、自耦变压器降压启动、星-三角（Y-△）变换降压启动、延边三角形降压启动等。本任务仅以星-三角变换降压启动为例来说明降压启动的过程。

在正常运行时定子绕组接成三角形的三相异步电动机，可以采用 Y-△ 变换降压启动方法来达到减小启动电流的目的。Y-△ 降压启动是启动时将定子绕组接成星形，待转速基本稳定时，将定子绕组接成三角形运行。

Y-△ 降压启动时，加在每相定子绕组上的启动电压只有三角形接法的 $1/\sqrt{3}$，启动电流和启动转矩都降为直接启动时的 1/3。由于启动转矩是直接启动时的 1/3，这种方法只适用于空载或轻载下启动。

2.1.2.2 星-三角降压启动控制线路

常用的 Y-△ 降压启动有手动控制和自动控制两种形式。

图 2.1.1 是时间继电器自动控制的 Y-△ 降压启动线路。主电路中 KM1 是接通三相电源的接触器主触点，KM2 是将电动机定子绕组接成三角形连接的接触器主触点，KM3 是将电动机定子绕组接成星形连接的接触器主触点。KM1、KM3 接通，电动机定子绕组接成星形（Y）启动，KM1、KM2 接通，电动机定子绕组接成三角形（△）运行。因为 KM2、KM3 不允许同时接通，所以 KM2、KM3 之间必须互锁。

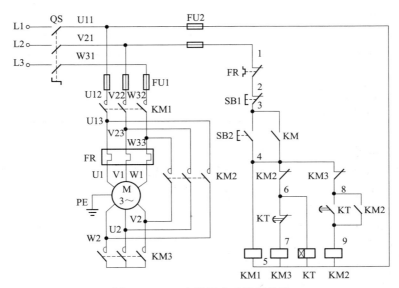

图 2.1.1 Y-△降压启动控制线路

电路的工作过程如下：

2.1.3 任务实施

(1) 具体要求

能正确识读时间继电器自动控制的 Y-△降压启动线路图，并能说明图中每个元器件在电路中的作用；能正确分析其控制过程；填写项目元件表，填写时要求一丝不苟。操作时应遵守安全操作规程，做好安全文明生产。

(2) 仪器设备、工具、元器件及材料

任务元件见表 2.1.1。

表 2.1.1 任务元件表

序号	名称	型号与规格	数量	检查内容和结果
1	转换开关		1个	
2	三相笼型异步电动机		1台	
3	主电路熔断器		3个	
4	控制电路熔断器		2个	
5	交流接触器		1个	
6	组合按钮		1个	
7	热继电器		1个	
8	塑铜线		若干	
9	网孔板		1块	
10	万用表		1个	
11	电工常用工具 (试电笔、螺钉旋具、尖嘴钳、斜口钳、剥线钳、压线钳等)		1套	

(3) 内容及步骤

① 识读电气原理图，明确线路所用电气元件及其作用，熟悉线路的工作原理。

② 按任务元件表配齐所用元件，进行质量检验，并填入表 2.1.1 中。

a. 电气元件的技术数据应完整并符合要求，外观无损伤。

b. 电气元件的电磁机构动作是否灵活，有无衔铁卡阻等不正常现象。用万用表检查电磁线圈的通断情况以及各触点的分布情况。

c. 接触器线圈额定电压是否与电源电压一致。

d. 对电动机的质量进行常规检查。

③ 根据电路图连接相关电气元件，并自检连线的正确性、合理性和可靠性。

④ 经指导老师检查合格，同意后，方可通电试车。
⑤ 注意事项
  a. 在训练过程中要做到安全操作和文明生产。
  b. 训练结束后要清理好训练场所，关闭电源开关。

2.1.4 任务考核

针对考核任务，相应的考核评分细则见表2.1.2。

表 2.1.2 评分细则

序号	考核内容	考核项目	配分	检测标准	得分
1	选择、检测器材	(1) 按图纸电路及电动机功率等，正确选择器材的型号、规格和数量； (2) 正确使用工具和仪表检测元器件	10分	(1) 接触器、熔断器、热继电器、时间继电器及导线选择不当，每个扣2分； (2) 元器件检测失误，每个扣2分	
2	接线质量	(1) 按电路图接线； (2) 能正确使用工具熟练安装元器件； (3) 布线合理、规范、整齐	30分	(1) 元器件未按要求布局或布局不合理、不整齐、不匀称，扣2分； (2) 安装不准确、不牢固，每个扣2分； (3) 造成元器件损坏，每个扣3分	
3	保护元件整定	正确整定热继电器的整定值	10分	不会整定扣10分	
4	时间继电器整定	延时时间(10±1)s	10分	不会整定扣10分	
5	通电试车	检查线路并通电验证	40分	没有检查扣10分；第一次试车不成功扣10分，第二次试车不成功扣20分	
6	安全文明生产			违反安全文明操作规程酌情扣分	
		合计	100分		

注：每项内容的扣分不得超过该项的配分。任务结束前，填写、核实制作和维修记录单并存档。

任务 2.2 安装与检修绕线电动机转子串电阻启动线路

2.2.1 任务分析

笼型三相异步电动机常用减压启动方式有电阻减压或电抗减压启动、自耦变压器减压启动、Y-△降压启动、晶闸管电动机软启动器启动等几种，它们主要目的都是减小启动电流，但电动机的启动转矩也都跟着减小，因此只适合空载或轻载启动。对于重载启动，即不仅要求启动电流小，而且要求启动转矩大的场合，就应采用启动性能较好的绕线转子三相异步电动机。

绕线转子异步电动机的优点是启动性能好，适用于启动困难的机械，因此广泛用于起重机、行车、输送机等设备中。

在绕线转子异步电动机的转子回路中串入适当的启动电阻，既可降低启动电流，又可提高启动转矩，使电动机得到良好的启动性能。

绕线转子三相异步电动机常用的启动方法有以下两种：转子回路串入变阻器启动和转子回路串入频敏变阻器启动。

2.2.2 任务资讯

绕线转子三相异步电动机,可以通过滑环在转子绕组中串联电阻来改善电动机的机械特性,从而达到减小启动电流、增大启动转矩,以及调节转速的目的。所以,在实际生产中对要求启动转矩较大且能平滑调速的场合,常常采用三相绕线转子异步电动机。

绕线转子串联三相电阻启动原理:绕线转子异步电动机在刚启动时,如果在转子回路中串联一个 Y 形连接、分级切换的三相启动电阻,就可以减小启动电流,增加启动转矩;随着电动机转速的升高,逐级减小可变电阻;启动完毕后,切除可变电阻器,转子绕组被直接短接,电动机便在额定状态下运行。

三相绕线异步电动机转子回路串联电阻启动有按时间原则控制、按电流原则控制、按电势原则控制等多种方案。常用的按时间原则控制的电气原理图如图 2.2.1 所示。

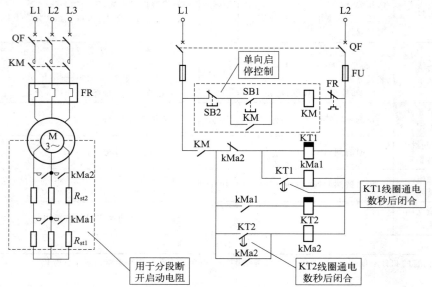

图 2.2.1 三相绕线异步电动机转子回路串电阻启动控制线路

电路启动过程如下。

按下启动按钮 SB1,接触器 KM 得电,将电动机定子接入电网,触点 kMa1、kMa2 均断开,转子电阻全部接入,电动机启动;同时,时间继电器 KT1 线圈得电,开始延时,几秒后 KT1 延时闭合的动合触点闭合,加速接触器 kMa1 得电,断开电阻 R_{st1},并使时间继电器 KT2 得电,电动机转速上升;再经过几秒,KT2 的延时闭合触点动作,kMa2 得电,断开电阻 R_{st2},电动机启动过程结束。

2.2.3 任务实施

(1) 具体要求

能正确识读三相绕线异步电动机转子回路串电阻启动控制线路图,并能说明图中每个元器件在电路中的作用;能正确分析其控制过程;填写项目元件表,填写时要求一丝不苟。操作时应遵守安全操作规程,做好安全文明生产。

(2) 仪器设备、工具、元器件及材料

任务元件见表 2.2.1。

表 2.2.1　任务元件表

序号	名称	型号与规格	数量	质量检查内容和结果
1	低压断路器	380V、15A	1个	
2	绕线转子三相异步电动机	YZR132M1-6、2.2kW、Y接法、定子电压380V、电流6.1A;转子电压132V、电流12.6A;908r/min	1台	
3	熔断器	RL1-15A、380V(配6A熔体)	2个	
4	交流接触器	CJ20-16、380V	3个	
5	组合按钮	LA4-3H、500V、5A	1个	
6	时间继电器	JS14P、99s、380V	1个	
7	热继电器	JR36-20/3、380V、整定电流6.1A	1个	
8	三相变阻器			
9	异型管		若干	
10	端子排	TD-2015A、660V	1个	
11	网孔板	500mm×600mm	1块	
12	万用表		1个	
13	电工常用工具		1套	

(3) 内容及步骤

① 选配并检验电气元件。

a. 根据电路图按表2.2.1所列规格配齐所用电气元件，逐个检验其规格和质量，并填入表2.2.1中。

b. 根据电动机的容量、线路走向及要求和各元件的安装尺寸，正确选配导线的规格、导线通道类型和数量、接线端子板、控制板、紧固件等。

② 在控制板上固定电气元件和板前明线布线和套编码套管，并在电气元件附近做好与电路图上相同代号的标记。

③ 在控制板上进行板前明线布线，并在导线端套编码套管。

④ 连接电动机和按钮金属外壳的保护接地线，以及电源、电动机等控制板外部的导线。

⑤ 自检。

a. 根据电路图检查电路的接线是否正确和接地通道是否具有连续性。

b. 检查热继电器的整定值和熔断器中熔体的规格是否符合要求。

c. 检查电动机及线路的绝缘电阻。

d. 检查电动机及电气元件是否安装牢固。

⑥ 通电试车。

a. 接通电源，点动控制电动机的启动，以检查电动机的转向是否符合要求。

b. 试车时，应认真观察各电气元件、线路的工作是否正常。发现异常，应立即切断电源进行故障检修，待调整或修复后方可再次通电试车。

c. 安装训练应在规定额定时间内完成，同时要做到安全操作和文明生产。

2.2.4　任务考核

针对考核任务，相应的考核评分细则参见表2.2.2。

表 2.2.2　评分细则

序号	考核内容	考核项目	配分	评分标准	得分
1	选择、检测器材	(1)按图纸电路及电动机功率等,正确选择器材的型号、规格和数量; (2)正确使用工具和仪表检测元器件	10分	(1)接触器、熔断器、热继电器、时间继电器及导线选择不当,每个扣2分; (2)元器件检测失误,每个扣2分	
2	元器件的定位安装	(1)安装方法、步骤正确,符合工艺要求; (2)元器件安装美观、整洁	10分	(1)安装方法、步骤不正确,每个扣1分; (2)安装不美观、不整洁,扣5分	
3	接线质量	(1)按电路图接线; (2)能正确使用工具熟练安装元器件; (3)布线合理、规范、整齐; (4)接线紧固、接触良好	40分	(1)元器件未按要求布局或布局不合理、不整齐、不匀称,扣2分; (2)安装不准确、不牢固,每个扣2分; (3)造成元器件损坏,每个扣3分	
4	时间继电器整定	延时时间(10±1)s	10分	不会整定扣10分	
5	通电试车	检查线路并通电验证	30分	没有检查扣10分;第一次试车不成功扣10分,第二次试车不成功扣20分	
6		安全文明生产		违反安全文明操作规程酌情扣分	
		合计	100分		

注:每项内容的扣分不得超过该项的配分。

项目3

安装与检修三相笼型异步电动机制动控制线路

 学习目标

【知识目标】

(1) 掌握速度继电器的结构、作用、工作原理及应用。
(2) 掌握三相异步电动机反接制动、能耗制动控制线路的工作原理。

【技能目标】

(1) 能正确检测速度继电器。
(2) 会安装三相异步电动机反接制动、能耗制动控制线路,并进行故障检修。

【素质目标】

(1) 严谨认真、规范操作。
(2) 在安装与检修过程中具有良好的生产、安全大局意识。
(3) 在安装与检修过程中具有较强的团队合作精神和集体意识。

任务 3.1 安装与检修三相异步电动机反接制动控制线路

3.1.1 任务分析

三相异步电动机在使用过程中,需要经常启动与停车。因此,电动机的制动,是对电动机运行进行控制的必不可少的过程。三相异步电动机制动时,既要求电动机具有足够大的制动转矩,使电动机拖动生产机械尽快停车,又要求制动转矩变化不要太大,以免产生较大的冲击,造成传动部件的损坏。另外,能耗要尽可能得小;还要求制动方法方便、可靠;制动设备简单、经济、易操作和维护。因此,对不同情况应采取不同的制动方法。

在电力拖动系统中,无论从提高生产率,还是从安全、迅速、准确停车等方面考虑,当电动机需要停车时,都应采取有效的制动措施。

3.1.2 任务资讯

反接制动的关键在于改变接入电动机电源的相序,且当转速下降到接近于零时,能自动把电源切除,防止电动机反向启动。

图 3.1.1 为制动电阻对称接法的电动机单向运行反接制动控制电路。

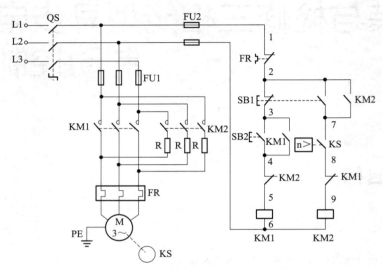

图 3.1.1 电动机单向运行反接制动控制线路

反接制动控制的工作原理如下:

① 单向启动 合上电源开关 QS,按下 SB2,KM1 线圈得电,KM1(3-4) 闭合,自锁;触点 KM1(8-9) 断开,互锁;主触点闭合,电动机启动运行,同轴的速度继电器 KS 一起转动。当转速上升到一定值(120r/min 左右),速度继电器 KS 的动合触点 KS(7-8) 闭合,为 KM2 线圈通电作准备。

② 反接制动 按下复合按钮 SB1,其动断触点 SB1(2-3) 先断开,动合触点 SB1(2-7) 后闭合;SB1(2-3) 分断,KM1 线圈失电,KM1(3-4) 断开,解除自锁;KM1(8-9) 闭合,解除互锁,为反接制动作准备;主触点断开,切断电动机电源,由于惯性的作用,电动机转速仍很高,KS(7-8) 仍闭合;SB1(2-7) 闭合,KM2 线圈得电,KM2(2-7) 闭合,自锁;KM2(4-5) 断开,互锁;其主触点闭合,电动机定子串接三相对称电阻,接入反相序三相交流电源进行反接制动,电动机转速迅速下降。当转速下降到小于 100r/min 时,速度继电器 KS 的触点 KS(7-8) 断开,KM2 线圈断电,KM2(4-5) 闭合,解除互锁;KM2(2-7) 断开,解除自锁;其主触点分断,断开电动机反相序三相交流电源,反接制动过程结束,电动机转速继续下降至零。

3.1.3 任务实施

(1) 具体要求

能正确识读三相电动机单向运行反接制动控制线路图,并能说明图中每个元器件在电路中的作用;能正确分析其控制过程;填写项目元件表,填写时要求一丝不苟。操作时应遵守安全操作规程,做好安全文明生产。

(2) 仪器设备、工具、元器件及材料

任务元件见表 3.1.1。

表 3.1.1　电动机反接制动控制电路电气元件明细表

序号	名称	型号与规格	数量	质量检查内容和结果
1	转换开关	HZ10-10/3、380V	1个	
2	三相笼型异步电动机	Y712-4、380V、370W	1台	
3	主电路熔断器	RL1-60A、380V（配10A熔体）	3个	
4	控制电路熔断器	RL1-15A、380V（配6A熔体）	2个	
5	交流接触器	CJ20-16、380V	3个	
6	组合按钮	LA4-3H、500V 5A	1个	
7	时间继电器	JS7-1A、380V	1个	
8	热继电器	JR36-20/3(0.4～0.63A)、380V	1个	
9	速度继电器	JY1/500V 2A	1台	
10	二极管	KP5-7、700V	1个	
11	桥堆	KBPC3510、20A	1个	
12	可调电阻		1个	
13	端子排	TD-2010A、660V	1个	
14	电阻器	25W30RJ	3个	
15	变压器	BK-50V·A、380V/36V	1个	
16	网孔板	500mm×600mm	1块	
17	万用表		1个	
18	电工常用工具		1套	

（3）内容及步骤

① 选配并检验电气元件。

根据电路图按表3.1.1所列规格配齐所用电气元件，逐个检验其规格和质量，并填入表3.1.1中。

② 识别、读取线路。

a. 识读三相笼型异步电动机制动控制线路（见图3.1.1），明确线路所用电气元件及其作用，熟悉线路的工作原理，绘制元件布置图和接线图。

b. 在控制板上安装走线槽和所有电气元件。

c. 按电路图进行板前线槽布线。

③ 板前线槽布线工艺要求。

a. 线槽内的导线要尽可能避免交叉，槽内装线不要超过其容量的70%，并能方便盖上线槽盖，以便装配和维修。线槽外的导线也应做到横平竖直、整齐，走线合理。

b. 各电气元件与走线槽之间的外露导线要尽量做到横平竖直，变换走向要垂直。同一元件位置一致的端子和相同型号电气元件中位置一致的端子上引入、引出的导线，要敷设在同一平面上，并应做到高低一致、前后一致，不得交叉。

c. 在电气元件接线端子上，对其间距很小或元件机械强度较差的引出或引入的导线，允许直接架空敷设，除此之外，其他导线必须经过走线槽进行连接。

d. 电气元件接线端子引出导线的走向，以元件的水平中心线为界限，水平中心线以上接线端子引出的导线，须进入元件上面的线槽，水平中心线以下接线端子引出的导线，须进入元件下面的线槽。任何导线都不允许从水平方向进入线槽内。

e. 导线与接线端子的连接，必须牢靠，不得松动。在任何情况下，接线端子必须与导线截面积和材料性质相适应，并且所有连接在接线端子上的导线端子上的导线其端头套管上的编码要与原理图上节点的线号相一致。

  f. 所有导线必须要采用多芯软线，其截面积要大于 $0.75\mathrm{mm}^2$。电子逻辑及类似低电平的电路，可采用 $0.2\mathrm{mm}^2$ 的硬线。

  g. 当接线端子不适合连接软线或较小截面积的软线时，可以在导线端头穿上针形或叉形轧头并压紧后再进行连接。

  h. 一般一个接线端子只能连接一根导线，如果采用专门设计的端子，可以连接两根或多根导线，但导线的连接方式，必须采用工艺上成熟的连接方式，如夹紧、压接、焊接、绕接等，并且连接工艺应严格按照工序要求进行。

  i. 布线时，严禁损伤线芯和导线绝缘。

  ④ 自检。

  ⑤ 通电实验和试车校验。

  ⑥ 注意事项。

  a. 通电试车时，应熟悉线路的操作顺序。

  b. 通电试车时，注意观察电动机、各电气元件及线路各部分工作是否正常。若发现异常情况，必须立即切断电源开关 QS。

  c. 安装训练应在规定额定时间内完成，同时要做到安全操作和文明生产。

3.1.4 任务考核

  针对考核任务，相应的考核评分细则参见表 3.1.2。

表 3.1.2 评分细则

序号	主要内容	考核要求	配分	评分标准	得分
1	元件检查与安装	(1)按电路图及电动机功率等，正确选择元器件的型号、规格和数量； (2)正确使用工具和仪表检测元器件； (3)元件在配电盘上布置合理，安装要正确牢固	20分	(1)接触器、熔断器、热继电器及导线选择不当，每个扣1分； (2)元器件漏检或检错，每个扣1分； (3)元器件布置不整齐、不匀称、不合理，每个扣1分； (4)元器件安装不牢固，安装元件时漏装螺钉，每个扣1分； (5)损坏元器件每个扣3分	
2	布线及接线质量	(1)布线要求横平竖直，接线要求紧固美观； (2)电源和电动机配线、按钮接线要接到端子排上，要注明引出端子标号； (3)导线不能胡乱敷设。布线合理、规范、整齐； (4)接线紧固、接触良好	40分	(1)电动机运行正常，但未按原理图接线，扣3分； (2)布线不横平竖直，每根扣0.5分； (3)接点松动，接头露铜过长，反圈，压绝缘层，标记线号不清楚，有遗漏或误标，每处扣0.5分； (4)损伤导线绝缘或线芯，每根扣0.5分； (5)导线胡乱敷设扣10分	
3	通电试车	能检查线路并在保证人身和设备安全的前提下，通电试车一次成功	40分	(1)没有检查线路扣10分； (2)第1次试车不成功扣5分，第2次试车不成功扣10分，第3次试车不成功扣20分	
4	安全文明生产	(1)劳动保护用品穿戴整齐； (2)遵守操作规程； (3)尊敬教师，讲文明礼貌； (4)实训后能及时清理台位		违反安全文明生产酌情从总扣分,重者停止实训	
		合计	100分		

任务 3.2　安装与检修三相异步电动机能耗制动控制线路

3.2.1　任务分析

能耗制动是一种应用广泛的电气制动方法。当电动机脱离三相交流电源以后，立即将直流电源接入定子的两相绕组，绕组中流过直流电流，产生了一个静止不动的直流磁场。此时电动机的转子切割直流磁通，产生感生电流。在静止磁场和感生电流相互作用下，产生一个阻碍转子转动的制动力矩，因此电动机转速迅速下降，从而达到制动的目的。当转速降至零时，转子导体与磁场之间无相对运动，感生电流消失，电动机停转，再将直流电源切除，制动结束。能耗制动作用的强弱与通入直流电流的大小和电动机转速有关，在同样的转速下电流越大制动作用越强。一般所需直流电流为电动机空载电流的 3～4 倍。制动电流大小可通过可调电阻 R 来调节。

能耗制动与反接制动相比较，具有制动准确、平稳、能量消耗少等优点，因此得到广泛的应用，常常用于磨床、刨床及组合机床等设备中。

3.2.2　任务资讯

半波整流能耗制动就是将运行中的电动机，断开交流电源后，立即接通一个半波直流电源，在定子绕组接通直流电源时，直流电流会在定子内产生一个静止的磁场，转子因惯性在磁场内旋转，并在转子导体中产生感应电流，并与恒定磁场相互作用产生制动转矩，使电动机迅速减速，最后停止转动，电路图如图 3.2.1 所示。

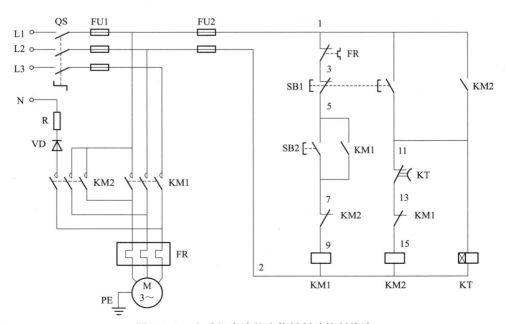

图 3.2.1　电动机半波整流能耗制动控制线路

半波整流能耗制动电路分析如下。

制动直流电源的取得：如图 3.2.1 所示，当接触器 KM2 吸合时，一相交流电（L1 相）通过接触器 KM1 的触点与电动机绕组一端连接，绕组的另一端又通过 KM2 的触点连接二极管 VD、限流电阻 R 与电源零线 N 构成直流回路。

启动时，合上电源开关 QS，按下启动按钮 SB2，接通 5、7 线段，7 号线有电，通过 KM2 的常闭触点，使 KM1 得电吸合并通过辅助常开触点 KM1(5-7) 进行自锁，电动机启动运行。同时，KM1 辅助常闭触点 KM1(13-15) 断开，实现对 KM2 线圈回路的互锁，使 KM2 不能动作。

停止时，按下停止按钮 SB1，SB1 的常闭触点先断开 3、5 线段，KM1 线圈失电，电动机脱离交流电源。KM1 的辅助常闭触点复位闭合（接通 13、15 线段），SB1 的常开触点闭合后接通 1、11 线段，使 KM2 和时间继电器 KT 线圈得电吸合，并通过 KM2 辅助常开触点 KM2(1-11) 进行自锁，KM2 主触点闭合接通直流电源（制动开始），同时 KT 开始延时，经延时（设定为 3~5s）后 KT 延时动断触点 KT(11-13) 分断而断开 KM2 线圈电源，KM2 失电释放，电动机停止转动。

停止速度的调整：制动时间是由限流电阻 R 的大小决定的，R 阻值小，电流大，制动速度快。R 阻值大，电流小，制动时间长。

整流二极管 VD 的选择：二极管 VD 的额定电流应大于 3~4 倍电动机空载电流。

3.2.3 任务实施

(1) 具体要求

能正确识读三相电动机半波整流能耗制动电路图，并能说明图中每个元器件在电路中的作用；能正确分析其控制过程；填写项目元件表，填写时要求一丝不苟。操作时应遵守安全操作规程，做好安全文明生产。

(2) 仪器设备、工具、元器件及材料

任务元件见表 3.2.1。

表 3.2.1 电动机能耗制动控制电路电气元件明细表

代号	名称	型号与规格	数量	备注
QS	组合开关	HZ10-10/3、380V	1个	
FU1	主电路熔断器	RT18-32X、3P、32A	3个	熔体 3A
FU2	控制电路熔断器	RT18-32X、3P、32A	2个	熔体 2A
KM1、KM2	交流接触器	CJ20-16、380V	2个	
SB1、SB2、SB3	组合按钮	LA2-3H	1个	带常开常闭
FR	热继电器	JR36-20	1个	0.45~0.72A
KT	时间继电器	JS14P\AC380V		1~99s
R	电阻器	50W300RJ	3个	

续表

代号	名称	型号与规格	数量	备注
VD	整流桥	KBPC3510	1个	
TC	变压器	NDK(BK)-50,50V·A		380V/C～36V
M	三相笼型异步电动机	380V、120W	1台	
	塑铜线	BVR	若干	
	万用表及电工常用工具		1套	
	配电板	500mm×600mm	1块	
	接线端子	TD1520	1个	
	线槽	25mm×25mm	2m	带安装孔

(3) 内容及步骤

① 阅读三相异步电动机（半波或全波整流）能耗制动电气原理图。明确电气原理图中各种元器件的名称、符号、作用，理清电路图的工作原理及控制过程。

② 选配并检验电气元件。根据电路图按表3.2.1所列规格配齐所用电气元件，逐个检验其规格和质量，并填入表3.2.1中。

③ 按电气元件明细表的要求准备工具、仪表，选择导线类型、颜色及截面积等。

④ 安装电气控制线路。按照电气原理图，对所选组件（包括接线端子）进行安装和接线。接线时，建议先接控制电路，后接主电路。

⑤ 线路检查。连接好的控制电路必须经过认真检查合格后才能通电调试，检查电路应按以下步骤进行。

a. 对照电气原理图或电气安装接线图，从电源开始逐段核对端子接线的线号是否正确。

b. 万用表电阻法检查线路有无开路或短路故障。

⑥ 调节热继电器FR和时间继电器KT的设定值，应符合电动机启动或制动的要求。FR的整定电流按电动机额定电流的0.95～1.05倍来设定。KT主要用来控制能耗制动实施的时间，一般设定为3～4s即可。

⑦ 通电调试。为了保证安全，通电调试必须在指导老师的监护下进行。调试前应做好准备工作，包括清点工具；清除实训台面上的导线、杂物；检查各组熔断器的熔体；分断电源开关；检查三相电源是否正常。

⑧ 通电试车完毕，应及时切断实训台位电源开关、组合开关QS。先拆除三相电源线，再拆除所有导线并将导线整齐地放入工作台抽屉。

3.2.4 任务考核

针对考核任务，相应的考核评分细则参见表3.2.2。

表 3.1.2 评分细则

序号	主要内容	考核要求	配分	评分标准	得分
1	元件检查与安装	(1)按电路图及电动机功率等,正确选择元器件的型号、规格和数量; (2)正确使用工具和仪表检测元器件; (3)元器件在配电盘上布置合理,安装要正确牢固	20分	(1)接触器、熔断器、热继电器及导线选择不当,每个扣1分; (2)元器件漏检或检错,每个扣1分; (3)元器件布置不整齐、不匀称、不合理,每个扣1分; (4)元器件安装不牢固,安装元件时漏装螺钉,每个扣1分; (5)损坏元器件每个扣3分	
2	布线及接线质量	(1)布线要求横平竖直,接线要求紧固美观; (2)电源和电动机配线、按钮接线要接到端子排上,要注明引出端子标号; (3)导线不能胡乱敷设。布线合理、规范、整齐; (4)接线紧固、接触良好	40分	(1)电动机运行正常,但未按原理图接线,扣3分; (2)布线不横平竖直,每根扣0.5分; (3)接点松动,接头露铜过长,反圈,压绝缘层,标记线号不清楚、有遗漏或误标,每处扣0.5分; (4)损伤导线绝缘或线芯,每根扣0.5分; (5)导线胡乱敷设扣10分	
3	通电试车	能检查线路并在保证人身和设备安全的前提下,通电试车一次成功	40分	(1)没有检查线路扣10分; (2)第1次试车不成功扣5分,第2次试车不成功扣10分,第3次试车不成功扣20分	
4	安全文明生产	(1)劳动保护用品穿戴整齐; (2)遵守操作规程; (3)尊敬教师,讲文明礼貌; (4)实训后能及时清理台位		违反安全文明生产酌情从总分扣分,重者停止实训	
	合计		100分		

项目4

安装与检修双速异步电动机控制线路

 学习目标

【知识目标】

(1) 掌握双速电动机定子绕组的连接方式。
(2) 掌握双速异步电动机控制线路的工作原理。

【技能目标】

(1) 能正确把双速异步电动机三相定子绕组接成△联结或YY联结。
(2) 会安装双速异步电动机控制线路,并进行故障检修。

【素质目标】

(1) 在安装与检修过程中具有良好的生产、安全大局意识。
(2) 严谨认真、规范操作。
(3) 在安装与检修过程中具备环保意识、节约意识、协作意识。

任务 4.1　安装与检修双速异步电动机高低速控制线路

4.1.1　任务分析

根据异步电动机的转速公式

$$n=\frac{60f}{p}(1-s) \tag{4.1.1}$$

可知,异步电动机有三种基本调速方法:改变定子极对数 p 调速、改变电源频率 f 调速、改变转差率 s 调速,即变极调速、变频调速、变转差率调速。

改变电动机的磁极对数,通常由改变电动机定子绕组接线方式来实现,且只适用于笼型异步电动机。凡磁极对数可改变的电动机称为多速电动机,常见的多速电动机有双速、三速、四速等几种类型,其调速方法属于有级调速。由于电力电子、计算机控制技术的进步,交流变频调速技术发展很快,成为未来调速的主要方向,但是目前存在的一些三相异步电动机调速装置在工业现场仍然被广泛使用。本项目主要对双速电动机控制电路进行介绍。

4.1.2 任务资讯

4.1.2.1 双速异步电动机定子绕组的连接

双速异步电动机定子绕组的△/YY 接线如图 4.1.1 所示。图中三相定子绕组接成△形，由三个连接点接出三个出线端 U1、V1、W1，从每相绕组的中点各接出三个出线端 U2、V2、W2，这样定子绕组共有 6 个出线端。通过改变这 6 个出线端与电源的连接方式，就可以得到两种不同的转速。

要使电动机在低速工作时，就把三相电源分别接至定子绕组作△形连接顶点的出线端 U1、V1、W1 上，另外三个出线端 U2、V2、W2 空着不接，如图 4.1.1(a) 所示，此时电动机定子绕组接成△形，磁级为 4 极，同步转速为 1500r/min；若要电动机高速工作，就把三个出线端 U1、V1、W1 并接在一起，另外三个出线端 U2、V2、W2 分别

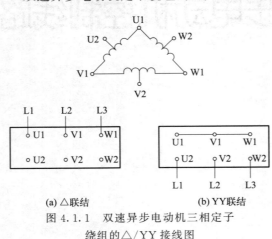

(a) △联结　　(b) YY联结

图 4.1.1 双速异步电动机三相定子绕组的△/YY 接线图

接到三相电源上，如图 4.1.1(b) 所示，这时电动机定子绕组接成 YY 形，磁极为 2 极，同步转速为 3000r/min。可见，双速电动机高速运转时的转速是低速转速时的 2 倍。

值得注意的是双速电动机定子绕组从一种接法改变为另一种接法时，必须把电源相序反接，以保证电动机的旋转方向不变。

4.1.2.2 双速异步电动机控制线路的分析

用按钮和时间继电器控制双速电动机低速启动高速运转的电路如图 4.1.2 所示。时间继电器 KT 控制电动机的△启动时间和△/YY 的自动换接运转的时间。

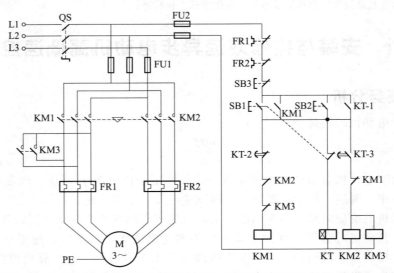

图 4.1.2 用按钮和时间继电器控制双速电动机低速启动高速运转的控制线路

线路工作原理如下：

先合上电源开关 QS。

三角形（△）低速启动运转：

YY 形高速运转：

停止时，按下按钮 SB3 即可。若电动机只需高速运转时，可直接按下 SB2，则电动机接成△形低速启动后，YY 变速运转。

4.1.3 任务实施

(1) 具体要求

能正确识读三相电动机半波整流能耗制动电路图，并能说明图中每个元器件在电路中的作用；能正确分析其控制过程；填写项目元件表，填写时要求一丝不苟。操作时应遵守安全操作规程，做好安全文明生产。

(2) 仪器设备、工具、元器件及材料

任务元件见表 4.1.1。

表 4.1.1 双速电动机控制电路电气元件明细表

序号	名称	型号与规格	数量	质量检查内容和结果
1	转换开关	HZ10-10/3、380V	1个	
2	三相笼型异步电动机	YS5022/4W、60/40W、380V、50Hz	1台	
3	主电路熔断器	RL1-60A、380V（配10A熔体）	3个	
4	控制电路熔断器	RL1-15A、380V（配6A熔体）	2个	
5	交流接触器	CJ20-16、380V	3个	
6	组合按钮	LA4-3H、500V 5A	1个	
7	时间继电器	JS14P、99s、380V	1个	
8	热继电器	JR36-20/3(0.4～0.63A)、380V	2个	
9	端子排	TD-2010A、660V	1个	
10	网孔板	500mm×600mm	1块	
11	万用表		1个	
12	电工常用工具		1套	

(3) 内容及步骤

① 识别、读取线路

a. 识读双速异步电动机控制线路（图 4.1.2），明确线路所用电气元件及其作用，熟悉线路的工作原理，绘制元件布置图和接线图。

b. 按表 4.1.1 所列配齐所用电气元件，并检验元件质量，并填入表 4.1.1 中。

c. 在控制板上安装走线槽和所有电气元件。

d. 按电路图进行板前线槽布线。

② 板前线槽布线工艺要求

a. 线槽内的导线要尽可能避免交叉，槽内装线不要超过其容量的70%，并能方便盖上线槽盖，以便装配和维修。线槽外的导线也应做到横平竖直、整齐，走线合理。

b. 各电气元件与走线槽之间的外露导线要尽量做到横平竖直，变换走向要垂直。同一元件位置一致的端子和相同型号电气元件中位置一致的端子上引入、引出的导线，要敷设在同一平面上，并应做到高低一致、前后一致，不得交叉。

c. 在电气元件接线端子上，对其间距很小或元件机械强度较差的引出或引入的导线，允许直接架空敷设，除此之外，其他导线必须经过走线槽进行连接。

d. 电气元件接线端子引出导线的走向，以元件的水平中心线为界限，水平中心线以上接线端子引出的导线，须进入元件上面的线槽，水平中心线以下接线端子引出的导线，须进入元件下面的线槽。任何导线都不允许从水平方向进入线槽内。

e. 导线与接线端子的连接，必须牢靠，不得松动。在任何情况下，接线端子必须与导线截面积和材料性质相适应，并且所有连接在接线端子上的导线端子上的导线其端头套管上的编码要与原理图上节点的线号相一致。

f. 所有导线必须要采用多芯软线，其截面积要大于 $0.75\mathrm{mm}^2$。电子逻辑及类似低电平的电路，可采用 $0.2\mathrm{mm}^2$ 的硬线。

g. 当接线端子不适合连接软线或较小截面积的软线时，可以在导线端头穿上针形或叉形轧头并压紧后再进行连接。

h. 一般一个接线端子只能连接一根导线，如果采用专门设计的端子，可以连接两根或多根导线，但导线的连接方式，必须采用工艺上成熟的连接方式，如夹紧、压接、焊接、绕接等，并且连接工艺应严格按照工序要求进行。

i. 布线时，严禁损伤线芯和导线绝缘。

③ 自检

④ 通电实验和试车校验

⑤ 注意事项

a. 接线时，注意主电路中接触器 KM1、KM2 在两种转速下电源相序的改变，不能接错；否则，两种转速下电动机的转向相反，换相时会产生很大的冲击电流。

b. 控制双速电动机△形接法的接触器 KM1 和 YY 形接法的接触器 KM2 的主触头不能对换接线，否则不但无法实现双速控制要求，而且会在 YY 形运转时造成电源短路事故。

c. 通电试车之前，要复验电动机的接线是否正确，并测试其绝缘电阻是否符合要求。

d. 通电试车时，必须有指导教师在现场监护，同时要做到安全文明生产。

4.1.4 任务考核

针对考核任务，相应的考核评分细则参见表 4.1.2。

表 4.1.2 评分细则

序号	主要内容	考核要求	配分	评分标准	得分
1	元件检查与安装	(1)按电路图及电动机功率等,正确选择元器件的型号、规格和数量; (2)正确使用工具和仪表检测元器件; (3)元器件在配电盘上布置合理,安装要正确牢固	20 分	(1)接触器、熔断器、热继电器及导线选择不当,每个扣 1 分; (2)元器件漏检或检错,每个扣 1 分; (3)元器件布置不整齐、不匀称、不合理,每个扣 1 分; (4)元器件安装不牢固,安装元件时漏装螺钉,每个扣 1 分; (5)损坏元器件每个扣 3 分	
2	布线及接线质量	(1)布线要求横平竖直,接线要求紧固美观; (2)电源和电动机配线、按钮接线要接到端子排上,要注明引出端子标号; (3)导线不能胡乱敷设,布线合理、规范、整齐; (4)接线紧固、接触良好	40 分	(1)电动机运行正常,但未按原理图接线,扣 3 分; (2)布线不横平竖直,每根扣 0.5 分; (3)接点松动,接头铜过长,反圈,压绝缘层,标记线号不清楚、有遗漏或误标,每处扣 0.5 分; (4)损伤导线绝缘或线芯,每根扣 0.5 分; (5)导线胡乱敷设扣 10 分	
3	通电试车	能检查线路并在保证人身和设备安全的前提下,通电试车一次成功	40 分	(1)没有检查线路扣 10 分; (2)第 1 次试车不成功扣 5 分,第 2 次试车不成功扣 10 分,第 3 次试车不成功扣 20 分	
4	安全文明生产	(1)劳动保护用品穿戴整齐; (2)遵守操作规程; (3)尊敬教师,讲文明礼貌; (4)实训后能及时清理台位		违反安全文明生产酌情从总分扣分,重者停止实训	
	合计		100 分		

任务 4.2 安装与检修变频器控制电动机的多段速运行操作

4.2.1 任务分析

在工业生产方面广泛使用的三相交流异步电动机具有结构简单、控制方便、价格低廉、转速稳定的优势,但同时也具有不易改变转速的不足。近年来,随着变频技术的发展,受变频器驱动的交流电动机已广泛应用于各种调速控制场合,不仅克服了电动机调速困难的缺点,而且节能效果十分显著。

4.2.2 任务资讯

4.2.2.1 变频器的用途

(1) 输出连续可调频率的交流电用于调速控制

如图 4.2.1 所示,变频器把输入频率(50Hz)一定的交流电变换成频率和电压连续可调的交流电输出。由于电动机的转速 n 与电源频率 f 成线性正比关系,所以,受变频器驱动的三相交流异步电动机可以平稳改变转速。

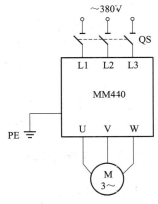

图 4.2.1 变频器的作用

(2) 节能

对风机、泵类负载，当需要大流量时可提高电动机的转速；当需要小流量时可降低电动机的转速。不仅能做到保持流量平稳，减少启动和停机次数，而且节能效果显著，经济效益可观。

(3) 平稳启动

许多生产设备需要电动机缓速启动。例如，载人电梯为了保证舒适性必须以低速启动。传统的降压启动方式不仅成本高，而且控制线路复杂，而使用变频器后只需要设置启动频率和启动加速时间参数即可做到低速平稳启动。

(4) 制动

变频器具有直流制动功能，可以准确地定位停车。

4.2.2.2 变频器的结构

变频器由主电路的控制电路构成，结构框图如图 4.2.2 所示。

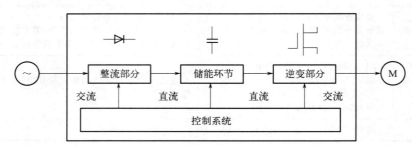

图 4.2.2 变频器的结构框图

变频器的主电路主要包括整流电路、储能电路和逆变电路。

(1) 整流电路

由二极管构成三相桥式整流电路，将交流电全波整流为直流电。

(2) 储能电路

由电容 C_1、C_2 构成（R_1、R_2 为均压电阻），具有储能和平稳直流电压的作用。为了防止刚接通电源时对电容器充电电流过大，串入限流电阻 R，当充电电压上升到正常值后，与 R 并联的开关 S 闭合，将 R 短接。

(3) 逆变电路

由 6 只绝缘栅双极晶体管（IGBT）VT1～VT6 和 6 只续流二极管 VD1～VD6 构成三相逆变桥式电路。晶体管工作在开关状态，按一定规律轮流导通，将直流电逆变成三相交流电，驱动电动机工作。

变频器的控制电路主要以单片机为核心，控制电路具有设定和显示运行参数、信号检测、系统保护、计算与控制、驱动逆变管等功能。

4.2.3 任务实施

(1) 具体要求

要求了解变频器多段速功能的目的。由于现场工艺上的要求，很多生产机械在不同的转速下运行。为方便这种负载,大多数变频器提供了多挡频率控制功能。用户可以通过几个开关的通、断组合来选择不同的运行频率,实现不同转速下运行的目的。操作时应遵守安全操作规程,做好安全文明生产。

(2) 仪器设备、工具、元器件及材料

任务元件见表 4.2.1。

表 4.2.1 变频器的多段速运行操作工器具与材料明细表

序号	工器具名称	单位	数量	备注
1	三相异步电动机	台	1	
2	MM440 变频器	台	1	
3	电工工具	套	1	
4	断路器	个	1	
5	熔断器	个	3	
6	自锁按钮	个	4	
7	连接导线	根	若干	

(3) 内容及步骤

① 掌握变频器的多段速功能实现方法 多段速功能又称固定频率,就是在设置参数 P1000=3 的条件下,用开关量端子选择固定频率的组合,实现电动机多段速度运行。可通过如下 3 种方法实现:

a. 直接选择(P0701～P0706=15)。在这种操作方式下,一个数字输入选择一个固定频率,端子与参数设置对应见表 4.2.2。

表 4.2.2 端子与参数设置对应表

端子编号	对应参数	对应频率设置值	说明
5	P0701	P1001	
6	P0702	P1002	
7	P0703	P1003	(1)频率给定源 P1000 必须设置为 3。
8	P0704	P1004	(2)当多个选择同时激活时,选定的频率是它们的总和
16	P0705	P1005	
17	P0706	P1006	

b. 直接选择＋ON 命令(P0701～P0706=16)。在这种操作方式下,数字量输入既选择固定频率,又具备启动功能。

c. 二进制编码选择＋ON 命令(P0701～P0704=17)。MM440 变频器的 6 个数字输入端口(DIN1～DIN6),通过 P0701～P0706 设置实现多频段控制。每一频段的频率分别由 P1001～P1015 参数设置,最多可实现 15 频段控制,各个固定频率的数值选择见表 4.2.3。

表 4.2.3 固定频率的数值选择

频率设定	DIN4	DIN3	DIN2	DIN1
P1001	0	0	0	1

续表

频率设定	DIN4	DIN3	DIN2	DIN1
P1002	0	0	1	0
P1003	0	0	1	1
P1004	0	1	0	0
P1005	0	1	0	1
P1006	0	1	1	0
P1007	0	1	1	1
P1008	1	0	0	0
P1009	1	0	0	1
P1010	1	0	1	0
P1011	1	0	1	1
P1012	1	1	0	0
P1013	1	1	0	1
P1014	1	1	1	0
P1015	1	1	1	1

在多频段控制中，电动机的转速方向是由 P1001～P1015 参数所设置的频率正负决定的。6 个数字输入端口，哪一个作为电动机运行、停止控制，哪些作为多段频率控制，可以由用户任意确定。一旦确定了某一数字输入端口的控制功能，其内部的参数设置值必须与端口的控制功能相对应。

② 操作方法与步骤

a. 按要求接线。按图 4.2.3 所示连接电路，检查电路正确无误后，合上主电源开关 QS。

b. 参数设置。参数设置主要包括下列三个方面。

首先，恢复变频器出厂值，设定 P0010=30，P0970=1。按下 P 键，变频器开始复位。

其次，设置电动机参数，见表 4.2.4。电动机参数设置完成后，设定 P0010=0，变频器当前处于准备状态，可以正常运行。

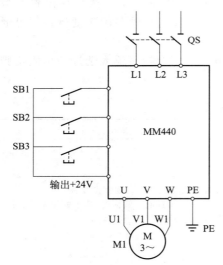

图 4.2.3 三段固定频率接线图

表 4.2.4 模拟信号操作控制参数

参数号	出厂值	设定值	说明
P0003	1	1	设用户访问级为标准级
P0004	0	7	命令和数字 I/O
P0700	2	2	命令源选择由端子排输入
P0003	1	2	设用户访问级为扩展级
P0004	0	7	命令和数字 I/O

续表

参数号	出厂值	设定值	说明
P0701	1	1	ON 接通正转,OFF 停止
P0702	1	2	ON 接通正转,OFF 停止
P0003	1	1	设用户访问级为标准级
P0004	0	10	设定值通道和斜坡函数发生器
P1000	2	2	频率设定值选择为模拟输入
P1080	0	0	电动机运行的最低频率(Hz)
P0082	50	50	电动机运行的最高频率(Hz)

最后,设置变频器 3 段固定频率控制参数,见表 4.2.5。

表 4.2.5 变频器 3 段固定频率控制参数设置

参数号	出厂值	设定值	说明
P0003	1	1	设用户访问级为标准级
P0004	0	7	命令和数字 I/O
P0700	2	2	命令源选择由端子排输入
P0003	1	2	设用户访问级为扩展级
P0004	0	7	命令和数字 I/O
P0701	1	17	选择固定频率
P0702	1	17	选择固定频率
P0703	1	1	ON 接通正转,OFF 停止
P0003	1	1	设用户访问级为标准级
P0004	2	10	设定值通道和斜坡函数发生器
P1000	2	3	选择固定频率设定值
P0003	1	2	设用户访问级为扩展级
P0004	0	10	设定值通道和斜坡函数发生器
P1001	0	20	选择固定频率 1(Hz)
P1002	5	30	选择固定频率 2(Hz)
P1003	10	50	选择固定频率 3(Hz)

③ 变频器运行调试 当按下自锁按钮 SB1 时,数字输入端口 7 为 ON,允许电动机运行。

a. 第 1 频段控制。当 SB1 按钮接通、SB2 按钮断开时,变频器数字输入端口 5 为 ON,端口 6 为 OFF,变频器工作在由 P1001 参数所设定的频率为 20Hz 的第 1 频段上。

b. 第 2 频段控制。当 SB1 按钮断开,SB2 按钮接通时,变频器数字输入端口 5 为 OFF,端口 6 为 ON,变频器工作在由 P1002 参数所设定的频率为 30Hz 的第 2 频段上。

c. 第 3 频段控制。当 SB1、SB2 按钮都接通时,变频器数字输入端口 5、6 均为 ON,变频器工作在由 P1003 参数所设定的频率为 50Hz 的第 3 频段上。

d. 电动机停车。当 SB1、SB2 按钮都断开时,变频器数字输入端口 5、6 均为 OFF,电动机停止运行。或在电动机正常运行的任何频段,将 SB3 断开使数字输入端口 7 为 OFF,

电动机也能停止运行。

注意：3个频段的频率值可根据用户要求调整 P1001、P1002 和 P1003 参数来修改。当电动机需要反向运行时，只要将对应频段的频率值设定为负就可以实现。

4.2.4 任务考核

针对考核任务，相应的考核评分细则参见表 4.2.6。

表 4.2.6 考核评价表

项目内容	配分	评分标准	扣分	得分
接线	20分	(1)按规范接线。未按要求接线，每处扣 5~10 分。 (2)接线正确。接线错误，每处扣 5 分		
参数设置	30分	参数设置正确。参数设置不全或遗漏，每处扣 5 分		
功能调试	40分	(1)正确操作变频器。操作错误，每处扣 10 分。 (2)功能调试正确。调试失败，第 1 次扣 20 分，第 2 次扣 30 分		
安全文明生产	10分	(1)严格遵守安全操作规程。违反安全操作规程，酌情扣 1~5 分。 (2)工具、仪器仪表摆放整齐。工具摆放不整齐，或未按规定位置摆放，每件扣 1 分，直至本项目分数全部扣完为止		
合计	100分			

项目5

检修常用机床设备电气控制线路

学习目标

【知识目标】

（1）了解 C650 型车床、Z3040 型钻床、M7120 型磨床、X62W 型铣床的结构及运动形式。
（2）掌握 C650 型车床、Z3040 型钻床、M7120 型磨床、X62W 型铣床的电力拖动特点及控制要求。
（3）掌握 C650 型车床、Z3040 型钻床、M7120 型磨床、X62W 型铣床的常见电气故障。

【技能目标】

（1）能分析常用机床的电气控制线路。
（2）掌握常用机床电气故障的诊断与检修方法。

【素质目标】

（1）在安装与检修过程中具有良好的生产、安全大局意识。
（2）严谨认真、规范操作。
（3）在安装与检修过程中具备环保意识、节约意识、协作意识。

任务 5.1 检修 C650 型卧式车床电气控制线路

5.1.1 任务分析

任何一个复杂的电气控制系统，都是由一些基本控制环节构成的，因此，分析机械设备的控制电路时，应先将其分解成基本环节，在了解机械运动的基础上，结合生产工艺和机械设备按电气控制的要求逐一对基本环节进行分析，最后再看整体，达到对整个电气控制系统的理解。通过对常用机床设备控制线路的分析，学会识读电路图，掌握分析控制电路的方法，为今后进行机械设备的电气控制电路的设计、安装、调整、运行维护打下基础。

在金属切削机床中，车床所占的比例最大，应用也最广泛，在实际生产中有着不可替代的作用。C650 型卧式车床又是机床中应用最重要的一种，可以用于切削各种工作的外圆、内孔、端面及螺纹。它采用了主轴电动机功率达 30kW 的电动机拖动，床身最大工件回转半径为 1020mm，最大工件长度达 3000mm，属于中型车床。本任务通过对 C650 型卧式车床电气控制线路的分析，掌握其电气故障的排除方法与技巧。

5.1.2 任务资讯

5.1.2.1 电工在检修操作中的安全常识

(1) 电工检修前的安全常识

① 电工人员在检修操作之前，应仔细检查检修过程中需要使用的工具，个人佩戴的绝缘物品（如安全帽、绝缘手套、绝缘鞋等）是否安全可靠，不可以用湿手接触带电的插座、开关、导线和其他导电体，以防止在检修过程中发生意外。

② 电工在检修操作前一定要先切断电源，不要带电检修电气设备或电力线路，应及时确认已将电源开关断开，以防止突然来电造成维修人员触电伤害。

③ 在切断电源后，要在开关处悬挂"有人工作，禁止合闸"的警示牌，以防止有人合闸，造成维修人员触电伤害。

④ 电工人员在检修操作过程中，用电线路在未经验电笔验试无电之前，不可用手触摸，也不要绝对相信绝缘体，应将其视为有电操作。

⑤ 在使用验电笔测试电压时，测试范围不能超出验电笔的测试范围，电工人员使用的验电笔通常只允许在 500V 以下电压使用。

⑥ 对地电压在 250V 以上时，禁止带电作业，在 250V 以下且需带电作业时，必须采取安全措施。

⑦ 雷雨天气不能进行电力设备检修操作，且不能靠近带电体。

⑧ 在对未装地线的设备进行检修时，在断开电源后，还需对设备进行对地放电操作。

⑨ 电工在使用踏板前应先检查有无裂纹、腐蚀，并必须经过人体冲击试验后才能使用。人体冲击试验即将全身踏在踏板上猛蹬踏板，检查踏板和安全绳能否承受人的冲击力。

(2) 电工在检修过程中的安全常识

① 在检修过程中，禁止有裸露的导线，并对裸露的导线做好绝缘处理，以防止发生触电事故。

② 在检修过程中，使用的导线、熔丝、插座、开关、断路器等容量的大小必须符合用电标准，如 10(40)A 的电度表与 32A 的总断路器配合使用可保证安全用电。

③ 在检修过程中，当发现人员容易触及的用电器具的金属部分时，应根据标准接好地线。

④ 在梯子上进行检修时，维修人员的腿部要跨过梯子，且在光滑的地面上竖梯子，梯子的底端要加橡胶皮垫防滑。维修人员在梯子递送工具时要用绳吊，不能抛掷。

⑤ 电工在使用脚扣进行作业时，要根据电杆的大小规格来选择合适的脚扣，使用脚扣的每一步都要保证扣环完整套入，扣牢电杆后方能移动身体。

⑥ 在检修过程中，断线与接线只能单相操作，当一相操作完成且包好绝缘胶带后，才能进行第二相的操作。

⑦ 在电气设备维修完成后，需要测试其绝缘是否良好，确认完全无误后才能进行使用。

(3) 电工检修后的安全常识

① 当电工检修完成后，要悬挂相应的警示牌以告知其他人员，对于重点和危险的场所

或区域要妥善管理，并采用上锁或隔离等措施，禁止非工作人员进入或接近，以免发生意外。

② 当电工操作完毕后，要对现场进行清理，以确保电气设备周围的环境干燥、清洁。禁止将材料和工具等导体遗留在电气设备中，并保证设备的散热通风良好。

③ 除了要对当前操作的设备运行情况进行调试外，同时还要对相关的电气设备和线路进行仔细检查，而且要重点检查有无元器件老化，电气设备运转是否正常等。

④ 对防雷设施要仔细检查，这一点对电工来说十分重要。雷电对电气设备和建筑物有极大的破坏力，一定要对防雷设施进行仔细的检查，发现问题应及时处理。

⑤ 检查电气设备周围的消防设施是否齐全，如发现问题，应及时上报。

⑥ 在检修完成后，必须拆除临时地线。通电前必须认真检查，看是否符合要求。

⑦ 当用电设备发生火灾时，应立即切断电源，在进行火灾扑救时尽量使用干粉灭火器，切忌用泼水的方式救火，否则可能会引起触电危险。对空中线路进行灭火时，人体应与带电体最少保持45°，以防止导线或其他设备掉落危及人身安全。

5.1.2.2 一般电气故障的检修步骤

一般电气故障检修的基本步骤为：

① 确定故障现象。

② 根据故障现象进行分析，对发生的部位、电气元件做出判断，并从原理图上找到故障发生的部位或回路。应尽可能缩小故障范围。

③ 检测故障部位找到故障点。

④ 采取相应的措施排除故障。

⑤ 局部或全部电路通电进行空载试运行。

⑥ 带负载试运行。

5.1.2.3 一般电气故障的检修方法

(1) 调查研究法

调查研究法是最基本的电气故障检修方法，可以帮助检修人员尽快做出正确的判断，减少检修工作的盲目性。调查研究法的主要方法是"问、望、闻、摸、听"。

① 问。主要是向设备操作者和现场有关人员详细询问发生故障前、后的现象和过程，包括：故障是经常发生还是偶尔发生；故障的现象（有无响声、冒烟、冒火等）；故障发生前有无频繁地启动、停机、过载；是否进行过检修，有无改动过电路、更换过电气元件等。

② 望。对故障设备的有关部位进行仔细观察，看有无由故障引起的明显的外观征兆（如熔断器烧断、短路、通地、接线松动或断线等状态）。

③ 闻。对绝缘烧坏之类的电气故障，可通过闻气味的方法帮助确定故障的部位和性质。

④ 摸。在切断电源并确定储能元件已放电后，对可疑部位及电器的发热元件进行触摸，判断是否过热。

⑤ 听。电动机、变压器、接触器等，正常运行的声音和发生故障时的声音是有区别的，听声音是否正常，可以帮助寻找故障的范围和部位。

(2) 逻辑分析法

逻辑分析法是根据电气控制电路的工作原理、控制环节的动作顺序和各部分电路之间的逻辑关系，按照故障现象进行分析，以求迅速缩小检查范围，准确判断出故障所在。逻辑分析法能够使得貌似复杂的问题逐渐变得条理清晰，是一种以准确为前提、以快捷为目的的检查方法，因此更适用于复杂电路的故障检查。

(3) 试验法

在以上两种方法的基础上，如果还需要对局部电路做进一步的检查，或者在常规的外部检查仍发现不了故障，可对电路通电进行试验检查。但通电试验检查应以确保不损坏设备和不会扩大故障为前提。通电试验检查应注意以下。

① 通电前先检查电源电压是否正常。

② 通电试验前应尽量采用空载试运行，并将有关开关（如转换开关、行程开关）复位或置于零位。

③ 应按照先易后难的原则分步进行检查：一般先检查控制电路后检查主电路；先检查辅助系统后检查主传动系统；先检查开关电路后检查调节电路；先检查重点怀疑部位后检查一般怀疑部位。

(4) 测量法

在利用以上三种方法基本确定故障范围或找出重点部位后，可使用各种电工测量仪表对电路进行带电（如测量电压）或断电（如测量电阻）测量，以便直接有效找出故障点。

电气控制电路产生故障的实际情况千差万别，因此，以上所介绍的四种基本方法应根据实际情况灵活使用，关键还要在实践中学习，总结经验，找出规律，逐步掌握正确的检修方法，并注意做好检修记录。

5.1.2.4 电气设备维护保养制度

各种电气设备在运行过程中会产生各种各样的故障，致使设备停止运行而影响生产，严重的还会造成人身或设备事故。为了保证设备的正常运行，减少电气维修的停机时间，提高设备的利用率和劳动生产率，必须十分重视对电气设备的维护和保养。根据具体保养对象，制定相应的维护和保养工作内容和周期。例如电动机的日常维护包括：经常保持电动机的表面清洁，保持良好的通风条件，经常检查和测量绝缘电阻是否合格，检查接地装置是否牢靠，检查温升是否正常，检查轴承是否有发热漏油现象等。其他电气设备的维护保养，可参考相应的手册。

5.1.2.5 C650型普通车床的工艺特点与电气控制

(1) 普通车床结构

普通车床主要由主轴箱、挂轮箱、进给箱、溜板箱、床身、刀架、尾座、光杠与丝杠等部件组成，如图5.1.1所示。

图5.1.1 普通车床的结构图

1—进给箱；2—挂轮箱；3—主轴箱；4—溜板与刀架；
5—溜板箱；6—尾座；7—丝杠；8—光杠；9—床身

(2) 卧式车床电气控制系统分析

在金属切削机床中，卧式车床是机械加工中应用最广泛的一种机床，能完成多种多样的加工工序。卧式车床的工艺特征为对各种回转体类零件进行加工，如各种轴类、套类和盘类零件，可以车削出内外圆柱面、圆锥面及成形回转面、各种常用螺纹及端面等。其运动特征为主轴带动工件旋转，形成切削主运动，刀架移动形成进给运动,刀架的进给运动由主电动机提供动力,刀架的快速运动由快速电动机提供动力,操作形式为点动。不同型号的卧式车床加工零件的尺寸范围不同,拖动电动机的工作要求不同,因而控制电路也不尽相同。总体上看,由于卧式车床运动形式简单,常采用机械调速的方法,因此相应的控制线路不复杂。在主轴正、反转和制动的控制方面,有电气控制和机械控制。

(3) 电力拖动及控制要求分析

一般的卧式车床配置 3 台三相笼型异步电动机,分别为提供工作进给运动和主运动的主轴电动机 M1,驱动冷却泵供液的电动机 M2 和驱动刀架快速移动的电动机 M3。电动机的控制要求分述如下:

① 主电动机控制要求　卧式车床的主电动机 M1 完成主轴运动和进给运动的拖动。主轴与刀架运动要求电动机能够直接启动,同时还要求能够正、反转,并可对正、反两个方向进行制动停车控制;为了加工和调整的方便,需要具有点动功能;为了提高加工效率,主轴的转动需要进行制动。

② 冷却泵电动机控制要求　冷却泵电动机 M2 在加工时带动冷却泵工作,提供切削液,可以直接启动,并且为连续工作状态。

③ 快速移动电动机控制要求　快速移动电动机 M3 用于拖动溜板箱带动刀架快速移动,在工作过程中以点动工作方式进行,需要根据使用情况随时手动控制启停。

5.1.2.6　C650 型卧式车床的电气控制线路分析

C650 型卧式车床电气控制原理图如图 5.1.2 所示。

(1) 主电路分析

断路器 QF 将三相交流电源引入,FU1 为电动机 M1 短路保护用熔断器,FR1 为 KM1 过载保护用热继电器;R 为限流电阻,主轴点动时,限制电动机的启动电流;而停车反接制动时,又起到限制过大反向制动电流的作用。通过电流互感器 TA 接入的电流表 A,用来监视主电动机 M1 的绕组电流,通过调整切削用量,使电流表的电流接近主电动机 M1 额定电流的对应值,以提高生产效率并充分发挥电动机的潜力。KM1、KM2 分别为主电动机正、反转接触器;KM3 用于短接限流电阻 R。速度继电器 KS 用于在反接制动时检测主电动机 M1 的转速。

冷却泵电动机 M2 通过接触器 KM4 的控制来实现单向连续运转,FU2 为 M2 的短路保护用熔断器,FR2 为其过载保护用热继电器。

快速移动电动机 M3 通过接触器 KM5 的控制实现单向旋转短时工作,FU3 为其短路保护用熔断器。

(2) 控制电路分析

控制变压器 TC 供给控制电路 110V 交流电源,同时还为照明电路提供 36V 交流电源。FU 为控制电路短路保护用熔断器,FU6 为照明电路短路保护用熔断器,车床局部照明灯 EL 由开关 SA 控制。

① 主电动机 M1 的点动调整控制　按下点动按钮 SB2 不松手时,接触器 KM1 线圈通电,其常开主触点闭合,电源经限流电阻 R 使主电动机 M1 启动,减少了启动电流。松开 SB2,KM1 线圈断电,主电动机 M1 停转。

工作过程分析如下:按下 SB2→KM1 通电→M1 正转;松开 SB2→KM1 断电→M1 停转。

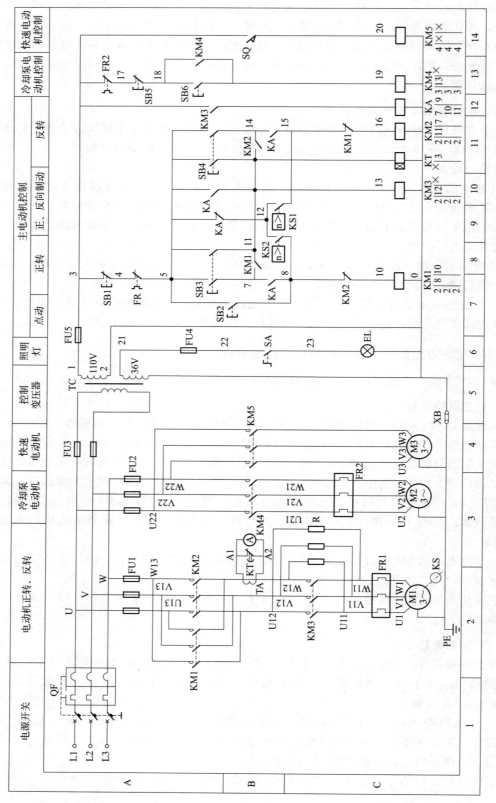

图 5.1.2 C650 型车床电气控制原理

② 主电动机 M1 的正、反转控制　主电动机 M1 的正转控制过程如下：

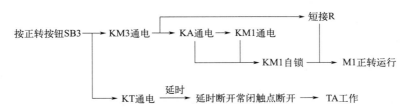

反转按钮 SB4 的工作情况类似，请自行分析。

③ 主电动机 M1 的停车控制　主电动机 M1 停车采用反接制动方式，由正反转可逆电路和速度继电器 KS 组成。

假设原来主电动机 M1 正转运行，则电动机转速大于 120r/min，KS 的正向常开触点 KS1 闭合，为正转制动做准备；而此时反向常开触点 KS2 依然断开。按下总停按钮 SB1，原来通电的 KM1、KM3、KT 和 KA 随即断电，它们的所有触点均复位。当 SB1 松开后，反转接触器 KM2 线圈由于 KS1 的闭合而立即通电，电流通路是：

线号 1→SB1 常闭触点→KA 常闭触点→KS 正向常开触点 KS1→KM1 常闭触点→KM2 线圈→线号 0

这样，主电动机 M1 串入电阻 R 反接制动，正向转速很快降下来。当转速降到很低时 ($n<100$r/min)，KS 的正向常开触点 KS1 断开，从而切断了上述电流通路。至此，正向反接制动就结束了。

工作过程分析如下：

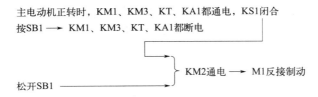

当 $n<100$r/min 时，KS1 断开→KM2 断电→M1 反接制动结束。

由控制电路可以看出，KM3 的常开触点直接控制 KA，因此 KM3 和 KA 触点的闭合和断开情况相同，从图 5.1.2 可知，KA 的常开触点用了 3 个，常闭触点用了 1 个。因 KM3 的辅助常开触点只有 2 个，故不得不增设中间继电器 KA 进行扩展，即中间继电器 KA 起扩展接触器 KM3 触点的作用。可见，电气电路要考虑电气元件触点的实际情况，在电路设计时更应引起重视。

反向反接制动过程请自行分析。

④ 刀架快速移动电动机 M3 的控制　刀架快速移动是通过转动刀架手柄压动限位开关 SQ 来实现。当手柄压下限位开关 SQ 时，接触器 KM5 线圈得电吸合，其常开三触点闭合，电动机 M3 启动旋转，拖动溜板箱与刀架作快速移动；松开刀架手柄，限位开关 SQ 复位，KM5 线圈断电释放，M3 停止转动，刀架快速移动结束。刀架移动电动机为单向旋转，而刀架的左右移动由机械传动实现。

⑤ 照明电路和控制电源　图 5.1.2 中 TC 为控制变压器，其二次绕组有两路，一路电压为交流 110V，为控制电路提供电源；另一路电压为交流 36V，为照明电路提供电源。将灯开关 SA 置于"合"位置时，SA 就闭合，照明灯 EL 点亮；SA 置于"分"位置时，EL 就熄灭。

⑥ 电流表 A 的保护电路　为了监视主电动机的负载情况，在电动机 M1 的主电路中，

通过电流互感器 TA 接入电流表 A。为了防止电动机启动、点动时启动电流和停车制动时制动电流对电流表的冲击，电路中接入一个时间继电器 KT，且 KT 线圈与 KM3 线圈并联。启动时，KT 线圈通电吸合，其延时断开的常闭触点将电流表短接，经过一段延时（2s 左右），启动过程结束，KT 延时断开的常闭触点断开，正常工作电流流经电流表，以便监视电动机在工作中电流的变化情况。

5.1.2.7　C650 型卧式车床常见电气故障的分析与检修

根据 C650 型车床自身的特点，在使用中常会出现如下一些故障。

① 主轴不能点动控制　主要检查点动按钮 SB2。检查其动合触点是否损坏或接线是否脱落。

② 刀架不能快速移动　故障的原因可能是行程开关 SQ 损坏或接触器主触点被杂物卡住、接线脱落，或者快速移动电动机损坏。出现这些故障，应及时检查，逐项排除，直至正常运行。

③ 主轴电动机 M1 不能进行反接制动控制　主要原因是速度继电器 KS 损坏或者接线脱落、接线错误；或者是电阻 R 损坏、接线脱落等。

④ 不能检测主轴电动机负载　首先检查电流表是否损坏，如损坏，应先检查电流表损坏的原因，其次可能是时间继电器设定的时间较短或损坏、接线脱落，或者是电流互感器损坏。

5.1.3　任务实施

(1) 具体要求

能正确识读 C650 型卧式车床电气原理图，并能说明原理图中每个元器件在电路中的作用；能正确分析其控制过程；正确排除人为设置的电气故障，并填写表 5.1.1 机床控制线路分析与故障处理报告单，填写时要求一丝不苟。操作机床电气控制柜时应遵守安全用电规则，做好安全文明生产。

表 5.1.1　机床控制线路分析与故障处理报告单

机床名称	
故障现象一 （10 分）	
分析故障现象及 处理方法 （30 分）	
故障点 （10 分）	
故障现象二 （10 分）	
分析故障现象及 处理方法 （30 分）	
故障点 （10 分）	

(2) 仪器设备、工具、元器件及材料

仪器设备、工具、元器件及材料见表 5.1.2。

表 5.1.2 仪器设备、工具、元器件及材料明细表

序号	名称	型号与规格	单位	数量	备注
1	机床控制屏柜	C650 型卧式车床	台	1	
2	电气图纸	C650 型卧式车床	张	1	
3	电工常用工具		套	1	
4	万用表		个	1	

(3) 内容及步骤

① 指导教师讲授机床电气故障排除相关知识,学习分析 C650 型卧式车床电气原理图。

② 指导教师示范操作实训室里的 C650 型卧式车床模拟机床控制屏柜设备,仔细观察各电气开关动作情况。

③ 独立操作 C650 型卧式车床模拟机床控制屏柜设备,掌握其操作要领。

④ 指导教师设置 1 个或 2 个(无相关性)人为故障并示范电气故障排除的方法与过程。

⑤ 指导教师在 C650 型卧式车床模拟机床控制屏柜设备上设置 1 个或 2 个(无相关性)隐蔽的电气故障,分组进行机床电气故障的检查与调试,掌握机床电气故障的检修及排除方法。

5.1.4 任务考核

针对考核任务,相应的考核评分细则参见表 5.1.3。

表 5.1.3 评分细则

序号	主要内容	考核要求	配分	评分标准	得分
1	职业素养与操作规范	(1)穿戴好劳动防护用品; (2)操作过程中保持工具、仪表、元器件、设备等摆放整齐; (3)操作过程中无不文明行为,具有良好的职业操守,独立完成考核内容、合理解决突发事件; (4)安全用电意识,操作符合规范要求	20 分	(1)未清点元件、仪表、电工工具,或摆放不整齐,扣 5 分; (2)未穿戴好劳动防护用品扣 5 分; (3)操作过程中有不文明行为,不能独立完成考核内容扣 5 分; (4)操作不符合规范要求扣 5 分	
2	电气故障分析及排除	(1)操作机床屏柜观察故障现象并写出故障现象; (2)采用正确合理的操作方法步骤进行故障处理; (3)在故障的分析与处理过程中,操作规范,动作熟练; (4)正确分析故障现象及采用正确方法排除故障; (5)故障点正确。能正确检测出故障点,不超时,按时处理故障问题	80 分	(1)能独立操作机床控制柜。操作错误,每处扣 5 分; (2)正确写出故障现象。未写出或写出错误每处扣 10 分; (3)正确分析故障现象及处理方法。未写出或写出错误每处扣 30 分; (4)故障点判断正确。判断错误,每处扣 10 分; (5)损坏元件每只扣 10 分	
	合计		100 分		

任务 5.2 检修 Z3040 型摇臂钻床电气控制线路

5.2.1 任务分析

钻床是一种用途广泛的万能机床,从机床的结构形式来分,有立式钻床、卧式钻床、深

孔钻床及多头钻床；而立式钻床中摇臂钻床用途较为广泛，在钻床中具有一定的典型性。本任务以 Z3040 型摇臂钻床为例，说明其电气控制线路特点及电气故障排除方法。

5.2.2 任务资讯

5.2.2.1 Z3040 型摇臂钻床的工艺特点与电气控制

Z3040 型摇臂钻床，最大钻孔直径为 40mm，适用于加工中小零件，可以进行钻孔、扩孔、铰孔、刮平面及攻螺纹等多种形式的加工，增加适当的工艺装备还可以进行镗孔。

(1) 摇臂钻床的结构

摇臂钻床主要由底座、内立柱、外立柱、摇臂、主轴箱、工作台等组成，如图 5.2.1 所示。内立柱固定在底座上，在它外面套着空心的外立柱，外立柱可绕着不动的内立柱回转一周。摇臂一端的套筒部分与外立柱滑动配合，借助于丝杠摇臂可沿着外立柱上下移动，但两者不能做相对转动，因此，摇臂将与外立柱一起相对内立柱回转。主轴箱具有主轴旋转运动部分和主轴进给运动部分的全部传动机构和操作机构，包括主电动机在内，主轴箱可沿着摇臂上的水平导轨做径向移动。当进行加工时，可利用夹紧机构将主轴箱紧固在摇臂上，外立柱紧固在内立柱上，摇臂紧固在外立柱上，然后进行钻削加工。

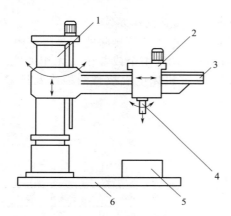

图 5.2.1 Z3040 型摇臂钻床结构示意图
1—内外立柱；2—主轴箱；3—摇臂；
4—主轴；5—工作台；6—底座

(2) 摇臂钻床的电力拖动特点

由于摇臂钻床的运动部件较多，故采用多电动机拖动，这样可以简化传动装置的结构。整个机床由四台笼型感应电动机拖动，它们分别是：

① 主轴电动机　钻头（主轴）的旋转与钻头的进给，是由一台电动机拖动的，由于多种加工方式的要求，所以对摇臂钻床的主轴与进给都提出较大的调速范围要求。主轴正转最低速度为 25r/min，最高速度为 2000r/min，分 16 级变速，进给运动时，最低进给量是 0.04mm/r，最高进给量是 3.2mm/r，也分为 16 级变速。用变速箱改变主轴的转速和进刀量，不需要电气调速。在加工螺纹时，要求主轴能正反转，且是由机械方法变换的，所以，电动机不需要反转，主电动机的容量为 3kW。

② 摇臂升降电动机　当工件与钻头相对高度不合适时，可将摇臂升高或降低，由一台 1.1kW 笼型感应电动机拖动摇臂升降装置。

③ 液压泵电动机　摇臂、立柱、主轴箱的夹紧放松，均采用液压传动菱形块夹紧机构，夹紧用的高压油是一台 0.6kW 的电动机带动高压油泵送出的。由于摇臂的夹紧装置与立柱的夹紧装置、主轴的夹紧装置不是同时动作，所以，采用一台电动机拖动高压油泵，由电磁阀控制油路。

④ 冷却液泵电动机　切削时，刀具及工件的冷却由冷却液泵供给所需的冷却液，由一台 0.125kW 笼型感应电动机带动，冷却液流量大小由专用阀门调节，与电动机转速无关。

5.2.2.2 Z3040 型摇臂钻床的电气控制线路分析

图 5.2.2 是 Z3040 型摇臂钻床电气控制原理图。

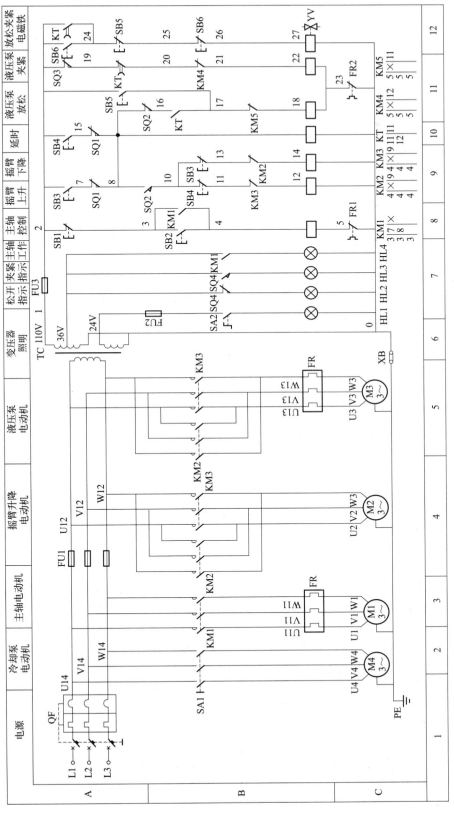

图 5.2.2 Z3040 型摇臂钻床电气控制原理

(1) 主电路

钻床的总电源由三相断路器 QF1 控制，并配有用作短路保护的熔断器 FU1。主电动机 M1、摇臂升降电动机 M2 及液压泵电动机 M3 由接触器通过按钮控制。冷却泵电动机 M4 根据工作需要，由三相断路器 QF2 控制。摇臂升降电动机与液压泵电动机采用熔断器 FU2 保护。长期工作制运行的主电动机及液压泵电动机，采用热继电器作过载保护。

熔断器 FU2 是第二级保护熔断器，需要根据所保护的摇臂升降电动机及液压泵电动机的具体容量选择。因此，在发生短路事故时，FU2 熔断，事故不致扩大。若 FU2 中有一只熔断，电动机单相运行，此时，电流可以使其他两相上的熔断器 FU2 熔断，但不能使总熔断器 FU1 熔断，所以，FU2 又可以保护电动机单相运行，其设置是必要的。

(2) 控制电路

控制电路、照明电路及指示灯均由一台电源变压器 T 降压供电。有 127V、36V、6.3V 三种电压。127V 电压供给控制电路，36V 电压作为局部照明电源，6.3V 作为信号指示电源。图中，KM2、KM3 分别为上升与下降接触器，KM4、KM5 分别为松开与夹紧接触器，SQ3、SQ4 分别为松开与夹紧限位开关，SQ1、SQ2 分别为摇臂升降极限开关，SB3、SB4 分别为上升与下降按钮，SB5、SB6 分别为立柱、主轴箱夹紧装置的松开与夹紧按钮。

① 主电动机控制　按启动按钮 SB2，接触器 KM1 线圈通电吸合并自锁，其主触点接通主拖动电动机的电源，主电动机 M1 旋转。需要使主电动机停止工作时，按停止按钮 SB1，接触器 KM1 断电释放，主电动机 M1 被切断电源而停止工作。主电动机采用热继电器 FR1 作过载保护，采用熔断器 FU1 作短路保护。

主电动机的工作指示由 KM1 的辅助动合触点控制指示灯 HL1 来实现，当主电动机在工作时，指示灯 HL1 亮。

② 摇臂的升降控制　摇臂的升降对控制要求如下：
a. 摇臂的升降必须在摇臂放松的状态下进行。
b. 摇臂的夹紧必须在摇臂停止时进行。
c. 按下上升（或下降）按钮，首先使摇臂的夹紧机构放松，放松后，摇臂自动上升（或下降），上升（或下降）到位后，放开按钮，夹紧装置自动夹紧，夹紧后液压泵电动机停止。

摇臂的上升或下降操作应为点动控制，以保证调整的准确性。
d. 摇臂升降应有极限保护。

线路的工作过程如下：

首先由摇臂的初始位置决定按动哪个按钮，若希望摇臂上升，则按动 SB3，否则应按动 SB4。当摇臂处于夹紧状态时，限位开关 SQ4 是处于被压状态的，即其动合触点闭合，动断触点断开。

摇臂上升时，按下启动按钮 SB3，断电延时型时间继电器 KT 线圈通电，尽管此时 SQ4 的动断触点断开，但由于 KT 的延时打开的动合触点瞬时闭合，电磁阀 YV 线圈通电，同时 KM4 线圈通电，其动合触点闭合，接通液压泵电动机 M3 的正向电源，M3 启动正向旋转，供给的高压油进入摇臂松开油腔，推动活塞和菱形块，使摇臂夹紧装置松开。当松开到一定位置时，活塞杆通过弹簧片压动限位开关 SQ3，其动断触点断开，接触器 KM4 线圈断电释放，油泵电动机停止，同时 SQ3 的动合触点闭合，接触器 KM2 线圈通电，主触点闭合接通升降电动机 M2，带动摇臂上升。由于此时摇臂已松开，SQ4 被复位。

当摇臂上升到预定位置时，松开按钮 SB3，接触器 KM2、时间继电器 KT 的线圈同时断电，摇臂升降电动机停止，断电延时型时间继电器开始断电延时（一般为 1～3s），当延时结束，即升降电动机完全停止时，KT 的延时闭合动断触点闭合，接触器 KM5 线圈通电，液压泵电动机反相序接通电源而反转，压力油经另一条油路进入摇臂夹紧油腔，反方向推动活塞与菱形块，使摇臂夹紧。当夹紧到一定位置时，活塞杆通过弹簧片压动限位开关 SQ4，其动断触点动作断开接触器 KM5 及电磁阀 YV 的电源，电磁阀 YV 复位，液压泵电动机 M3 断电停止工作。至此，摇臂升降调节全部完成。

摇臂下降时，按下按钮 SB4，各电器的动作次序与上升时类似，在此就不再重复了，请读者自行分析。

③ 联锁保护环节

a. 用限位开关 SQ3 保证摇臂先松开然后才允许升降电动机工作，以免在夹紧状态下启动摇臂升降电动机，造成升降电动机电流过大。

b. 用时间继电器 KT 保证升降电动机断电后完全停止旋转，即摇臂完全停止升降时，夹紧机构才能夹紧摇臂，以免在升降电动机旋转时夹紧，造成夹紧机构磨损。

c. 摇臂的升降都设有限位保护，当摇臂上升到上极限位置时，行程开关 SQ1 动合触点断开，接触器 KM2 断电，断开升降电动机 M2 电源，M2 电动机停止旋转，上升运动停止。反之，当摇臂下降到下极限位置时，行程开关 SQ2 动断触点断开，使接触器 KM3 断电，断开 M2 的反向电源，M2 电动机停止旋转，下降运动停止。

d. 液压泵电动机的过载保护，若夹紧行程开关 SQ4 调整不当，夹紧后仍不动作，则会使液压泵电动机长期过载而损坏电动机。所以，这个电动机虽然是短时运行，也采用热继电器 FR2 作过载保护。

④ 指示环节

a. 当主电动机工作时，KM1 通电，其辅助动合触点闭合，接通"主电动机工作"指示灯 HL4。

b. 当摇臂放松时，行程开关 SQ4 动断触点闭合，接通"松开"指示灯 HL2。

c. 当摇臂夹紧时，行程开关 SQ4 动合触点闭合，接通"夹紧"指示灯 HL3。

d. 当需要照明时，接通开关 SA2，照明灯 HL1 亮。

⑤ 主轴箱与立柱的夹紧与放松　线路的工作过程如下：

立柱与主轴箱均采用液压操纵夹紧与放松，二者同时进行工作，工作时要求电磁阀 YV 不通电。

若需要使立柱和主轴箱放松（或夹紧），则按下松开按钮 SB5（或夹紧按钮 SB6），接触器 KM4（或 KM5）吸合，控制液压泵电动机正转（或反转），压力油从一条油路（或另一条油路）推动活塞与菱形块，使立柱与主轴箱分别松开（或夹紧）。

5.2.2.3　Z3040型摇臂钻床常见电气故障的分析与检修

(1) 主轴电动机无法启动

① 电源总开关 QS 接触不良，需调整或更换。

② 控制按钮 SB1 或 SB2 接触不良，需调整或更换。

③ 接触器 KM1 线圈断线或触点接触不良，需重接或更换。

④ 低压断路器的熔丝已断，应更换熔丝。

(2) 摇臂不能升降

由摇臂升降过程可知，升降电动机 M2 旋转，带动摇臂升降，其前提是摇臂完全松开，活塞杆压下行程开关 SQ2。如果 SQ2 不动作，常见故障是 SQ2 安装位置移动。这样，摇臂虽已放松，但活塞杆压不上 SQ2，摇臂就不能升降，有时，液压系统发生故障，使摇臂放松不够，也会压不上 SQ2，使摇臂不能移动，由此发现，SQ2 的位置非常重要，应配合机械、液压调整好后紧固。电动机 M3 电源相序接反时，按上升按钮 SB3（或下降按钮 SB4），M3 反转，使摇臂夹紧，SQ2 应不动作，摇臂也就不能升降。所以，在机床大修或新安装后，要检查电源相序。

（3）摇臂升降后，摇臂夹不紧

由摇臂夹紧的动作过程可知，夹紧动作的结束是由位置开关 SQ3 来完成的，如果 SQ3 动作过早，将导致 M3 尚未充分夹紧就停转。常见的故障原因是 SQ3 安装位置不合适、固定螺钉松动造成 SQ3 移位，使 SQ3 在摇臂夹紧动作未完成时就被压上，切断了 KM5 回路，使 M3 停转。排除故障时，首先判断是液压系统的故障（如活塞杆阀芯卡死或油路堵塞造成的夹紧力不够），还是电气系统故障。对电气系统方面的故障，应重新调整 SQ3 的动作距离，固定好螺钉即可。

（4）立柱、主轴箱不能夹紧或松开

立柱、主轴箱不能夹紧或松开的可能原因是油路堵塞、接触器 KM4 或 KM5 不能吸合。出现故障时，应检查按钮 SB5、SB6 接线情况是否良好，若接触器 KM4 或 KM5 能吸合，M3 能运转，可排除电气方面的故障，则应请液压、机械修理人员检修油路，以确定是否是油路故障。

（5）摇臂钻床摇臂上升或下降限位保护开关失灵

行程开关 SQ1 的失灵分两种情况：一是行程开关 SQ1 损坏，SQ1 触头不能因开关动作而闭合或接触不良使线路断开，由此使摇臂不能上升或下降；二是行程开关 SQ1 不能动作，触头熔焊，使线路始终处于接通状态，当摇臂上升或下降到极限位置后，摇臂升降电动机 M2 发生堵转，这时应立即松开 SB3 或 SB4。根据上述情况进行分析，找出故障原因，更换或修理失灵的行程开关 SQ1 即可。

（6）按下 SB6，立柱、主轴箱能夹紧，但释放后就松开

由于立柱、主轴箱的夹紧和松开机构都采用机械菱形块结构，所以这种故障多为机械原因。可能是菱形块和承压块的角度方向搞错，或者距离不合适，也可能因夹紧力调得太大或夹紧液压系统压力不够导致菱形块立不起来，可找机械修理工检修。

5.2.3 任务实施

（1）具体要求

能正确识读 Z3040 型摇臂钻床电气原理图，并能说明原理图中每个元器件在电路中的作用；能正确分析其控制过程；正确排除人为设置的电气故障，并填写"机床控制线路分析与故障处理报告单"（详见表 5.1.1），填写时要求一丝不苟。操作机床电气控制柜时应遵守安全用电规则，做好安全文明生产。

（2）仪器设备、工具、元器件及材料

仪器设备、工具、元器件及材料见表 5.2.1。

表 5.2.1 仪器设备、工具、元器件及材料明细表

序号	名称	型号与规格	单位	数量	备注
1	机床控制屏柜	Z3040 型摇臂钻床	台	1	
2	电气图纸	Z3040 型摇臂钻床	张	1	
3	电工常用工具		套	1	
4	万用表		个	1	

(3) 内容及步骤

① 正确识读 Z3040 型钻床电气控制线路原理图。

② 先观摩 Z3040 型钻床上人为设置的一个自然故障点，指导教师示范检修。示范检修时，按检修步骤观察故障现象；判断故障范围；查找故障点；排除故障；通电试车。边讲解边操作。

③ 预先知道故障点，从观察现象着手进行分析，运用正确的检修步骤和方法进行故障排除。

④ 练习一个故障点的检修。

⑤ 在初步掌握了一个故障点的检修方法的基础上，再设置其他故障点，故障现象尽可能不相互重合。

⑥ 排除故障。根据故障点情况，排除故障。

⑦ 通电试车。检查机床各项操作，直到符合技术要求为止。

⑧ 正确填写"机床控制线路分析与故障处理报告单"（详见表 5.1.1）。

5.2.4 任务考核

针对考核任务，相应的考核评分细则参见表 5.2.2。

表 5.2.2 评分细则

序号	主要内容	考核要求	配分	评分标准	得分
1	职业素养与操作规范	（1）穿戴好劳动防护用品； （2）操作过程中保持工具、仪表、元器件、设备等摆放整齐； （3）操作过程中无不文明行为，具有良好的职业操守，独立完成考核内容、合理解决突发事件； （4）安全用电意识，操作符合规范要求	20 分	（1）未清点器件、仪表、电工工具，或摆放不整齐，扣 5 分； （2）未穿戴好劳动防护用品扣 5 分； （3）操作过程中有不文明行为，不能独立完成考核内容扣 5 分； （4）操作不符合规范要求扣 5 分	
2	电气故障分析及排除	（1）操作机床屏柜观察故障现象并写出故障现象； （2）采用正确合理的操作方法步骤进行故障处理； （3）在故障的分析与处理过程中，操作规范，动作熟练； （4）正确分析故障现象及采用正确方法排除故障； （5）故障点正确。能正确检测出故障点，不超时，按时处理故障问题	80 分	（1）能独立操作机床控制柜。操作错误，每处扣 5 分； （2）正确写出故障现象。未写出或写出错误每处扣 10 分； （3）正确分析故障现象及处理方法。未写出或写出错误每处扣 30 分； （4）故障点判断正确。判断错误每处扣 10 分； （5）损坏元件每只扣 10 分	
		合计	100 分		

任务 5.3　检修 M7120 型平面磨床电气控制线路

5.3.1 任务分析

磨床是机械制造中广泛用于获得高精度高质量零件表面加工的精密机床，它是利用砂轮周边或端面进行加工的，磨床的种类很多，按其性质可分为外圆磨床、内圆磨床、内外圆磨床、平面磨床、工具磨床以及专用磨床。

磨床上的主切削刀具是砂轮，平面磨床就是用砂轮来磨削加工各种零件的平面的最普通的一种机床。它是利用砂轮的高速旋转研磨工件使其达到规定要求的平整度和表面粗糙度，根据工作台形状分为矩形工作台和圆形工作台两种。根据轴类的不同又可分为卧轴磨床和立轴磨床。M7120型磨床为卧轴矩台平面磨床，使用范围十分广泛。本任务以 M7120 型平面磨床为例，说明其电气控制线路特点及电气故障排除方法。

5.3.2 任务资讯

5.3.2.1 M7120型平面磨床的工艺特点与电气控制

M7120 型平面磨床采用卧式轴矩形工作台，主要由床身、工作台、电磁吸盘、砂轮架（又称磨头）、滑座和立柱等部分组成。其外形结构如图 5.3.1 所示。

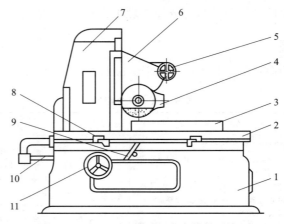

图 5.3.1　M7120 型平面磨床结构示意图

1—床身；2—工作台；3—电磁吸盘；4—砂轮架；5—砂轮架横向移动手轮；6—滑座；7—立柱；
8—工作台换向撞块；9—工作台往复运动换向手柄；10—活塞杆；11—砂轮架垂直进刀手轮

主运动是砂轮的快速旋转，辅助运动是工作台的纵向往复运动及砂轮的横向和垂直进给运动。工作台每完成一次纵向往返运动，砂轮架横向进给一次，从而能连续地加工整个平面，当整个平面磨削完一遍后，砂轮架在垂直于工件表面的方向移动一次，称为吃刀运动。通过吃刀运动，可将工件尺寸磨到所需的尺寸。

(1) 主运动

砂轮的高速旋转。为保证磨削加工质量，提高主轴的刚度，简化机械结构，采用装入式电动机将砂轮直接装到电动机轴上，要求砂轮有较高的转速，通常采用两极笼型异步电动机拖动。

(2) 进给运动

① 工作台的往复运动（纵向进给）　进给运动多采用液压传动，因液压传动换向平稳，易于实现无级调速。液压泵电动机 M3 拖动液压泵，工作台在液压作用下作纵向运动。由装在工作台前侧的换向挡铁碰撞床身上的液压换向开关控制工作台进给方向。

② 砂轮的横向（前后）进给　在磨削的过程中，工作台换向一次。砂轮架就横向进给一次。在修正砂轮或调整砂轮的前后位置时，可连续横向移动。砂轮架的横向进给运动可由

液压传动，也可用手轮来操作。

③ 砂轮架的升降运动（垂直进给） 滑座沿立柱的导轨垂直上下移动，以调整砂轮架的上下位置，使砂轮磨削工件，以控制磨制平面时工件的尺寸。

(3) 辅助运动

① 工件夹紧 工件可用螺钉和压板直接固定在工作台上，在工作台上也可以装电磁吸盘，将工件吸附在电磁吸盘上，此时要有充磁和退磁控制环节。为保证安全，电磁吸盘与三台电动机 M1、M2、M3 之间有电气联锁装置，即电磁吸盘吸合后电动机才能启动。电磁吸盘不工作或发生故障时，三台电动机均不能启动。

② 工作台的快速移动 工作台在纵向、横向和垂直三个方向快速移动，由液压传动机构实现。

③ 工作台的夹紧与放松 由人力操作。

④ 工件冷却 冷却泵电动机 M2 拖动冷却泵旋转供给冷却液，要求砂轮电动机 M1 和冷却泵电动机 M2 实现顺序控制。

对其自动控制有如下要求：

① 砂轮由一台笼型异步电动机拖动，因为砂轮的转速一般不需要调节，所以对砂轮电动机没有电气调速的要求，也不需要反转，可直接启动。

② 平面磨床的纵向和横向进给运动一般采用液压传动，所以需要由一台液压泵电动机驱动液压泵，对液压泵电动机也没有电气调速、反转和降压启动的要求。

③ 同车床一样，也需要一台冷却泵电动机提供冷却液，冷却泵电动机与砂轮电动机具有联锁关系，即要求砂轮电动机启动后才能开动冷却泵电动机。

④ 平面磨床往往采用电磁吸盘来吸持工件。电磁吸盘要有退磁电路，同时，为防止在磨削加工时因电磁吸盘吸力不足而造成工件飞出，还要求有弱磁保护环节。

⑤ 具有各种常规的电气保护环节（如短路保护和电动机的过载保护）。

⑥ 具有安全的局部照明装置。

5.3.2.2　M7120 型平面磨床的电气控制线路分析

图 5.3.2 是 M7120 型平面磨床电气控制原理图，电气电路图可分为主电路、控制电路、电磁吸盘控制电路及机床照明电路等部分。

(1) 主电路

液压泵电动机 M1、砂轮电动机 M2 与冷却泵电动机 M3 皆为单向旋转。其中电机 M1 由接触器 KM1 控制，电动机 M2、M3 由接触器 KM2 控制。三台电动机共用熔断器 FU1 作短路保护，M1、M2、M3 由热继电器 FR1、FR2、FR3 作长期过载保护。

冷却泵电动机和砂轮电动机同时工作，同时停止。其用接触器 KM1 来控制，液压泵电动机由接触器 KM2 来控制。M1、M2、M3 分别由 FR1、FR2、FR3 实现过载保护。

(2) 电动机控制电路分析

控制电路采用交流 380V 电压供电，由熔断器 FU2 作短路保护。控制电路只有在触点 KA (1-2) 接通时才能起作用，而触点 (3-4) 接通的条件是转换开关 SA2 扳到触点 (3-4) 接通位置（即 SA2 置"退磁"位置），或者欠电流继电器 KA 的常开触点 (3-4) 闭合时（即 SA2 置"充磁"位置，且流过 KA 线圈电流足够大、电磁吸盘吸力足够大时）。言外之意，电动机控制电路只有在电磁吸盘去磁情况下，磨床进行调整运动及不需电磁吸盘夹持工件时；或在电磁吸盘充磁后正常工作，且电磁吸力足够大时，才可启动电动机。

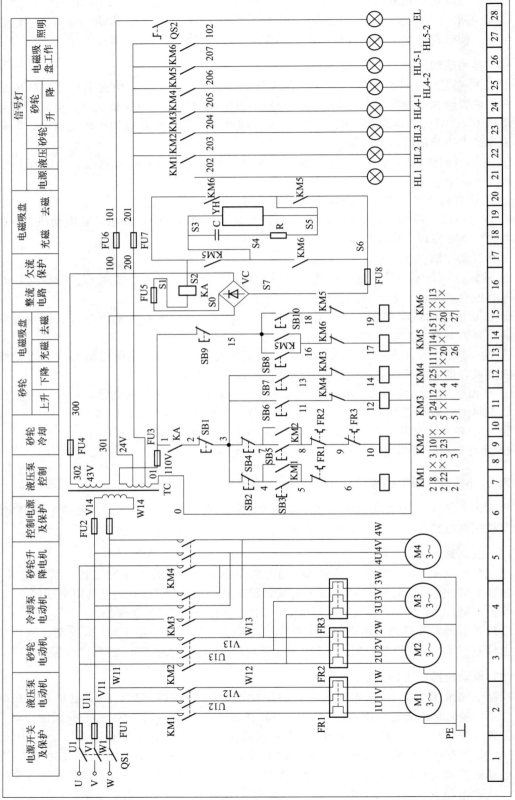

图 5.3.2 M7120型平面磨床电气控制原理

按下启动按钮 SB2，接触器 KM1 因线圈通电而吸合，其常开辅助触点（4-5）闭合进行自锁，砂轮电动机 M1 及冷却泵电动机 M2 启动运行。按下启动按钮 SB4，接触器 KM2 因线圈通电而吸合，其常开辅助触点（4-7）闭合进行自锁，液压泵电动机启动运转。SB3 和 SB5 分别为它们的停止按钮。

(3) 电磁吸盘（又称电磁工作台）电路的分析

电磁吸盘用来吸住工件以便进行磨削，它比机械夹紧迅速、操作快速简便、不损伤工件、一次能吸住多个小工件，且磨削中工件发热可自由伸缩、不会变形。不足之处是只能对导磁性材料如钢铁等的工件才能吸住。对非导磁性材料如铝和铜的工件没有吸力。电磁吸盘的线圈通的是直流电，不能用交流电，因为交流电会使工件振动和铁芯发热。

电磁吸盘的控制线路可分成三部分：整流装置、转换开关和保护装置。整流装置由控制变压器 TC 和桥式整流器 VC 组成，提供直流电压。转换开关 SA2 是用来给电磁吸盘接通正向工作电压和反向工作电压的。它有"充磁""放松"和"退磁"三个位置。当磨削加工时转换开关 SA2 扳到"充磁"位置，SA2(16-18)、SA2(17-20) 接通，SA2(3-4) 断开，电磁吸盘线圈电流方向从下到上，这时，因 SA2(3-4) 断开，由 KA 的触点（3-4）保持 KM1 和 KM2 的线圈通电。若电磁吸盘线圈断电或电流太小吸不住工件，则欠电流继电器 KA 释放，其常开触点（3-4）也断开，各电动机因控制电路断电而停止。否则，工件会因吸不牢而被高速旋转的砂轮碰击而飞出，可能造成事故。当工件加工完毕后，工件因有剩磁而需要进行退磁，故需再将 SA2 扳到"退磁"位置，这时 SA2(16-19)、SA2(17-18)、SA2(3-4) 接通。电磁吸盘线圈通过了反方向（从上到下）的较小（因串入了电阻 R2）电流进行去磁。去磁结束，将 SA2 扳回到"松开"位置（SA2 所有触点均断开），就能取下工件。

如果不需要电磁吸盘，可将工件夹在工作台上，如机床在检修或调试时则可将转换开关 SA2 扳到"退磁"位置，这时 SA2 在控制电路中的触点（3-4）接通，各电动机就可以正常启动了。

电磁吸盘控制线路的保护装置有：
① 电流保护，由 KA 实现。
② 短路保护，由 FU3 实现。
③ 整流装置 VC 的输入端浪涌过电压保护。由 14、24 号线间的 R1、C 来实现。

(4) 机床照明电路

照明电路由照明变压器 TC 将 380V 的交流电压降为 36V 的安全电压供给照明电路，经 SA1 供电给照明灯 EL，在照明变压器副边设有熔断器 FU4 作短路保护。

5.3.2.3 M7120 型平面磨床常见电气故障的分析与检修

M7120 型平面磨床电路的电气故障种类很多，而且它与其他机床电路的主要不同是电磁吸盘电路，因此在实际工作中，不仅有控制电路方面的故障，还有电磁吸盘电路的故障。下面对一些常见的电气故障进行重点分析。

(1) 砂轮电动机 M2 不能启动

砂轮电动机 M2 不能启动的常见原因有下列几个方面：
① 电源开关 QS1 接触不良或损坏；
② 熔断器 FU1、FU2 或 FU3 熔断；
③ 热继电器 FR2、FR3 常闭触头接触不良或过载脱扣；

④ 接触器 KM2 线圈损坏、主触点接触不良或损坏；
⑤ 按钮 SB1、SB4 或 SB5 接触不良或损坏；
⑥ 欠电流继电器 KA 未吸合；
⑦ 电动机 M2 本身故障。

(2) 液压泵电动机 M1 不能启动

液压泵电动机 M1 不能启动的主要原因有：
① 电源开关 QS1 接触不良或损坏；
② 熔断器 FU1、FU2 或 FU3 熔断；
③ 热继电器 FR1 常闭触头接触不良或过载脱扣；
④ 接触器 KM1 线圈损坏或主触头接触不良或损坏；
⑤ 按钮 SB1、SB2 或 SB3 接触不良或损坏；
⑥ 欠电流继电器 KA 未吸合；
⑦ 电动机 M1 本身故障。

(3) 砂轮只能下降，不能上升

砂轮只能下降，不能上升，其原因主要是：
① 接触器 KM3 线圈损坏或主触头接触不良或损坏；
② 接触器 KM4 的常闭触头 KM4(11-12) 接触不良或损坏；
③ 按钮 SB6 接触不良或损坏。

(4) 电磁吸盘没有吸力

首先应检查三相交流电源是否正常，然后再检查 FU1、FU2 与 FU4 熔断器是否完好，接触是否正常，如上述检查均未发现故障，再检查电磁吸盘电路，包括欠电流继电器 KA 线圈是否断开，吸盘线圈是否断路等。

(5) 电磁吸盘吸力不足

一般是由 YH 两端电压过低或 YH 线圈局部存在短路故障所致。

① 检查整流器输入端的交流电源电压是否过低，如果电压正常且整流器 VC 输出直流电压也正常，则可拔下 YH 的插头 XP2，测量 XP2 插座两端的直流空载电压，若测得空载电压也正常，而接上 YH 后电压降落不大，则故障可能是由 YH 部分线圈有断路故障或插销接触不良所致；如果空载电压正常，而接上 YH 后压降较大，则故障可能是由 YH 线圈部分有短路点或 KM5 的主触点及各连接处的接触电阻过大所致；如果测得空载电压过低，可先检查电阻 R 是否会因 C 被击穿而烧毁引起 RC 电路短路故障，否则，故障点在整流电路中。

② 如果前面检查都正常，仅为整流器输出直流电压过低，则故障点必定在整流电路。如测得直流电压约为额定值的一半，则应检查桥臂上的二极管是否有断路或接点脱落故障，除采用万用表检查外，还可用手摸管壳温度是否正常，有断路故障的一只二极管及与它相对的另一只二极管，由于没有流过电流，温度要比另一只低。同时要注意二极管中是否有短路故障存在，如有一只二极管短路，则会使相邻一个桥臂上的二极管因流过短路电流而被烧毁，同时 TC 二次侧也有很大短路电流流过，若 FU4 选配过大，变压器也将有被烧毁的可能。

电磁吸盘若需重绕，在拆线时应记住每个线圈的圈数、绕向、放置方式，并且用相同型号的导线绕制。修理完毕，应进行吸力测试。

(6) 电磁吸盘退磁效果差，造成工件难以取下

其故障原因往往在于退磁电压过高或去磁回路断开，无法去磁或去磁时间把握不好等。

5.3.3 任务实施

(1) 具体要求

能正确识读 M7120 型平面磨床电气原理图,并能说明原理图中每个元器件在电路中的作用;能正确分析其控制过程;正确排除人为设置的电气故障,并填写"机床控制线路分析与故障处理报告单"(详见表 5.1.1 所示),填写时要求一丝不苟。操作机床电气控制柜时应遵守安全用电规则,做好安全文明生产。

(2) 仪器设备、工具、元器件及材料

仪器设备、工具、元器件及材料见表 5.3.1。

表 5.3.1 仪器设备、工具、元器件及材料明细表

序号	名称	型号与规格	单位	数量	备注
1	机床控制屏柜(含电气图纸)	M7120 型平面磨床	台	1	
2	电工常用工具		套	1	
3	万用表		个	1	

(3) 内容及步骤

① 正确识读 M7120 型平面磨床电气控制线路原理图。

② 先观摩 M7120 型平面磨床上人为设置的一个自然故障点,指导教师示范检修。示范检修时,按检修步骤观察故障现象;判断故障范围;查找故障点;排除故障;通电试车。边讲解边操作。

③ 预先知道故障点,从观察现象着手进行分析,运用正确的检修步骤和方法进行故障排除。

④ 练习一个故障点的检修。

⑤ 在初步掌握了一个故障点的检修方法的基础上,再设置其他故障点,故障现象尽可能不相互重合。

⑥ 排除故障。根据故障点情况,排除故障。

⑦ 通电试车。检查机床各项操作,直到符合技术要求为止。

⑧ 正确填写"机床控制线路分析与故障处理报告单"(详见表 5.1.1)。

5.3.4 任务考核

针对考核任务,相应的考核评分细则参见表 5.3.2 所示。

表 5.3.2 评分细则

序号	主要内容	考核要求	配分	评分标准	得分
1	职业素养与操作规范	(1)穿戴好劳动防护用品; (2)操作过程中保持工具、仪表、元器件、设备等摆放整齐; (3)操作过程中无不文明行为,具有良好的职业操守,独立完成考核内容,合理解决突发事件; (4)安全用电意识,操作符合规范要求	20 分	(1)未清点器件、仪表、电工工具,或摆放不整齐,扣 5 分; (2)未穿戴好劳动防护用品扣 5 分; (3)操作过程中有不文明行为,不能独立完成考核内容扣 5 分; (4)操作不符合规范要求扣 5 分	

序号	主要内容	考核要求	配分	评分标准	得分
2	电气故障分析及排除	(1)操作机床屏柜观察故障现象并写出故障现象； (2)采用正确合理的操作方法步骤进行故障处理； (3)在故障的分析与处理过程中，操作规范，动作熟练； (4)正确分析故障现象及采用正确方法排除故障； (5)故障点正确。能正确检测出故障点,不超时,按时处理故障问题	80 分	(1)能独立操作机床控制柜。操作错误，每处扣 5 分； (2)正确写出故障现象。未写出或写出错误每处扣 10 分； (3)正确分析故障现象及处理方法。未写出或写出错误每处扣 30 分； (4)故障点判断正确。判断错误，每处扣 10 分； (5)损坏元件每只扣 10 分	
合计			100 分		

任务 5.4　检修 X62W 型万能铣床电气控制线路

5.4.1　任务分析

铣削是一种高效率的加工方式，而铣床是一种通用的多用途机床，它可用来加工各种表面，如平面、阶台面、各种沟槽，装上分度头可以加工齿轮和螺旋面，装上圆工作台可以加工凸轮和弧形槽。铣床的种类很多，按结构形式和加工性能的不同，可分为卧式铣床、立式铣床、仿形铣床、龙门铣床、专用铣床、万能铣床等。

万能铣床是一种通用的多用途机床，常用的万能铣床有两种：一种是 X62W 型卧式万能铣床，铣头水平放置；另一种是 X52K 型立式万能铣床，铣头垂直放置。这两种铣床在结构上大体相似，不同点在于铣头的放置方向，其工作台的进给方式、主轴变速的工作原理等都一样，电气控制线路经过系列化后也基本一样。

本任务以 X62W 型万能铣床为例，说明其电气控制线路特点及电气故障排除方法。

5.4.2　任务资讯

5.4.2.1　X62W 型万能铣床的工艺特点与电气控制

X62W 型万能铣床主要由底座、床身、悬梁、刀杆支架、升降台、工作台和滑座（及车鞍）等部分组成，如图 5.4.1 所示。

(1) 主要结构及运动形式

铣削加工时，铣刀安装在刀杆上，铣刀的旋转运动为主运动。工件安装在工作台上，工件可随工作台做纵向进给运动，可沿滑座导轨做横向进给运动，还可随升降台做垂直方向进给运动。为了减少工件向刀具趋近或离开的时间，三个方向的进给运动都配有快速移动装置。

(2) 电力拖动特点及控制要求

铣床主轴带动铣刀的旋转运动是主运动；铣床工作台的前后、左右和上下运动是进给运动；铣床的其他运动则属于辅助运动，如工作台的回转运动、快速移动及主轴和进给的变速运动。铣床的电力拖动控制要求与特点如下。

① 万能铣床一般由三台异步电动机拖动，分别是主轴电动机、进给电动机和冷却泵电动机。

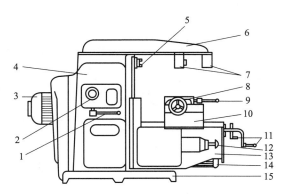

图 5.4.1 X62W 型万能铣床结构示意图

1—主轴变速手柄；2—主轴变速盘；3—主轴电动机；4—床身；5—主轴；6—悬梁；7—刀杆支架；
8—工作台；9—工作台左右进给手柄；10—滑座；11—工作台前后、上下进给操作手柄；
12—进给变速手柄及变速盘；13—升降台；14—进给电动机；15—底座

② 铣削加工有顺铣和逆铣两种方式，因此要求主轴电动机能正反转，但在加工过程中不需要主轴反转。主轴电动机通过主轴变速箱驱动主轴旋转，并由齿轮变速箱变速，因此主轴电动机不需要电气调速。又由于铣削是多刃不连续的切削，负载不稳定，所以主轴上装有飞轮，以提高主轴电动机旋转的均匀性，消除铣削加工时产生的振动。但这样会造成主轴停车困难，因此主轴电动机采用电磁离合器制动以实现准确停车。

③ 进给电动机作为工作台前后、左右和上下六个方向上的进给运动及快速移动的动力，也要求进给电动机能实现正反转。通过进给变速箱可获得不同的进给速度。

④ 为扩大加工能力，在工作台上可加装圆形工作台，圆形工作台的回转运动由进给电动机经传动机构驱动。工作台六个方向的快速移动是通过电磁离合器的吸合和改变机械转动链的传动比实现的。

⑤ 三台电动机之间有联锁控制。为防止刀具和铣床的损坏，要求只有主轴旋转后才允许有进给运动，同时为了减小加工件表面的粗糙度，要求只有进给停止后，主轴才能停止或同时停止。

⑥ 为保证机床和刀具的安全，在铣削加工时，任何时刻工件都只能做一个方向的进给运动，因此采用机械操作手柄和行程开关相配合的方式实现六个运动方向的联锁。

⑦ 主轴运动和进给运动采用变速盘进行速度选择，为保证变速后齿轮能良好啮合，主轴和进给变速后，都要求电动机做瞬时点动（变速冲动）。

⑧ 采用转换开关控制冷却泵电动机单向旋转。

⑨ 要求有安全照明设备及较完善的联锁保护环节。

5.4.2.2 X62W 型万能铣床控制电路分析

X62W 型万能铣床电气控制原理图如图 5.4.2 所示，该电路分为主电路、控制电路和照明电路三部分。

(1) 主电路分析

主电路共有三台电动机。其中 M1 是主轴电动机，拖动铣刀进行铣削加工，SA3 为 M1 的换向开关，实现主轴正反转；M2 是进给电动机，通过操纵手柄和机械离合器相配合拖动工作台前后、左右、上下六个方向的进给运动和快速移动，接触器 KM3、KM4 控制电源相

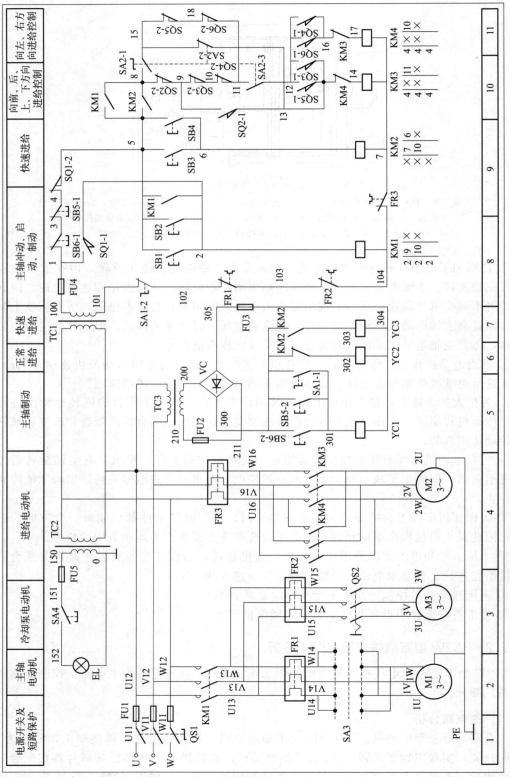

图 5.4.2　X62W 型万能铣床电气控制原理图

序，实现进给运动正反转；M3 是冷却泵电动机，供应切削液，对工件、刀具进行冷却润滑，当 M1 启动后 M3 才能启动，用手动开关 QS2 控制；熔断器 FU1、FU2、FU3 作主电路的短路保护，热继电器 FR1、FR2、FR3 分别作 M1、M2、M3 的过载保护，接触器除具有控制功能外还具有失电压和欠电压保护功能。

(2) 控制电路分析

控制电路的电源由控制变压器 TC1 输出 110V 电压供电。

① 主轴电动机 M1 的控制 为方便操作，主轴电动机 M1 采用两地控制方式，一组按钮（SB1、SB5）安装在工作台上；另一组按钮（SB2、SB6）安装在床身侧面。KM1 控制主轴电动机 M1 的启动与停止，YC1 是主轴制动电磁离合器，SQ1 是主轴变速时瞬时点动的位置开关。主轴电动机是经过弹性联轴器和变速机构的齿轮传动链来实现传动的，可使主轴具有 18 级不同的转速（30～1500r/min）。

a. 主轴电动机 M1 的启动。启动前应首先选好主轴的转速，然后合上电源开关 QS1，再把主轴换向开关 SA3 扳到需要的转向。

M1 的启动过程如下：

b. 主轴电动机 M1 的制动。M1 制动过程如下：

按下 SB5(或 SB6) → 按钮常闭触点分断 → KM1 失电 → KM1 常开触点断开 → M1 靠惯性运转
　　　　　　　　　　　　　　　　　　　　　　　　SB5 或 SB6 常开触点闭合 → YC1 接通制动，M1 停转

c. 主轴换刀控制。M1 停转后主轴仍可自由转动。在主轴更换铣刀时，为避免因主轴转动造成更换困难，应使主轴制动。具体做法是将转换开关 SA1 扳向换刀位置，其常开触点 SA1-1 闭合，电磁离合器 YC1 线圈得电，主轴处于制动状态以方便换刀；同时其常闭触点 SA1-2 断开，切断控制电路，铣床无法运行，以保证人身安全。

d. 主轴变速时的瞬时点动（冲动控制）。主轴变速箱装在床身左侧，主轴变速由一个变速手柄和一个变速盘来实现。主轴变速时的冲动控制，是利用变速手柄与冲动位置开关 SQ1 通过机械上的联动机构进行的，如图 5.4.3 所示。变速时，先将变速手柄 3 压下，使手柄的榫块从定位槽中脱出，然后向外拉动手柄使榫块落入第二道槽内，齿轮组脱离啮合。转动变速盘 4 选定所需转速后，将变速手柄 3 推回原位，这时榫块重新落进槽内，使齿轮组重新啮合（这时已改变了齿轮的传动比）。变速时为使齿轮更容易啮合，扳动变速手柄复位时，凸轮 1 将弹簧杆 2 推动一下又返回，这时弹簧杆 2 推动一下位置开关 SQ1，使 SQ1 的常闭触点 SQ1-2 先断开，常开触点 SQ1-1 后闭合，接触器 KM1 瞬时得电动作，电动机 M1 瞬时启动产生一冲动；紧接着凸轮 1 离开弹簧杆 2，位置开关 SQ1 触点复位，接触器 KM1 断电释放，电动机 M1 断电。此时电动机 M1 因惯性而运转，使齿轮系统抖动。在抖动时刻，将变速手柄 3 先快后慢地推进去，齿轮便顺利地啮合。如果瞬时点动过程中齿轮系统没有实现良好啮合，可以重复上述过程直到啮合为止。切记变速前应先停车。

② 进给电动机 M2 的控制 KM1 常开辅助触点（5-8）闭合后，工作台的进给运动控制

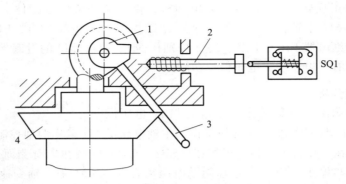

图 5.4.3　主轴变速冲动控制示意图
1—凸轮；2—弹簧杆；3—变速手柄；4—变速盘

电路得电，即主轴启动后进给运动方可进行。工作台进给可在三个坐标的六个方向进行，即工作台在回转盘上的左右运动；工作台、回转盘一起在溜板上的前后运动；升降台在床身垂直导轨上的上下运动。这些进给运动通过两个操纵手柄和机械联动机构控制相应的位置开关进而控制进给电动机 M2 正转或反转来实现，并且六个方向的运动是联锁的，即一个时间只能进行一个方向的进给，不能同时运动。

a. 圆形工作台的控制。圆形工作台可进行圆弧成凸轮的铣削加工。将转换开关 SA2 扳到接通位置，触点 SA2-1 和 SA2-3 断开，触点 SA2-2 闭合，电流经 8-9-10-11-18-15-13-14 路径，KM3 线圈得电，电动机 M2 得电运转，通过一根专用轴带动圆形工作台做旋转运动。将旋转开关 SA2 扳到断开位置，圆形工作台停止旋转，这时触点 SA2-1 和 SA2-3 闭合，触点 SA2-2 断开，可以保证工作台在六个方向的进给运动，因为圆工作台旋转运动和六个方向进给运动是联锁的。

b. 工作台的左右进给运动。工作台的左右进给运动由左右进给操作手柄控制。操作手柄与位置开关 SQ5 和 SQ6 联动，有左、中、右三个位置，其控制关系见表 5.4.1。当手柄标向中间位置时，位置开关 SQ5 和 SQ6 均未被压合，进给控制电路处于断开状态；当手柄拨向左位置时，手柄压下位置开关 SQ5，使常闭触点 SQ5-2 分断，常开触点 SQ5-1 闭合，接触器 KM3 得电动作，电动机 M2 正转。在 SQ5 被压合的同时，通过机械机构将电动机 M2 的传动链与工作台下面的左进给丝杠相搭合，工作台向左运动，工作台向右运动与向左运动类似，只是手柄压合 SQ6，电动机 M2 反转，这里不再赘述。工作台向左或向右进给到极限位置时，工作台两端限位挡铁碰撞手柄连杆，使手柄自动复位至中间位置，位置开关 SQ5 或 SQ6 复位，电动机的传动链与左右丝杠脱离，电动机 M2 停机，工作台停止进给，实现了左右运动终端保护。

表 5.4.1　工作台左右进给操作手柄及其控制关系

手柄位置	位置开关动作	接触器动作	电动机 M2 转向	传动链搭合丝杠	工作台运动方向
左	SB5	KM3	正转	左右进给丝杠	向左
中	—	—	停止	—	停止
右	SB6	KM4	反转	左右进给丝杠	向右

c. 工作台的上下和前后进给运动。工作台的上下和前后进给运动是由一个操作手柄控制的。该操作手柄与位置开关 SQ3 和 SQ4 联动，有上、下、前、后、中五个位置，其控制

关系见表 5.4.2。

表 5.4.2　工作台左右进给操作手柄及其控制关系

手柄位置	位置开关动作	接触器动作	电动机 M2 转向	传动链搭合丝杠	工作台运动方向
上	SQ4	KM3	反转	上下进给丝杠	向上
下	SQ3	KM4	正转	上下进给丝杠	向下
中	—	—	停止	—	停止
前	SQ3	KM3	正转	前后进给丝杠	向前
后	SQ4	KM4	反转	前后进给丝杠	向后

当手柄扳至中间位置时，位置开关 SQ3 和 SQ4 均未被压合，工作台无任何进给运动。当操作手柄扳在上或后位置时，操作手柄压下位置开关 SQ4，使常闭触点 SQ4-2 分断，常开触点 SQ4-1 闭合，KM4 得电吸合，电动机 M2 正转，带动工作台向上或向后运动；当操作手柄扳至下或前位置时，操作手柄压下位置开关 SQ3，常闭触头 SQ3-2 分断，常开触头 SQ3-1 闭合，KM3 得电吸合，电动机 M2 反转，带动工作台向下或向前运动。

d. 左右进给操作手柄与上下前后进给操作手柄的联锁控制。如果同时扳动左右、上下进给操作手柄，如把左右进给操作手柄向右扳时，又将另一个进给手柄扳到向上进给方向，则位置开关 SQ6 和 SQ4 均被压下，触头 SQ6-2 和 SQ4-2 均被分断，切断了接触器 KM3 和 KM4 的通路，电动机 M2 只能停转，保证了操作安全。即在两个手柄中，只能进行其中一个进给方向上的操作，也就是当一个操作手柄被置定在某一进给方向后，另一个操作手柄必须置于中间位置，否则将无法实现任何进给运动，这是因为在控制电路中对两者实行了联锁保护。

e. 进给变速时的瞬时点动。进给变速时，为使齿轮进入良好的啮合状态，也要进行变速后的瞬时点动。进给变速时，必须先把进给操纵手柄放在中间位置，然后将进给变速盘（在升降台前面）向外拉出，使进给齿轮松开，转动变速盘选定进给速度。然后将变速盘向里推回原位，齿轮便重新啮合。在推进的过程中，挡块压下位置开关 SQ2，使其触点 SQ2-2 分断，SQ2-1 闭合，电流经 8-15-18-11-10-9-13-14 形成通路，KM3 得电吸合，电动机 M2 启动运转；但随着变速盘复位，位置开关 SQ2 跟着复位，KM3 断电，电动机 M2 断电停转。这样电动机 M2 瞬时点动一下，齿轮系统产生一次抖动，齿轮便顺利啮合了。

f. 工作台的快速移动控制。在不进行铣削加工时，可使工作台快速移动，这样可提高劳动生产率，减少生产辅助工时。六个进给方向的快速移动是通过两个进给操作手柄和快速移动按钮配合实现的。装卡好工件后，选定进给方向，按下快速移动按钮 SB3 或 SB4（两地控制），KM2 得电，KM2 常闭触头分断，电磁离合器 YC2 失电，将齿轮传动链与进给丝杠分离；KM2 两对常开触头闭合，一对使电磁离合器 YC3 得电，将电动机 M2 与进给丝杠直接搭合，另一对使接触器 KM3 或 KM4 得电，电动机 M2 得电正转或反转，带动工作台沿选定的方向快速移动。松开 SB3 或 SB4，快速移动停止。

③ 冷却泵电动机 M3 的控制　主轴电动机 M1 和冷却泵电动机 M3 采用的是顺序控制，即只有在主轴电动机 M1 启动后冷却电动机 M3 才能启动。冷却泵电动机 M3 由组合开关 QS2 控制。

④ 照明与保护电路　照明电路由变压器 TC2 供给 24V 的安全电压，由开关 SA4 控制。

熔断器 FU5 作照明电路的短路保护。

X62W 型万能铣床控制电路具有短路保护、过载保护、限位保护以及失电压、欠电压保护。

5.4.2.3 X62W 型万能铣床常见电气故障的分析与检修

X62W 型万能铣床电气电路与机械传动配合紧密，电气维修要在熟悉电路原理和电气与机械传动的关系的基础上进行。铣床常见故障分析如下。

(1) 主轴电动机 M1 不能启动

检修时首先应检查各个开关是否正常，然后检查电源、熔断器、热继电器的常闭触头、启动按钮、停止按钮及接触器 KM1 的情况，如有电器损坏、接线脱落、接触不良应及时修复；另外，还应检查主轴变速冲动开关 SQ1 是否撞坏或常闭触头是否接触不良等。

(2) 主轴电动机 M1 停车时无制动

重点是检查电磁离合器 YCl，如 YCl 线圈有无断线、接点有无接触不良、整流电路有无故障等等。此外还应检查控制按钮 SB5 和 SB6。

(3) 工作台各个方向都不能进给

检修故障时，首先检查圆工作台的控制开关 SA2 是否在"断开"位置。若没问题，接着检查控制主轴电动机的接触器 KM1 是否已吸合动作。如果接触器 KM1 不能得电，则表明控制电路电源有故障，可检测控制变压器 TC 一次侧、二次侧线圈和电源电压是否正常、熔断器是否熔断。待电源电压正常，接触器 KM1 吸合、主轴旋转后，若各个方向仍无进给运动，可扳动进给手柄至各个运动方向，观察其相关的接触器是否吸合。若吸合，则表明故障发生在主电路和进给电动机上，常见的故障有接触器主触头接触不良、脱落、机械卡死、电动机接线脱落和电动机绕组断路等。除此以外，由于经常扳动操作手柄，开关受到冲击，位置开关 SQ3、SQ4、SQ5、SQ6 的位置可能发生变动或被撞坏，使电路处于断开状态。变速冲动开关 SQ2-2 在复位时不能闭合接通或接触不良，也会使工作台没有进给。

(4) 工作台能向左、右进给，不能向前、后、上、下进给

这种故障的原因可能是控制左右进给的位置开关 SQ5 或 SQ6 由于经常被压合，造成螺钉松动、开关移位、触头接触不良、开关机构卡住等，致使电路断开或开关不能复位，闭合电路 15-18 或 18-11 断开。这样当操作工作台前、后、上、下运动时，位置开关 SQ3-2 或 SQ4-2 也被压开，切断了进给接触器 KM3、KM4 的通路，造成工作台只能左、右运动，而不能前、后、上、下运动。检修故障过程中，用万用表欧姆挡测量 SQ5-2 或 SQ6-2 的导通情况，先操纵前后上下进给手柄，使 SQ3-2 或 SQ4-2 断开，否则通过 6-8-9-10-11-18-15 的导通，会误认为 SQ5-2 或 SQ6-2 接触良好。

(5) 工作台能向前、后、上、下进给，不能向左、右进给

出现这种故障的原因及排除方法可参照上面说明进行分析，重点检查位置开关的常闭触头 SQ3-2 或 SQ4-2。

(6) 工作台不能快速移动，主轴制动失灵

这往往是电磁离合器出现故障所致。首先应检查接线有无脱落，整流变压器 TC3、整流器中的四个整流二极管是否损坏，还有熔断器 FU2、FU3 是否正常工作，若有损坏应及时修复。其次电磁离合器线圈是用环氧树脂粘合在电磁离合器的套筒内的,散热条件差,容易发热而烧毁。另外,由于离合器的动摩擦片和静摩擦片经常摩擦,是易损件,检修时也应注意这些问题。

(7) 变速时不能冲动控制

这种故障多数是由于冲动位置开关 SQ1 或 SQ2 受到频繁的冲击,在开关位置压不上开关,甚至开关底座被撞坏或接触不良,使电路断开,从而造成主轴电动机 M1 或进给电动机 M2 不能瞬时点动。出现这种故障时,修理或更换开关并调整好开关的动作距离,即可恢复冲动控制。

5.4.3 任务实施

(1) 基本要求

能正确识读 X62W 型万能铣床电气原理图,并能说明原理图中每个元器件在电路中的作用;能正确分析其控制过程;正确排除人为设置的电气故障,并填写"机床控制线路分析与故障处理报告单"(详见表 5.1.1),填写时要求一丝不苟。操作机床电气控制柜时应遵守安全用电规则,做好安全文明生产。

(2) 仪器设备、工具、元器件及材料

仪器设备、工具、元器件及材料明细见表 5.4.3。

表 5.4.3 仪器设备、工具、元器件及材料明细

序号	名称	型号与规格	单位	数量	备注
1	机床控制屏柜(含电气图纸)	X62W 型万能铣床	台	1	
2	电工常用工具		套	1	
3	万用表		个	1	

(3) 基本步骤

① 正确识读 X62W 型万能铣床电气控制线路原理图。

② 先观摩 X62W 型万能铣床上人为设置的一个自然故障点,指导教师示范检修。示范检修时,按检修步骤观察故障现象;判断故障范围;查找故障点;排除故障;通电试车。边讲解边操作。

③ 预先知道故障点,如何从观察现象着手进行分析,运用正确的检修步骤和方法进行故障排除。

④ 练习一个故障点的检修。

⑤ 在初步掌握了一个故障点的检修方法的基础上,再设置其他故障点,故障现象尽可能不相互重合。

⑥ 排除故障。根据故障点情况,排除故障。

⑦ 通电试车。检查机床各项操作,直到符合技术要求为止。

⑧ 正确填写"机床控制线路分析与故障处理报告单"(详见表 5.1.1)。

5.4.4 任务考核

针对考核任务,相应的考核评分细则参见表 5.4.4。

表 5.4.4 评分细则

序号	主要内容	考核要求	配分	评分标准	得分
1	职业素养与操作规范	(1)穿戴好劳动防护用品; (2)操作过程中保持工具、仪表、元器件、设备等摆放整齐; (3)操作过程中无不文明行为、具有良好的职业操守,独立完成考核内容、合理解决突发事件; (4)安全用电意识,操作符合规范要求	20分	(1)未清点器件、仪表、电工工具,或摆放不整齐,扣5分; (2)未穿戴好劳动防护用品扣5分; (3)操作过程中有不文明行为,不能独立完成考核内容扣5分; (4)操作不符合规范要求扣5分	
2	电气故障分析及排除	(1)操作机床屏柜观察故障现象并写出故障现象; (2)采用正确合理的操作方法步骤进行故障处理; (3)在故障的分析与处理过程中,操作规范,动作熟练; (4)正确分析故障现象及采用正确方法排除故障; (5)故障点正确。能正确检测出故障点,不超时,按时处理故障问题	80分	(1)能独立操作机床控制柜。操作错误,每处扣5分; (2)正确写出故障现象。未写出或写出错误每处扣10分; (3)正确分析故障现象及处理方法。未写出或写出错误每处扣30分; (4)故障点判断正确。判断错误,每处扣10分; (5)损坏元件每只扣10分	
	合计		100分		

项目6

安装测试简单电子线路及排故

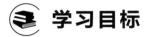

学习目标

【知识目标】

(1) 了解电阻器件和电容器的外形、作用、参数、数值标示方法。
(2) 了解二极管、三极管的外形、作用、参数、引脚极性。
(3) 掌握电子元器件插装和焊接的基本知识。
(4) 了解最基本的放大电路、直流稳压电源、单结晶体管可控整流电路的原理。

【技能目标】

(1) 能够识别并检测电阻器件、电容器、二极管、三极管。
(2) 能在印制电路板上正确插装、规范焊接电子元器件。
(3) 能安装、调试电子线路并排除故障。
(4) 能整理与记录识别、检测、调试技术文件。

【素质目标】

(1) 在安装测试过程中精益求精、一丝不苟。
(2) 在安装测试过程中遵守规则,安全文明生产。

任务 6.1 识别与检测常用电子元器件

6.1.1 任务分析

能对常用电子元器件进行识别,并能说出它的名称与作用;能采用各种方法对电子元器件的好坏、参数进行简单的检测;能正确判断二极管、三极管的引脚。

6.1.2 任务资讯

6.1.2.1 电阻器与电位器

物体对通过的电流的阻碍作用称为电阻。利用这种阻碍作用做成的元件称为电阻器,简称电阻。

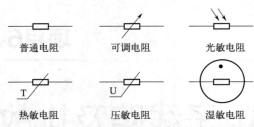

图 6.1.1　电阻器的图形符号表示

电阻的作用：控制电路中的电压和电流。除具有降压、分压、限流和分流外，还具有隔离、阻尼、滤波、阻抗匹配及信号幅度调节作用。

电阻的表示：在电路中，电阻用字母 R 表示，单位为欧姆、千欧、兆欧，分别用 Ω、kΩ、MΩ 表示。电阻的图形符号如图 6.1.1 所示。

(1) 电阻器与电位器的命名方法

国产电阻器的型号由四部分组成（不适用敏感电阻），如表 6.1.1 所示。

表 6.1.1　国产电阻器的命名

第一部分		第二部分		第三部分		第四部分
用字母表示主体,产品名		用字母表示材料		一般用数字表示分类		用数字表示序号
符号	意义	符号	意义	符号	意义	
如 R W	电阻, 电位器	T H S N J Y C I P X	碳膜 合成碳膜 有机实芯 无机实芯 金属膜 氮化膜 沉积膜 玻璃釉膜 硼碳膜 线绕	1 2 3 4 5 6 7 8 9 G T X L W D	普通 普通 超高频 高阻 高温 精密 精密 高压 特殊 高功率 可调 小型 测量用 微调 多圈	表示同类产品中不同品种,以区分产品的外形尺寸和性能指标等

① 精密金属膜电阻器

② 多圈线绕电位器

(2) 电阻器主要技术参数

① 标称阻值和允许偏差

a. 标称阻值指在电阻器表面所标示的阻值。目前电阻器标称阻值系列有 E6、E12、E24 三大系列。三大标称值系列取值见表 6.1.2。

表 6.1.2 电阻器标称阻值系列

标称阻值系列	允许偏差	标称值							
E24	Ⅰ级(±5%)	1.0	1.1	1.2	1.3	1.5	1.6	1.8	2.0
		2.2	2.4	2.7	3.0	3.3	3.6	3.9	4.3
		4.7	5.1	5.6	6.2	6.8	7.5	7.2	9.1
E12	Ⅱ级(±10%)	1.0	1.2	1.5	1.8	2.2	2.7	3.3	3.9
		4.7	5.6	6.8	7.2	—	—	—	—
E6	Ⅲ级(±20%)	1.0	1.5	2.2	3.3	4.7	6.8	—	—

注：表 6.1.2 中数值乘以 10^n（其中 n 为整数）即为系列阻值。

b. 允许偏差。对具体的电阻器而言，其实际阻值与标称阻值之间有一定的偏差，这个偏差与标称阻值的百分比叫作电阻器的误差（允许偏差）。允许偏差的精度等级如表 6.1.3 所示。

表 6.1.3 电阻的精度等级

允许偏差/%	±0.001	±0.002	±0.005	±0.01	±0.02	±0.05	±0.1
等级符号	E	X	Y	H	U	W	B
允许偏差/%	±0.2	±0.5	±1	±2	±5	±10	±20
等级符号	C	D	F	G	J(Ⅰ)	K(Ⅱ)	M(Ⅲ)

② 额定功率 指电阻器在正常大气压力及额定温度条件下，长期安全使用所能允许消耗的最大功率值。常用额定功率有 1/8W、1/4W、1/2W、1W、2W、5W、10W、25W 等。

电阻器的额定功率有两种表示方法：一是 2W 以上的电阻，直接用阿拉伯数字标注在电阻体上；二是 2W 以下的碳膜或金属膜电阻，可以根据其几何尺寸判断其额定功率的大小。不同类型的电阻具有不同系列的额定功率，如表 6.1.4 所示。

表 6.1.4 电阻器的功率等级

名称	额定功率/W					
实芯电阻器	0.25	0.5	1	2	5	—
线绕电阻器	0.5 25	1 35	2 50	6 75	10 100	15 150
薄膜电阻器	0.025 2	0.05 5	0.125 10	0.25 25	0.5 50	1 100

各种功率的电阻器在电路图中采用不同的符号表示，如图 6.1.2 所示。

图 6.1.2 电阻器额定功率在电路图中的表示方法

(3) 电阻器阻值标示方法表示

① 直标法 用数字和单位符号在电阻器表面标出阻值，其允许偏差直接用百分数表示，若电阻上未注偏差，则均为±20%。

② 文字符号法　用阿拉伯数字和文字符号两者有规律的组合来表示标称阻值，其允许偏差也用文字符号表示。

文字符号法规定：用于表示阻值时，字母符号为 Ω（R），k、M、G、T 之前的数字表示阻值的整数值，之后的数字表示阻值的小数值，字母符号表示小数点的位置和阻值单位。

例：Ω33→0.33Ω　　3k3→3.3kΩ　　3M3→3.3MΩ　　3G3→3.3GΩ

③ 数码法　在电阻器上用三位数码表示标称值的标志方法。数码从左到右，第一、二位为有效值，第三位为指数，即零的个数，单位为欧。偏差通常采用文字符号表示。

数码法一般用于片状电阻的标注，一般只将阻值标注在电阻表面，其余参数予以省略。

例如：$103 \rightarrow 10 \times 10^3 = 10000\Omega = 10k\Omega$

　　　　$182 \rightarrow 18 \times 10^2 = 1800\Omega = 1.8k\Omega$

④ 色标法　用不同颜色的带或点在电阻器表面标出标称阻值和允许偏差。国外电阻大部分采用色标法。颜色所表示的含义如表 6.1.5 所示。

表 6.1.5　色标法中颜色表示的含义

颜色	有效数字	倍率	允许偏差/%	颜色	有效数字	倍率	允许偏差/%
棕色	1	10^1	±1	灰色	8	10^8	—
红色	2	10^2	±2	白色	9	10^9	—
橙色	3	10^3	—	黑色	0	10^0	—
黄色	4	10^4	—	金色	-	10^{-1}	±5
绿色	5	10^5	±0.5	银色	—	10^{-2}	±10
蓝色	6	10^6	±0.2	无色	—	—	±20
紫色	7	10^7	±0.1				

三色环电阻器的三个色环表示标称电阻值，前两位为有效数字，第三位为乘方数，其允许偏差均为±20%。例如，色环为棕黑红，表示 $10 \times 10^2 = [1.0 \times (1\pm20\%)]k\Omega$ 的电阻器。

当电阻为四环时，最后一环必为金色或银色，表示偏差，前两位为有效数字，第三位为乘方数，第四位为偏差。例如，色环为棕绿橙金表示 $15 \times 10^3 = [15 \times (1\pm5\%)]k\Omega$ 的电阻器。

当电阻为五环时，最后一环与前面四环距离较大。前三位为有效数字，第四位为乘方数，第五位为偏差。例如，色环为红紫绿黄棕表示 $275 \times 10^4 = [2.75 \times (1\pm1\%)]M\Omega$ 的电阻器。

(4) 电位器的主要技术指标

① 额定功率　电位器的两个固定端上允许耗散的最大功率为电位器的额定功率。使用中应注意额定功率不等于中心抽头与固定端的功率。

② 标称阻值　标在产品上的名义阻值，其系列与电阻的系列类似。

③ 允许偏差等级　实测阻值与标称阻值误差范围根据不同精度等级可允许±20%、±10%、±5%、±2%、±1%的误差。精密电位器的精度可达±0.1%。

④ 阻值变化规律　指阻值随滑动片触点旋转角度（或滑动行程）之间的变化关系，这种变化关系可以是任何函数形式，常用的有直线式、对数式和反转对数式（指数式）。

在使用中，直线式电位器适合于作分压器；反转对数式（指数式）电位器适合于作收音机、录音机、电唱机、电视机中的音量控制器。维修时若找不到同类品，可用直线式代替，但不宜用对数式代替。对数式电位器只适合于作音调控制等。

⑤ 电位器的一般标志方法

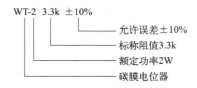

(5) 电阻器的检测与选用

① 电阻器好坏的判断与检测　首先对电阻器进行外观检查，然后用万用表的电阻挡测量电阻器的阻值。

对于电位器的检测，首先测量电位器的标称阻值，再测调整端与固定端之间的电阻，在缓慢转动滑动把柄时，如果调整端与固定端之间的电阻能连续、均匀地变化，说明电位器接触良好（取指针式万用表合适的电阻挡）；否则有接触不良。最后可测量电位器各引脚与外壳及旋转轴之间的绝缘电阻值是否足够大（正常应接近∞）。

② 电阻器的选用　首先根据不同的用途选择电阻器的种类；其次是正确选取阻值和允许偏差；然后是额定功率的选择；选用电阻的额定功率值，应高于电阻在电路工作中实际功率值的 0.5~1 倍。

6.1.2.2　电容器

(1) 电容器的作用及电路图形符号

① 电容器的构成　电容器是由两个金属电极中间夹一层绝缘材料构成的一种电子元件。

② 电容器的作用　电容器是电子设备中大量使用的电子元件之一，是一种储能元件，广泛应用于隔直、耦合、旁路、滤波、调谐回路、能量转换、控制电路等方面。

电容器的单位：电容量的基本单位为 F（法拉），还有 mF（毫法）、μF（微法）、nF（纳法）和 pF（皮法），它们之间的关系如下：

$$1\mu F = 10^{-6} F \qquad 1nF = 10^{-9} F \qquad 1pF = 10^{-12} F$$

③ 电容器的种类　按结构可分为固定电容器、可变电容器和微调电容器；按绝缘介质可为空气介质电容器、云母电容器、瓷介电容器、涤纶电容器、聚苯乙烯电容器、金属化纸介电容器、电解电容器、玻璃釉电容器、独石电容器等。

④ 电容器的表示　电容器简称为电容，用 C 表示。在电路中的图形符号表示如图 6.1.3 所示。

图 6.1.3　电容器的图形符号表示

(2) 电容器的类型及型号命名

电容器的命名：根据国家标准 GB/T 2470—1995，国产电容器的型号一般由四部分组成

（压敏、可变、真空电容器除外），依次分别代表名称、材料、分类和序号，如表6.1.6所示。

表 6.1.6　电容器的型号命名法

第一部分：主称		第二部分：材料		第三部分：特征、分类					第四部分：序号
符号	意义	符号	意义	符号	瓷介	云母	电解	其他	
C	电容器	C	瓷介	1	圆片	非密封	箔式	非密封	对材料、特征相同，仅尺寸、性能指标略有不同，但基本不影响互换使用的产品，给予同一序号；若尺寸、性能指标的差别明显，影响互换使用时，则在序号后面用大写字母作为区别代号
		Y	云母	2	管形	非密封	箔式	非密封	
		I	玻璃釉	3	迭片	密封	烧结粉固体	密封	
		O	玻璃膜	4	独石	密封		密封	
		Z	纸介	5	穿心	—		穿心	
		J	金属化纸介	6	支柱	—	—	—	
		B	聚苯乙烯	7	—	—	无极性	—	
		L	涤纶	8	高压	高压	—	高压	
		Q	漆膜	9	—	—	特殊	特殊	
		S	聚碳酸酯	J	金属膜				
		H	复合介质	W	微调				
		D	铝						
		A	钽						
		N	铌						
		G	合金						
		T	钛						
		E	其他						

① 铝电解电容器

② 圆片形瓷介电容器

③ 纸介金属膜电容器

常用电容器的特点及外形见表6.1.7。

表6.1.7 常用电容器的特点及外形

名称	外形	特点
金属化纸介电容器（CJ）	密封金属化纸介电容器　小型环氧包封金属化纸介电容器　金属化纸介电容器	耐压高（几十伏～一千伏）、容量大、具有"自愈"能力
涤纶电容器（CL）	金属化涤纶电容器　涤纶薄膜电容器	体积小、容量大、耐热耐湿性好、寄生电感小
云母电容器（CY）		精确度高、耐高温、耐腐蚀、介质损耗小，缺点是容量较小
独石电容器		容量大、体积特别小、耐高温、可靠性好、成本低
瓷介电容器 高频（CC）低频（CT）	圆片瓷介电容器　超高频圆瓷片电容器	体积小、性能稳定、耐腐蚀、耐热性好、损耗小、绝缘电阻高，用于低损耗及高频电路中，缺点是机械强度低、易碎易裂
铝电解电容器（CD）		电容量特别大、体积小、容量偏差大、漏电大、介质损耗大、价格低廉

（3）电容器主要特性参数

① 标称电容量　标称电容量是标示在电容器上的电容量。
电容器的标称容量与允许偏差如表6.1.8所示。

表6.1.8 电容器的标称容量与允许偏差

标称值系列	允许偏差	标称值							
E24	Ⅰ或J（±5%）	1.0	1.1	1.2	1.3	1.5	1.6	1.8	2.0
		2.2	2.4	2.7	3.0	3.3	3.6	3.9	4.3
		4.7	5.1	5.6	6.2	6.8	7.5	7.2	9.1
E12	Ⅱ或K（±10%）	1.0	1.2	1.5	1.8	2.2	2.7	3.3	3.9
		4.7	5.6	6.8	7.2	—	—	—	—
E6	Ⅲ或M（±20%）	1.0	1.5	2.2	3.3	4.7	6.8		

② 额定电压　在最低环境温度和额定环境温度下可连续加在电容器的最高直沆电压有效值，一般直接标注在电容器外壳上。额定电压通常也称耐压，表示电容器在正常使用时所允许加的最大电压值。通常外加电压最大值取额定工作电压的2/3以下。如果工作电压超过

电容器的耐压，电容器击穿，造成不可修复的永久损坏。

常用固定式电容的直流工作电压系列为：6.3V，10V，16V，25V，40V，63V，100V，160V，250V，400V。

③ 电容器允许偏差等级　电容器的误差标注方法如下。

一是将允许偏差直接标注在电容体上，例如：±5%，±10%，±20%等；

二是用相应的罗马数字表示，定为Ⅰ级、Ⅱ级、Ⅲ级；

三是用字母表示：G 表示±2%、J 表示±5%、K 表示±20%、N 表示±30%、P 表示＋100%(－10%)、S 表示＋50%(－20%)、Z 表示＋80%(－20%)。

精度等级与允许偏差对应关系：00(01)——±1%、0(02)——±2%、Ⅰ——±5%、Ⅱ——±10%、Ⅲ——±20%、Ⅳ——＋20%(－10%)、Ⅴ——＋50%(－20%)、Ⅵ——＋50%(－30%)。

一般电容器常用Ⅰ、Ⅱ、Ⅲ级，电解电容器用Ⅳ、Ⅴ、Ⅵ级，根据用途选取。

(4) 电容器的标志方法

电容器常见的标志方法有：直标法、文字符号法、色标法、数码表示法等。

① 直标法　在电容体的表面直接用数字和单位符号直接标注其电容量（及其他参数）。

如 01μF 表示 0.01 微法，有些电容用"R"表示小数点，如 R56 表示 0.56 微法。

② 文字符号法　在电容体的表面用数字和文字符号有规律的组合来表示电容量。

如 1p0 表示 1pF，6P8 表示 6.8pF，2μ2 表示 2.2μF。

标注时应遵循以下规则：

a. 不带小数点的数值，若无标志单位，则表示皮法拉。

b. 凡带小数点的数值，若无标志单位，则表示微法拉。

③ 色标法　用色环或色点表示电容器的主要参数。电容器的色标法与电阻器色标法基本相似，标志的颜色符号与电阻器采用的相同，其单位是皮法拉（pF）。

④ 数码表示法　在一些磁片电容器上，常用 3 位数字表示电容的容量。其中第一、二位为电容值的有效数字，第三位为倍率，表示有效数字后面零的个数，电容量的单位为 pF。

如 330 表示 33pF，102 表示 1000pF。

(5) 电容器的检测与选用

① 电容器的检测　用普通的指针式万用表（黑表笔是高电位）（数字式万用电表的红表笔是高电位）就能判断电容器的质量、电解电容器的极性，并能定性比较电容器容量的大小。

a. 质量判定：用万用表 $R\times 1k$ 挡，将表笔接触电容器（1μF 以上的容量）的两引脚，接通瞬间，表头指针应向顺时针方向偏转，然后逐渐逆时针回复，如果不能复原，则稳定后的读数就是电容器的漏电电阻，阻值越大表示电容器的绝缘性能越好。若在上述的检测过程中，表头指针不摆动，说明电容器开路；若表头指针向右摆动的角度大且不回复，说明电容器已击穿或严重漏电；若表头指针保持在 0Ω 附近，说明该电容器内部短路。

b. 容量判定：检测过程同上，表头指针向右摆动的角度越大，说明电容器的容量越大，反之则说明容量越小。此法只能定性比较电容器容量的大小，不能给出准确的数值。

c. 极性判定：将万用表打在 Ω 挡的 $R\times 1k$ 挡，先测一下电解电容器的漏电阻值，而后将两表笔对调一下，再测一次漏电阻值。两次测试中，漏电阻值小的一次，黑表笔接的是电解电容器的负极，红表笔接的是电解电容器的正极。

d. 可变电容器碰片检测。用万用表的 $R\times 1k$ 挡，将两表笔固定接在可变电容器的定、动片引脚上，慢慢转动可变电容器的转轴，如表头指针发生摆动说明有碰片，否则说明是正常的。

② 电容器的选用

a. 额定电压：所选电容器的额定电压一般是在线电容工作电压的 1.5～2 倍。选用电解电容器（特别是液体电介质电容器）应特别注意，一是使线路的实际电压相当于所选额定电压的 50%～70%；二是存放时间长的电容器不能选用（存放时间一般不超过一年）。

b. 标称容量和精度：大多数情况下，对电容器的容量要求并不严格。在振荡回路、滤波电路、延时电路及音调电路中，对容量的要求则非常精确。

6.1.2.3　电感器与变压器

电感：凡是能产生电感作用的元件统称为电感元件，也称电感器，又称为电感线圈。

电感器（电感线圈）和变压器均是用绝缘导线（如漆包线、纱包线等）绕制而成的电磁感应元件，也是电子电路中常用的元器件之一。在电子整机中，电感器主要指线圈和变压器等。

(1) 电感器的作用与电路图形符号表示

电感线圈的作用：利用线圈的自感作用，流过电感器的电流不能突变，电感线圈有通直流、阻交流，通低频、阻高频的作用，能产生与电流成正比的磁场。

在电路中，电感器具有扼流（限制高频交流电流）、振荡（与电容器配合产生谐振）、谐波、调谐、补偿、电磁偏转（产生电磁力）、交流负载等作用，能使用信号传递延迟及产生与磁通变化相对应的电动势。

电感器的电路图形符号：电感器在电路中用字母"L"表示，常用的电感线圈的外形及电路符号如图 6.1.4 所示。

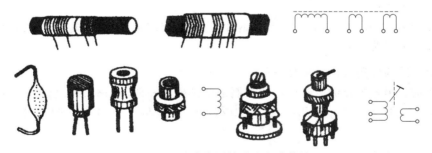

图 6.1.4　电感线圈外形及电路符号

(2) 电感线圈的主要技术参数

电感器的主要参数有电感量、允许偏差、品质因数、分布电容及额定电流等。

① 电感量　电感量也称自感系数，是表示电感器产生自感应能力的一个物理量。

电感器电感量的大小，主要取决于线圈的圈数（匝数）、绕制方式、有无磁芯及磁芯的材料等等。通常，线圈圈数越多、绕制的线圈越密集，电感量就越大。有磁芯的线圈比无磁芯的线圈电感量大；磁芯导磁率越大的线圈，电感量也越大。

电感量的基本单位是亨利（简称亨），用字母"H"表示。常用的单位还有毫亨（mH）和微亨（μH），它们之间的关系是：

$$1H = 1000mH \qquad 1mH = 1000\mu H$$

电感量的标示方法：

a. 直标法。单位 H（亨利）、mH（毫亨）、μH（微亨）。
b. 数码表示法。方法与电容器的表示方法相同。
c. 色码表示法。这种表示法也与电阻器的色标法相似，色码一般有四种颜色，前两种颜色为有效数字，第三种颜色为倍率，单位为 μH，第四种颜色是误差位。

② 允许偏差　指电感器上标称的电感量与实际电感的允许误差值。
一般用于振荡或滤波等电路中的电感器要求精度较高，允许偏差为±0.2%～±0.5%；而用于耦合、高频阻流等线圈的精度要求不高；允许偏差为±10%～15%。

③ 品质因数　品质因数也称 Q 值或优值，是衡量电感器质量的主要参数。它是指电感器在某一频率的交流电压下工作时，所呈现的感抗与其等效损耗电阻之比。电感器的 Q 值越高，其损耗越小，效率越高。
电感器品质因数的高低与线圈导线的直流电阻、线圈骨架的介质损耗及铁芯、屏蔽罩等引起的损耗等有关。

④ 分布电容　指线圈的匝与匝之间、线圈与磁芯之间存在的电容。分布电容的存在会使线圈的等效总损耗电阻增大，品质因数 Q 降低。电感器的分布电容越小，其稳定性越好。

⑤ 额定电流　指电感器正常工作时允许通过的最大电流值。若工作电流超过额定电流，则电感器就会因发热而使性能参数发生改变，甚至还会因过流而烧毁。

(3) 常用电感线圈的特点及用途

① 空芯线圈　用导线绕制在纸筒、塑料筒等上组成的线圈或绕制后脱胎而成的线圈。

② 磁芯线圈　用导线在磁芯、磁环上绕制成线圈或者在空芯线圈中插入磁芯组成的线圈均称为磁芯线圈。例如，单管收音机电路中的高频扼流圈。

③ 可调磁芯线圈　在空芯线圈中旋入可调的磁芯组成可调磁芯线圈。在电视机中频调谐电路中就采用这种可调磁芯线圈。

④ 铁芯线圈　在空芯线圈中插入硅钢片组成铁芯线圈。例如在电子管收音机、扩音机电路中就选用了铁芯线圈。

(4) 变压器的作用及电路图形符号

变压器是利用电感器的电磁感应原理制成的部件，一般由初级和次级两个线圈组成。在电路中用字母"T"（旧标准为"B"）表示，其外形与在电路中的图形符号如图 6.1.5 所示。

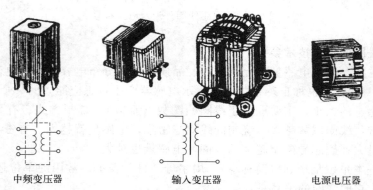

图 6.1.5　常用变压器外形与在电路中的图形符号

① 变压器的作用　变压器是利用其一次（初级）、二次（次级）绕组之间圈数（匝数）

比的不同来改变电压比或电流比,实现电能或信号的传输与分配。其主要有降低交流电压、提升交流电压、信号耦合、变换阻抗、隔离等作用。

② 变压器的种类　变压器可以根据其工作频率、用途及铁芯形状等进行分类。

a. 按工作频率分类:高频变压器、中频变压器和低频变压器。

b. 按用途分类:电源变压器、音频变压器、脉冲变压器、恒压变压器、耦合变压器、自耦变压器、隔离变压器等多种。

c. 按铁芯(或磁芯)形状分类:"E"形变压器、"C"形变压器和环形变压器。

变压器常用的铁芯:变压器的铁芯通常是由硅钢片、坡莫合金或铁氧体材料制成,其形状有"EI""口""F""C"形等种类,如图 6.1.6 所示。

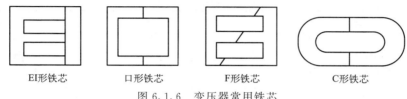

图 6.1.6　变压器常用铁芯

按其磁芯材料分类:可以分为铁芯(硅钢片或玻莫合金)变压器、磁芯(铁氧体芯)变压器和空气芯变压器等几种。

(5) 变压器的主要参数

① 变压比 n　指变压器初级线圈电压与次级线圈电压的比值或初级线圈匝数与次级线圈匝数的比值。一次、二次绕组的匝数和电压之间的关系为:

$$n = U_1/U_2 = N_1/N_2$$

式中,N_1 为变压器一次(初级)绕组匝数;N_2 为二次(次级)绕组匝数;U_1 为一次绕组两端的电压;U_2 是二次绕组两端的电压。

升压变压器的电压比 n 小于 1,降压变压器的电压比 n 大于 1,隔离变压器的电压比等于 1。

不考虑变压器的损耗,则有:$U_1/U_2 = I_2/I_1$。变压器的阻抗变换关系:设变压器次级阻抗为 Z_2,反射到初级的阻抗为 Z_2',则有:$Z_2'/Z_2 = (N_1/N_2)^2$。因此,变压器可以作阻抗变换器。

② 额定功率 P　指电源变压器在规定的工作频率和电压下,能长期工作而不超过限温度时的输出功率。

变压器的额定功率与铁芯截面积、漆包线直径等有关。变压器的铁芯截面积大、漆包线直径粗,其输出功率也大。

变压器输出功率的单位用瓦(W)或伏安(V·A)表示。

③ 效率　指在额定负载时,变压器输出功率与输入功率的比值。该值与变压器的输出功率成正比,即变压器的输出功率越大,效率也越高;变压器的输出功率越小,效率也越低。一般电源变压器、音频变压器要注意效率,而中频、高频变压器一般不考虑效率。

变压器的效率值一般在 60%～100%。

④ 频率特性　指变压器有一定工作频率范围,不同工作频率范围的变压器,一般不能互换使用。因为变压器在其频率范围以外工作时,会出现工作时温度升高或不能正常工作等现象。

⑤ 温升　指当变压器通电工作后，其温度上升到稳定值时比周围环境温度升高的数值。
⑥ 绝缘电阻　指在变压器上施加的试验电压与产生的漏电流之比。

6.1.2.4　常用分立半导体器件

半导体：指导电性能介于导体和绝缘体之间的物质，是一种具有特殊性质的物质。它的种类繁多，这里仅介绍最常用的半导体器件。

(1) 半导体分立器件的命名法

① 中国半导体分立器件的命名法，如表 6.1.9 所示。

表 6.1.9　国产半导体分立器件型号命名法

第一部分		第二部分		第三部分				第四部分	第五部分
用数字表示器件电极的数目		用汉语拼音字母表示器件的材料和极性		用汉语拼音字母表示器件的类型				用数字表示器件序号	用汉语拼音表示规格的区别代号
符号	意义	符号	意义	符号	意义	符号	意义		
2	二极管	A B C D	N 型,锗材料 P 型,锗材料 N 型,硅材料 P 型,硅材料	P V W C Z L	普通管 微波管 稳压管 参量管 整流管 整流堆	D A	低频大功率管 ($<3MHz,αf$ $P_C \geqslant 1W$) 高频大功率管 ($\geqslant 3MHz αf$ $P_C \geqslant 1W$)		
3	三极管	A B C D E	PNP 型,锗材料 NPN 型,锗材料 PNP 型,硅材料 NPN 型,硅材料 化合物材料	S N U K X G	隧道管 阻尼管 光电器件 开关管 低频小功率管 ($<3MHz,αf$ $P_C<1W$) 高频小功率管 ($\geqslant 3MHz αf$ $P_C<1W$)	T Y B J CS BT FH PIN JG	半导体闸流管 （可控硅整流器） 体效应器件 雪崩管 阶跃恢复管 场效应器件 半导体特殊器件 复合管 PIN 型管 激光器件		

a. 锗材料 PNP 型低频大功率三极管

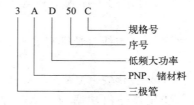

b. 硅材料 NPN 型高频小功率三极管

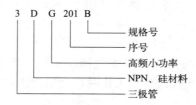

c. N 型硅材料稳压二极管

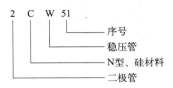

d. 单结晶体管

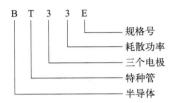

② 日本半导体分立器件型号命名方法　日本生产的半导体分立器件，由五至七部分组成。通常只用到前五个部分，其各部分的符号意义如下。

第一部分：用数字表示器件有效电极数目或类型。0——光电（即光敏）二极管、三极管及上述器件的组合管；1——二极管；2——三极或具有两个 PN 结的其他器件；3——具有四个有效电极或具有三个 PN 结的其他器件……以此类推。

第二部分：日本电子工业协会 JEIA 注册标志。S——已在日本电子工业协会 JEIA 注册登记的半导体分立器件。

第三部分：用字母表示器件使用材料极性和类型。A——PNP 型高频管、B——PNP 型低频管、C——NPN 型高频管、D——NPN 型低频管、F——P 控制极晶闸管、G——N 控制极晶闸管、H——N 基极单结晶体管、J——P 沟道场效应管、K——N 沟道场效应管、M——双向晶闸管。

第四部分：用数字表示在日本电子工业协会 JEIA 登记的顺序号。两位以上的整数从"11"开始，不同公司的性能相同的器件可以使用同一顺序号；数字越大，型号越新。

第五部分：用字母表示同一型号的改进型产品标志。A、B、C、D、E、F 表示这一器件是原型号产品的改进产品。

③ 美国半导体分立器件型号命名方法　美国晶体管或其他半导体器件的命名法较混乱。美国电子工业协会半导体分立器件命名方法如下。

第一部分：用符号表示器件用途的类型。JAN——军级、JANTX——特军级、JANTXV——超特军级、JANS——宇航级、（无）——非军用品。

第二部分：用数字表示 PN 结数目。1——二极管、2——三极管、3——三个 PN 结器件、n——n 个 PN 结器件。

第三部分：美国电子工业协会（EIA）注册标志。N——该器件已在美国电子工业协会（EIA）注册登记。

第四部分：美国电子工业协会登记顺序号。多位数字——该器件在美国电子工业协会登记的顺序号。

第五部分：用字母表示器件分档。A、B、C、D——同一型号器件的不同档别。如：JAN2N3251A 表示 PNP 硅高频小功率开关三极管，JAN——军级、2——三极管、N——EIA 注册标志、3251——EIA 登记顺序号、A——2N3251A 档。

④ 国际电子联合会半导体器件型号命名方法　德国、法国、意大利、荷兰、比利时、

匈牙利、罗马尼亚、波兰等欧洲国家,大都采用国际电子联合会半导体分立器件型号命名方法。这种命名方法由四个基本部分组成,各部分的符号及意义如下:

第一部分:用字母表示器件使用的材料。A——器件使用材料的禁带宽度 $Eg=0.6\sim1.0eV$,如锗;B——器件使用材料的 $Eg=1.0\sim1.3eV$,如硅;C——器件使用材料的 $Eg>1.3eV$,如砷化镓;D——器件使用材料的 $Eg<0.6eV$,如锑化铟;E——器件使用复合材料及光电池使用的材料。

第二部分:用字母表示器件的类型及主要特征。A——检波开关混频二极管、B——变容二极管、C——低频小功率三极管、D——低频大功率三极管、E——隧道二极管、F——高频小功率三极管、G——复合器件及其他器件、H——磁敏二极管、K——开放磁路中的霍尔元件、L——高频大功率三极管、M——封闭磁路中的霍尔元件、P——光敏器件、Q——发光器件、R——小功率晶闸管、S——小功率开关管、T——大功率晶闸管、U——大功率开关管、X——倍增二极管、Y——整流二极管、Z——稳压二极管。

第三部分:用数字或字母加数字表示登记号。三位数字通用半导体器件的登记序号,一个字母加二位数字——专用半导体器件的登记序号。

第四部分:用字母对同一类型号器件进行分档。A、B、C、D、E——同一型号的器件按某一参数进行分档的标志。

除四个基本部分外,有时还加后缀,以区别特性或进一步分类。常见后缀如下:

a. 稳压二极管型号的后缀。其后缀的第一部分是一个字母,表示稳定电压值的容许误差范围,字母 A、B、C、D、E 分别表示容许误差为 $\pm1\%$、$\pm2\%$、$\pm5\%$、$\pm10\%$、$\pm15\%$;其后缀第二部分是数字,表示标称稳定电压的整数数值;后缀的第三部分是字母 V,代表小数点,字母 V 之后的数字为稳压管标称稳定电压的小数值。

b. 整流二极管后缀是数字,表示器件的最大反向峰值耐压值,单位是 V。

c. 晶闸管型号的后缀也是数字,通常标出最大反向峰值耐压值和最大反向关断电压中数值较小的那个电压值。例如,BDX51——NPN 硅低频大功率三极管,AF239S——PNP 锗高频小功率三极管。

(2) 半导体二极管

① 二极管的作用与类型

a. 二极管的作用:因为具有单向导电性,所以有整流特性。

b. 二极管的外形及符号:半导体二极管由一个 PN 结、电极引线和外加密封管壳制成,具有单向导电性。其外形及电路符号如图 6.1.7 所示。

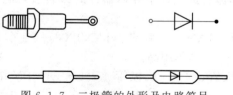

图 6.1.7 二极管的外形及电路符号

利用不同的半导体材料、掺杂分布、几何结构,可制成不同类型的二极管,用来产生、控制、接收、变换、放大信号和进行能量转换。例如稳压二极管可在电源电路中提供固定偏压和进行过压保护;雪崩二极管作为固体微波功率源,用于小型固体发射机中的发射源;半导体光电二极管能实现光-电能量的转换,可用来探测光辐射信号;半导体发光二极管能实现电-光能量的转换,可用作指示灯、文字-数字显示、光耦合器件、光通信系统光源等;肖特基二极管可用于微波电路中的混频、检波、调制、超高速开关、倍频和低噪声参量放大等。常用二极管的特点及作用见表 6.1.10。

表 6.1.10 常用二极管的特点及作用

名称	特点	名称	特点
整流二极管	能利用 PN 结的单向导电性,把交流电变成脉动的直流电	开关二极管	利用二极管的单向导电性,在电路中对电流进行控制,可以起到接通或关断的作用
检波二极管	把调制在高频电磁波上的低频信号检出来	发光二极管	是一种半导体发光器件,在家用电器中常用作指示装置
变容二极管	它的结电容会随到管子上的反向电压的大小而变化,利用这个特性取代可变电容器	高压硅堆	是把多只硅整流器件的芯片串联起来,外面用塑料装成一个整体的高压整流器件
稳压二极管	是一种齐纳二极管,它是利用二极管反向击穿时,其两端的电压固定在某一数值,而基本上不随电流的大小变化的原理	阻尼二极管	多用于黑白或彩色电视机行扫描电路中的阻尼或整流电路里,它具有类似高频高压整流二极管的特性

② 二极管的主要参数

a. 最大整流电流。是指二极管长期连续工作时允许通过的最大正向电流值,其值与 PN 结面积及外部散热条件等有关。因为电流通过管子时会使管芯发热,温度上升,温度超过容许限度（硅管为 140℃左右,锗管为 90℃左右）时,就会使管芯过热而损坏。所以在规定散热条件下,二极管使用中不要超过二极管最大整流电流值。

例如,常用的 1N4001~4007 型锗二极管的额定正向工作电流为 1A。

b. 最高反向工作电压。加在二极管两端的反向电压高到一定值时,会将管子击穿,失去单向导电能力。为了保证使用安全,规定了最高反向工作电压值。一般手册上给出的最高反向工作电压约为击穿电压的一半,以确保管子安全运行。

例如,1N4001 二极管反向耐压为 50V,1N4007 反向耐压为 1000V。

c. 反向电流。反向电流是指二极管在规定的温度和最高反向电压作用下,流过二极管的反向电流。反向电流越小,管子的单方向导电性能越好。值得注意的是,反向电流与温度有着密切的关系,大约温度每升高 10℃,反向电流增大 1 倍。例如 2AP1 型锗二极管,在 25℃时反向电流约为 $250\mu A$,温度升高到 35℃时,反向电流将上升到 $500\mu A$,以此类推,在 75℃时,它的反向电流已达 8mA,不仅失去了单方向导电特性,还会使管子过热而损坏。又如,2CP10 型硅二极管,25℃时反向电流仅为 $5\mu A$,温度升高到 75℃时,反向电流也不过 $160\mu A$。故硅二极管比锗二极管在高温下具有较好的稳定性。

d. 最高工作频率,指晶体二极管能保持良好工作性能条件下的最高工作频率,即二极管工作的上限频率。超过此值时,由于结电容的作用,二极管将不能很好地体现单向导电性。

③ 二极管的检测 用指针式万用表 $R \times 100$ 或 $R \times 1k$ 挡测其正、反向电阻,根据二极管的单向导电性可知,测得阻值小时与黑表笔相接的一端为正极;反之,为负极。

测得的正反向电阻相差越大,表明二极管的单向导电性能越好。

(3) **晶体三极管**

晶体三极管又叫双极型三极管,简称三极管。晶体三极管具有电流放大作用,是信号放大和处理的核心器件,广泛用于电子产品中。

① 晶体三极管的结构、作用与符号表示

a. 晶体三极管是由两个 PN 结（发射结和集电结）组成的。它有三个区,发射区、基区和集电区,各自引出一个电极称为发射极 e（E）、基极 b（B）和集电极 c（C）,如图 6.1.8 所示。

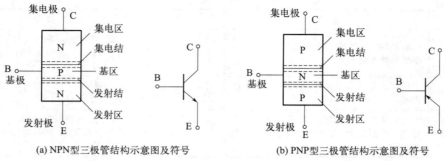

(a) NPN型三极管结构示意图及符号　　(b) PNP型三极管结构示意图及符号

图 6.1.8　三极管的符号表示

　　b. 三极管的分类。按材料可分为硅材料三极管和锗材料三极管；按极性可分为硅 NPN 型管、硅 PNP 型管和锗材料 NPN 型管、锗材料 PNP 型管。

　　c. 三极管的作用。可以用于检波、整流、放大、开关、稳压、信号调制和许多其他功能。晶体管作为一种可变开关，基于输入的电压，控制流出的电流，因此晶体管可作为电流的开关，和一般机械开关（如 Relay、Switch）不同处在于晶体管是利用电信号来控制的，而且开关速度可以非常之快，在实验室中的切换速度可达 100GHz 以上。

　　d. 三极管在电路图形中的符号表示如图 6.1.8 所示。

　　② 三极管的主要技术参数

　　a. 电流放大系数。电流放大系数也称电流放大倍数，用来表示晶体管放大能力。根据晶体管工作状态的不同，电流放大系数又分为直流电流放大系数和交流电流放大系数。

　　b. 直流电流放大系数。直流电流放大系数也称静态电流放大系数或直流放大倍数，是指在静态无变化信号输入时，晶体管集电极电流 I_C 与基极电流 I_B 的比值，一般用 h_{fe} 或 β 表示。

　　c. 交流电流放大系数。交流电流放大系数也称动态电流放大系数或交流放大倍数，是指在交流状态下，晶体管集电极电流变化量 ΔI_C 与基极电流变化量 ΔI_B 的比值，一般用 h_{fe} 或 β 表示。交流电流放大系数包括共发射极电流放大系数 β 和共基极电流放大系数 α，它是表明晶体管放大能力的重要参数。

　　直流电流放大系数和交流电流放大系数在低频时较接近，在高频时有一些差异。

　　d. 集电极最大允许耗散功率 P_{cm}。也称耗散功率，指三极管参数变化不超过规定允许值时的最大集电极耗散功率。

　　耗散功率与晶体管的最高允许结温和集电极最大电流有密切关系。晶体管在使用时，其实际功耗不允许超过 P_{cm} 值，否则会造成晶体管因过载而损坏。

　　通常将耗散功率 P_{cm} 小于 1W 的晶体管称为小功率晶体管，P_{cm} 等于或大于 1W、小于 5W 的晶体管被称为中功率晶体管，将 P_{cm} 大于或等于 5W 的晶体管称为大功率晶体管。

　　e. 集电极最大电流 I_{cM}。集电极最大电流是指晶体管集电极所允许通过的最大电流。当晶体管的集电极电流 I_C 超过 I_{CM} 时，晶体管的 β 值等参数将发生明显变化，电流放大系数明显下降，影响其正常工作，甚至还会损坏。

　　f. 最大反向电压。最大反向电压是指晶体管在工作时所允许施加的最高工作电压。它包括集电极-发射极反向击穿电压、集电极-基极反向击穿电压和发射极-基极反向击穿电压。

　　③ 晶体三极管的检测　三极管类型和基极 b 的判别：将指针式万用表置于 $R \times 100$ 或 $R \times 1k$ 挡，用黑表笔碰触某一极，红表笔分别碰触另外两极，若两次测量的电阻都小（或都大），黑表笔（或红表笔）所接管脚为基极且为 NPN 型（或 PNP）。

发射极 e 和集电极 c 的判别：若已判明基极和类型，任意设另外两个电极为 e、c 端。判别 c、e 时按图 6.1.9 所示进行。以 PNP 型管为例，将万用表红表笔假设接 c 端，黑表笔接 e 端，用潮湿的手指捏住基极 b 和假设的集电极 c 端，但两极不能相碰（潮湿的手指代替图中 $100kΩ$ 的 R）。再将假设的 c、e 电极互换，重复上面步骤，比较两次测得的电阻大小。测得电阻小的那次，红表笔所接的管脚是集电极 c，另一端是发射极 e。

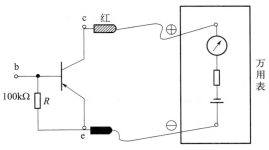

图 6.1.9　用万用表判别 PNP 型三极管的 c、e

（4）晶闸管

晶闸管是一种大功率开关型半导体器件，可用微小的信号对大功率的电流进行控制和变换。具有硅整流器件的特性，能在高电压、大电流条件下工作，且工作过程可以控制，广泛应用于可控整流、交流调压、无触点电子开关、变频及保护等电子电路中。通常用 VS 或 V 表示，旧标准用 SCR 表示。

晶闸管按其关断、导通及控制方式可分为单向晶闸管、双向晶闸管、逆导晶闸管、门极关断晶闸管（GTO）、BTG 晶闸管、温控晶闸管和光控晶闸管等多种。

① 单向晶闸管　单向晶闸管，即普通晶闸管，它是由四层半导体材料组成的，有三个 PN 结，对外有三个电极，如图 6.1.10(a) 所示：第一层 P 型半导体引出的电极叫阳极 A，第三层 P 型半导体引出的电极叫控制极 G，第四层 N 型半导体引出的电极叫阴极 K。从晶闸管的电路符号可以看到，它和二极管一样是一种单方向导电的器件，关键是多了一个控制极 G，这就使它具有与二极管完全不同的工作特性。

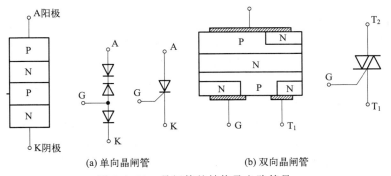

(a) 单向晶闸管　　　　(b) 双向晶闸管

图 6.1.10　晶闸管的结构及电路符号

当 A 接负 K 接正，即反向电压时，无论控制极 G 加什么极性的电压，晶闸管不导通处于关断状态；只有正向电压时，即 A 接正 K 接负，且控制极 G 加正触发电压时，导通；如果 G 加触发电压为负，也不导通。

单向晶闸管触发导通后，控制极 G 即使失去触发电压，只要 AK 保持正向电压，晶闸管仍然保持导通，呈低阻态。只有 AK 极性改变（如交流过零）才会转变为高阻态截止。重新加正向电压时，即 A 接正 K 接负，控制极 G 加正触发电压时，才会再次导通（无触点电子开关，控制直流电流电路）。

② 双向晶闸管　双向晶闸管由五层半导体材料构成，相当于两只单向晶闸管反向并联，

如图 6.1.10(b) 所示。双向晶闸管有三个电极，分别是主电极 T_1、主电极 T_2 和控制极 G，其特点是可以双向导通，无论主电极之间加电压极性如何，只要控制极 G 和主电极间加有正负极性的不同触发电压，满足其必需的触发电流，均能触发双向晶闸管正负两个方向导通。

导通后呈低阻状态，其主电极间电压降约为1V。触发导通后，即使失去触发电压，也能继续维持导通状态。当主电极间电流减小至维持电流以下或电压极性改变，且无触发电压时，双向晶闸管才阻断（截止）。阻断后，只有重新加触发电压，才能再次导通。

③ 晶闸管的主要技术参数

a. 正向转折电压 V_{BO}：在额定结温为 100℃ 及控制极 G 开路的条件下，在其阳极 A 与阴极 K 之间加正弦半波正向电压，使其由关断状态变为导通状态时所对应的电压。

b. 正向阻断峰值电压 V_{PF}：也叫断态重复峰值电压，是指在正向阻断时，允许加在 A 和 K 之间最大的峰值电压（约为正向转折电压减 100V）。

c. 额定正向平均电流 I_F：也叫额定通态平均电流，指在规定环境温度和标准散热条件下，晶闸管正常工作时其 AK 间所允许通过的电流平均值。

d. 反向击穿电压：额定结温下，AK 间加正弦半波反向电压，当反向漏电流急剧增加时所对应的峰值电压。

e. 反向峰值电压 V_{PR}：也叫反向重复峰值电压，指在控制极 G 断路时，允许加在 AK 间的最大反向峰值电压（约为反向击穿电压减 100V）。

f. 正向平均电压降 V_F：也叫通态平均电压或通态压降，指在规定环境温度和标准散热条件下，当通过晶闸管的电流为额定电流时，其阳极 A 与阴极 K 之间的电压降的平均值，通常为 0.4～1.2V。

g. 控制极触发电压 V_G：也叫门极触发电压。指在规定环境温度和晶闸管阳极与阴极间为一定值正向电压的条件下，使晶闸管从阻断状态转变为导通状态所需要的最小控制极电压。一般为 1.5V 左右。

h. 触发电流 I_G：也叫门触发电流，指在规定环境温度和晶闸管阳极与阴极间为一定值正向电压的条件下，使晶闸管从阻断状态转变为导通状态所需要的最小控制极直流电流。

i. 控制极反向电压：指控制极上所加的额定电压，一般不超过 10V。

j. 维持电流 I_H：维持导通的最小电流。正向电流小于此时，晶闸管自动关断。

④ 晶闸管的极性判断

a. 单向晶闸管的极性检测。万用表选用电阻 $R×1$ 挡，用红黑两表笔分别测任意两引脚间正反向电阻直至找出读数为数十欧姆的一对引脚，此时黑笔接的引脚为控制极 G，红笔接的引脚为阴极 K，另一引脚为阳极 A。此时将黑表笔接已判断了的阳极 A，红表笔仍接阴极 K。此时万用表指针应不动。用短接线瞬间短接阳极 A 和控制极 G，此时万用表指针应向右偏转，阻值读数为 10Ω 左右。如阳极 A 接黑表笔，阴极 K 接红表笔时，万用表指针发生偏转，说明该单向晶闸管已击穿损坏。

b. 双向晶闸管极性的检测。首先找出主电极 T_2。将万用表置于 $R×100$ 挡，用黑表笔接双向晶闸管的任一个电极，红表笔分别接双向晶闸管的另外两个电极，如果表针不动，说明黑表笔接的就是主电极 T_2。否则就要把黑表笔再调换到另一个电极上，按上述方法进行测量，直到找出主电极 T_2。T_2 确定后再按下述方法找出 T_1 和 G 极。用万用表 $R×10$ 或 $R×1$ 挡测 T_1 和 G 之间的正、反向电阻，如一次是 22Ω 左右，一次是 24Ω 左右，则在电阻较小的一次（正向电阻），黑表笔接的是主电极 T_1，红表笔接的是控制极 G。

(5) 单结晶体管

单结晶体管有一个 PN 结（所以称为单结晶体管）和三个电极（一个发射极和两个基极），所以又称双基极二极管。两个基极为 B_1 和 B_2。它具有负阻特性，即发射极电流增大时，其电压降低。单结晶体管广泛应用于振荡电路、定时电路及其他电路中。

单结晶体管的结构、等效电路及电路符号如图 6.1.11 所示。

判断单结晶体管发射极 E 的方法是：把万用表置于 $R \times 100$ 挡或 $R \times 1k$ 挡，黑表笔接假设的发射极，红表笔接另外两极，当出现两次低电阻时，黑表笔接的就是单结晶体管的发射极。

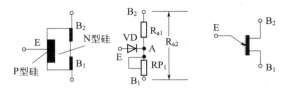

图 6.1.11 单结晶体管的结构、等效电路及电路符号

单结晶体管 B_1 和 B_2 的判断方法是：把万用表置于 $R \times 100$ 挡或 $R \times 1k$ 挡，用黑表笔接发射极，红表笔分别接另外两极，两次测量中，电阻大的一次，红表笔接的就是 B_1 极。

应当说明的是，上述判别 B_1、B_2 的方法，不一定对所有的单结晶体管都适用，有个别管子的 E-B_1 间的正向电阻值较小。不过，准确地判断哪极是 B_1，哪极是 B_2 在实际使用中并不特别重要。即使 B_1、B_2 用颠倒了，也不会使管子损坏，只影响输出脉冲的幅度（单结晶体管多作脉冲发生器使用），当发现输出的脉冲幅度偏小时，只要将原来假定的 B_1、B_2 对调过来就可以了。

6.1.3 任务实施

(1) 具体要求

能从电路原理图、实物电路板中识别电阻器、电容器、二极管和三极管，并能读出其参数。能正确使用万用表对电阻器、电容器、二极管和三极管进行检测。

(2) 仪器设备、工具、元器件及材料

热释电红外传感器的楼道照明灯开关（或其他产品）电路原理图纸；实物电路板；万用表；各种电阻器、电容器、二极管和三极管。

(3) 内容及步骤

① 从电路原理图中识读电阻器、电容器、二极管和三极管 如图 6.1.12 所示为热释电红外传感器的楼道照明灯开关的原理电路图，请从电路图中找出各电阻器、电容器、二极管和三极管，并读出其参数，填入表 6.1.11。

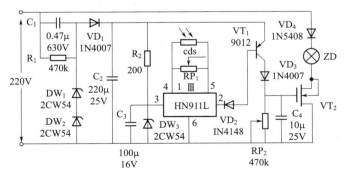

图 6.1.12 热释电红外传感器的楼道照明灯开关电路原理图

表 6.1.11　元件参数识读表

类别	编号	参数 1	参数 2	参数 3

② 从实物电路板上识读电阻器、电容器、二极管和三极管　图 6.1.13 所示为楼道灯声控开关的实物电路板（可用其他实物电路板），请在电路板上识读出电阻器、电容器、二极管和三极管，并读出其参数，填入表 6.1.12。

图 6.1.13　楼道灯声控开关电路板

表 6.1.12　元件参数识读表

类别	编号	参数 1	参数 2	参数 3

③ 使用万用表对电阻器、电容器、二极管和三极管进行检测　任意给定电阻器、电容器、二极管和三极管若干，请根据其标识读出其参数，并用万用表进行测量，将所得结果填入表 6.1.13。

表 6.1.13　元件参数检测表

类别	测量	参数 1	参数 2	参数 3
	标注			
	读数			
	标注			
	读数			
	标注			
	读数			

类别	测量	参数1	参数2	参数3
	标注			
	读数			
	标注			
	读数			

(4) 注意事项

① 识别色环电阻时,应注意区分颜色、有效数字、阶乘及精度。

② 使用万用表测电阻值时,应注意选用合适的挡位。

③ 使用万用表测电容值时,应注意选用合适的挡位。

④ 使用万用表测二极管时,应注意选用合适的挡位。在测量稳压二极管的稳定电压时应注意所串电阻的大小(一般以不超过 10mA 电流为宜),以免损坏稳压管。

⑤ 在判断大功率三极管、小功率三极管时,应选用不同的电阻挡位。

6.1.4 任务考核

针对考核任务,相应的考核评分细则参见表 6.1.14。

表 6.1.14 评分细则

序号	考核内容	考核项目	配分	评分标准	得分
1	电阻器、电容器、二极管和三极管的图形符号及字母符号、实物外形	能从电路原理图、实物电路板中识别电阻器、电容器、二极管和三极管	20分	(1)从电路原理图、实物电路板中识别电阻器(5分); (2)从电路原理图、实物电路板中识别电容器(5分); (3)从电路原理图、实物电路板中识别二极管(5分); (4)从电路原理图、实物电路板中识别三极管(5分)	
2	电阻器、电容器、二极管和三极管的参数	能读出电阻器、电容器、二极管和三极管的参数	30分	(1)读出电阻器的参数(7分); (2)读出电容器的参数(7分); (3)读出二极管的参数(8分); (4)读出三极管的参数(8分)	
3	电阻器、电容器、二极管和三极管的检测方法	能正确使用万用表对电阻器、电容器、二极管和三极管进行检测	30分	(1)使用万用表测出电阻器的参数(7分); (2)使用万用表测出电容器的参数(7分); (3)使用万用表测出二极管的参数(8分); (4)使用万用表测出三极管的参数(8分)	
4	安全文明生产	积累电路制作经验,养成好的职业习惯	20分	违反安全文明操作规程酌情扣分	
		合计	100分		

注:每项内容的扣分不得超过该项的配分。任务结束前,填写、核实制作和维修记录单并存档。

任务 6.2 电子元器件在印制电路板上插装与焊接

6.2.1 任务分析

正确将电子元器件在印制电路板上进行插装与焊接,是保证电子产品组装质量的前提和关键,要组装出高质量的电子产品,必须掌握好电子元器件插装和焊接的基本知识和基本技能,包括元器件引线成形、工具的使用、元器件插装与焊接。

6.2.2 任务资讯

6.2.2.1 元器件的引线成形

为了便于安装和焊接,提高装配质量和效率,加强电子设备的防振性和可靠性,在安装前,根据安装位置的特点及技术方面的要求,要预先把元器件引线弯曲成一定的形状。这就是元器件的引线成形。元器件成形的技术要求和成形方法如下。

(1) 元器件引线成形的技术要求

① 元器件引线的预加工 元器件引线在制造时已经考虑了可焊性的技术要求。由于元器件制成后至做成电子产品前,要经过包装、存储和运输等中间环节,而这些环节一般时间都较长,在引线表面会产生一种氧化膜,使引线的可靠性严重下降,所以元器件应在安装前成形,且引线成形前必须进行预加工处理。

元器件引线的预加工处理主要包括引线的校直、表面清洁及搪锡三个步骤。手工对引线的预加工的程序是:先用尖嘴钳或镊子进行引线的校直,然后用小刀轻轻刮拭引线表面或用细砂纸擦拭引线表面去除表面氧化层,再用湿布擦拭引线,最后用电烙铁进行搪锡。

预加工处理的要求:引线处理后,不允许有伤痕,镀锡层均匀,表面光滑,无毛刺和焊剂残留物。

② 元器件成形的尺寸要求

a. 小型电阻或外形类似电阻的元器件,其引线成形形状和尺寸要求如图 6.2.1 所示,其中图 6.2.1(a) 为立式安装成形,图 6.2.1(b) 为卧式安装成形。

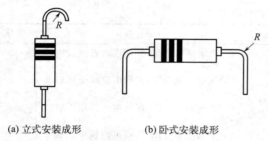

图 6.2.1 小型电阻或外形类似电阻的元器件的引线成形

b. 晶体管和圆形外壳集成电路,其引线成形形状和尺寸要求如图 6.2.2 所示。

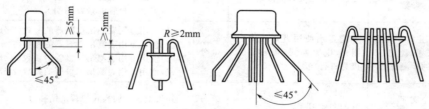

图 6.2.2 晶体管和圆形外壳集成电路的引线成形要求

c. 扁平封装集成电路或 SMT 贴片器件,其引线成形形状和尺寸要求如图 6.2.3 所示,图中 W 为带状引线的厚度,$R \geqslant 2W$。

d. 元器件安装孔跨距不合适,或用于发热元器件时的引线成形形状和尺寸要求如图 6.2.4 所示。

e. 自动组装时元器件的引线成形形状和尺寸要求如图 6.2.5 所示,图中 $R \geqslant 2d$(d 为引线直径)。

f. 发热元器件的引线成形形状和尺寸要求如图 6.2.6 所示,这些元器件的引线较长、有环绕,可以帮助散热。

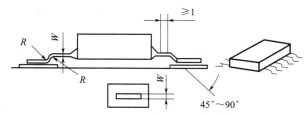

图 6.2.3　扁平封装集成电路或 SMT 贴片器件的引线成形要求

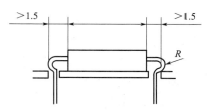

图 6.2.4　元器件安装孔跨距不合适的引线成形要求

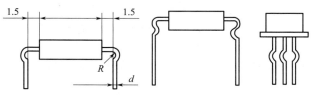

图 6.2.5　自动组装时元器件的引线成形要求

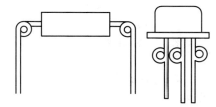

图 6.2.6　发热元器件的引线成形要求

③ 元器件引线成形的技术要求

a. 成形后,元器件本体不应产生破裂,表面封装不应损坏,引线弯曲部分不允许出现模印、压痕和裂纹。

b. 引线成形后,其直径的减小或变形不应超过 10%,其表面镀层剥落厚度不应大于引线直径的 1/10。

c. 引线成形后,元器件的标记(包括其型号、参数、规格等)应朝上(卧式)或向外(立式),并注意标记的读数方向应一致,以便于检查和日后的维修。

d. 若引线上有熔接点时,在熔接点和元器件本体之间不允许有弯曲点,熔接点到弯曲点之间应保持 2mm 的间距。

e. 引线成形尺寸应符合安装要求,无论是立式安装还是卧式安装,无论是晶体管还是集成电路,通常对引线成形尺寸都有基本要求。

f. 晶体管及其他在焊接过程中对热敏感的元件,其引线可加工成圆环形,以加长引线,减小热冲击。

(2) 元器件引线成形的方法

① 普通工具的手工成形　在产品试制阶段,可以使用尖嘴钳或镊子等普通工具进行手工成形加工,如图 6.2.7 所示。

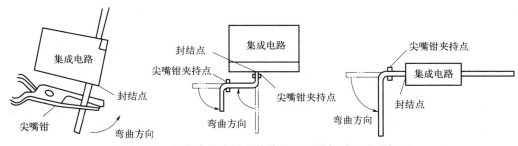

图 6.2.7　用尖嘴钳或镊子等普通工具进行手工成形加工

② 专用工具（模具）的手工成形　没有成形专用设备或生产批量不大时，可应用专用工具（模具）成形，如图6.2.8和图6.2.9所示。

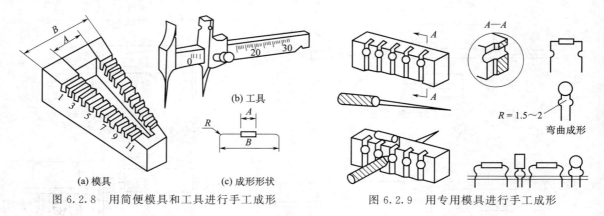

图6.2.8　用简便模具和工具进行手工成形　　　图6.2.9　用专用模具进行手工成形

③ 专用设备的成批量生产时，可采用专用设备进行引线成形，以提高加工效率和一致性。

6.2.2.2　在印制电路板上插装元器件

① 插装形式　一般元器件的插装形式如图6.2.10所示。

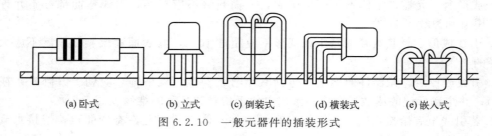

图6.2.10　一般元器件的插装形式

a. 卧式插装是将元器件贴近印制电路板水平插装，具有稳定性好、比较牢固等优点，适用于印制板结构比较宽裕或装配高度受到一定限制的情况。

b. 立式插装又称垂直插装，是将元器件垂直插入印制电路基板安装孔，具有插装密度大，占用印制电路板的面积小，拆卸方便等优点，多用于小型印制板插装元器件较多的情况。

c. 横装式插装是先将元器件垂直插入，然后再沿水平方向弯曲，对于大型元器件要采用胶粘、捆扎等措施以保证有足够的机械强度，适用于在元器件插装中对组件有一定高度限制的情况。

d. 嵌入式插装是将元器件的壳体埋于印制电路板的嵌入孔内，为提高元器件安装的可靠性，常在元件与嵌入孔间涂上胶黏剂，该方式可提高元器件的防振能力，降低插装高度。

e. 半导体三极管、电容器、晶体振荡器和单列直插集成电路多采用立式插装方式，而电阻、二极管、双列直插及扁平封装集成电路多采用卧式插装方式。

② 元器件插装的技术要求

a. 将已检验合格的元器件按不同品种、规格装入元件盒或纸盒内，并整齐有序地放置在工位插件板的前方位置，然后严格按照工位的前上方悬挂的工艺卡片操作。

b. 按电路流向分区块插装各种规格的元器件。

c. 元器件的插装应遵循先小后大、先轻后重、先低后高、先里后外、先一般元器件后特殊元器件的基本原则。

d. 电容器、半导体三极管、晶振等立式插装组件，应保留适当长的引线。引线保留太长会降低元器件的稳定性或者引起短路，太短会造成元器件焊接时因过热而损坏。一般要求距离电路板面 2mm，插装过程中应注意元器件的电极极性，有时还需要在不同电极上套绝缘套管以增加电气绝缘性能、元器件的机械强度等。元器件引线加绝缘套管的方法如图 6.2.11 所示。

e. 安装水平插装的元器件时，标记号应向上、方向一致，便于观察。功率小于 1W 的元器件可贴近印制电路板平面插装，功率较大的元器件应距离印制电路板 2mm，以利于元器件散热。

图 6.2.11　元器件引线加绝缘套管的方法

f. 为了保证整机用电安全，插件时须注意保持元器件间的最小放电距离，插装的元器件不能有严重歪斜，以防止元器件之间因接触而引起的各种短路和高压放电现象，一般元器件安装高度和倾斜范围如图 6.2.12 所示（单位：mm）。

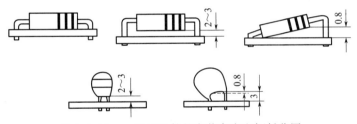

图 6.2.12　一般元器件的安装高度和倾斜范围

g. 插装玻璃壳体的二极管时，最好先将引线绕 1～2 圈，形成螺旋形以增加留线长度，如图 6.2.13 所示，不宜紧靠根部弯折，以免受力破裂损坏。

h. 印制电路板插装元器件后，元器件的引线穿过焊盘应保留一定长度，一般应多于 2mm。为使元器件在焊接过程中不浮起和脱落，同时又便于拆焊，引线弯的角度最好与板成 45°～60°，如图 6.2.14 所示。

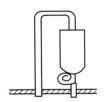

图 6.2.13　玻壳二极管的插装

图 6.2.14　元器件引线穿过焊盘后的成形

i. 插装元器件要戴手套，尤其对易氧化、易生锈的金属元器件，以防止汗渍对元器件的腐蚀作用。

j. 流水线上装插元器件后要注意对印制电路板和元器件的保护，在卸板时要轻拿轻放，不宜多层叠放，应单层平放在专用的运输车上。

③ 特殊元器件的插装方法及要求　在电子元器件插装过程中，对一些体积、质量较大的元器件和集成电路，要应用不同的工艺方法以提高插装质量和改善电路性能。

a. 大功率三极管、电源变压器、彩色电视机高压包等大型元器件，其插装孔一般要用铜铆钉加固；体积、质量都较大的电解电容器，因其引线强度不够，在插装时，除用铜铆钉加固外，还应用黄色硅树脂胶黏剂将其底部粘在印制电路板上。

b. 中频变压器、输入输出变压器带有固有插脚，在插装时，将插脚压倒并用锡焊固定。较大的电源变压器则采用螺钉固定，并加弹簧垫圈，以防止螺母、螺钉松动。

c. 一些开关、电位器等元器件，为了防止助焊剂中的松香浸入元器件内部的触点而影响使用性能，因而在波峰焊前不插装，在插装部位的焊盘上贴胶带纸。波峰焊接后，再撕下胶带纸，插装元器件，进行手工焊接。目前采用先进的免焊工艺槽，可改变贴胶带纸的烦琐方法。

d. 插装 CMOS 集成电路、场效应管时，操作人员须戴防静电腕套。已经插装好这类元器件的印制电路板，应在接地良好的流水线上传递，以防止元器件被静电击穿。

e. 插装集成块时应弄清引线脚排列顺序，并与插孔位置对准，用力要均匀，不要倾斜，以防止引线脚折断或偏斜。

f. 电源变压器、伴音中放集成块、高频头、遥控红外接收器等需要屏蔽的元器件，屏蔽装置应良好接地。

6.2.2.3 焊接与拆焊元器件

(1) 常用手工焊接工具及其正确使用方法

① 常见手工焊接工具　电烙铁是进行业余制作和维修的主要工具之一。它主要由铜制烙铁头和用电热丝绕成的烙铁芯两部分组成。烙铁芯直接接 220V 市电，用于加热烙铁头，烙铁头则沾上熔化的焊锡焊接电路板上的元件。从构造上分，电烙铁有内热式和外热式两种。内热式电烙铁的烙铁芯安装在烙铁头的内部，因此体积小，热效率高，通电几十秒内即可化锡焊接。外热式电烙铁的烙铁头安装在烙铁芯内，因此体积比较大，热效率低，通电以后烙铁头化锡时间长达几分钟。从容量上分，电烙铁有 20W、25W、35W、45W、75W、100W 以至 500W 等多种规格。一般使用 25～35W 的内热式电烙铁。内热式电烙铁外形如图 6.2.15 所示。

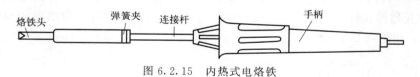

图 6.2.15　内热式电烙铁

② 电烙铁使用

a. 烙铁头根据使用需要可以加工成如图 6.2.16 所示形状。

b. 焊接印制电路板元件时一般选用 25W 的外热式或 20W 的内热式电烙铁。

c. 电烙铁在使用一段时间后，应及时将烙铁头取出，去掉氧化物再重新使用。

③ 电烙铁的握法　一般有反握法、正握法、笔握法三种，如图 6.2.17 所示。

④ 焊烙丝的拿法　分连续锡焊拿法和断续锡焊拿法两种，如图 6.2.18 所示。

(2) 手工焊接技术要点

① 锡焊的基本条件

a. 被焊件必须具有可焊性。可焊性也就是可浸润性，它是指被焊接的金属材料与焊锡在适当的温度和助焊剂作用下形成良好结合的性能。在金属材料中、金、银、铜的可焊性较好，其中铜应用最广，铁、镍次之，铝的可焊性最差。

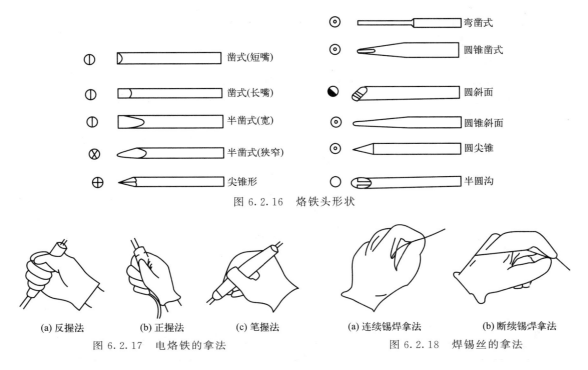

图 6.2.16　烙铁头形状

图 6.2.17　电烙铁的拿法　　　　　　图 6.2.18　焊锡丝的拿法

b. 被焊金属表面应保持清洁。氧化物和粉尘、油污等会妨碍焊料浸润被焊金属表面。在焊接前可用机械或化学方法清除这些杂物。

c. 使用合适的助焊剂。使用时必须根据被焊件的材料性质、表面状况和焊接方法来选取。

d. 具有适当的焊接温度。温度过低，则难于焊接，造成虚焊。温度过高会使焊料处于非共晶状态，加速助焊剂的分解，使焊料性能下降，还会导致印制板上的焊盘脱落。

e. 具有合适的焊接时间。应根据被焊件的形状、大小和性质等来确定焊接时间。过长易损坏焊接部位及元器件，过短则达不到焊接要求。

② 锡焊的要求

a. 焊点机械强度要足够。用将被焊元器件的引线端子打弯后再焊接的方法可增加机械强度。

b. 焊接可靠，保证导电性能。为使焊点有良好的导电性能，必须防止虚焊，虚焊是指焊料与被焊物表面没有形成合金结构，只是简单地依附在被焊金属的表面上，如图 6.2.19 所示。

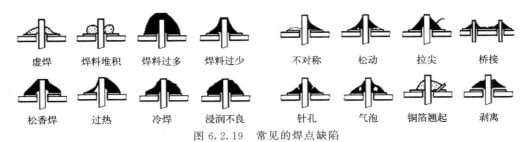

图 6.2.19　常见的焊点缺陷

c. 焊点上焊料应适当。过少机械强度不够，过多浪费焊料，并容易造成焊点短路。

d. 焊点表面应有良好的光泽。主要跟使用温度和助焊剂有关。
e. 焊点要光滑、无毛刺和空隙。
f. 焊点表面应清洁。

③ 手工烙铁应按以下五个步骤进行操作（简称五步焊接操作法）
a. 准备。将被焊件、电烙铁、焊锡丝、烙铁架等放置在便于操作的地方。
b. 加热被焊件。将烙铁头放置在被焊件的焊接点上，使接点升温。
c. 熔化焊料。将焊接点加热到一定温度后，用焊锡丝触到焊接处，熔化适量的焊料。焊锡丝应从烙铁头的对称侧加入，而不是直接加在烙铁头上。
d. 移开焊锡丝。当焊锡丝适量熔化后，迅速移开焊锡丝。
e. 移开烙铁。当焊接点上的焊料流散接近饱满，助焊剂尚未完全挥发，也就是焊接点上的温度最适当、焊锡最光亮、流动性最强的时刻，迅速拿开烙铁头。移开烙铁头的时机、方向和速度，决定着焊接点的焊接质量。正确的方法是先慢后快，烙铁头沿45°角方向移动，并在将要离开焊接点时快速往回一带，然后迅速离开焊接点。

五步焊接操作法如图6.2.20所示。

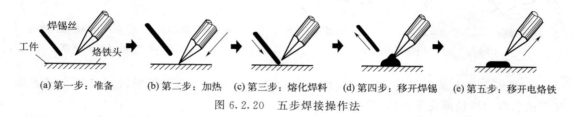

图 6.2.20　五步焊接操作法

对热容量小的焊件，可以用三步焊接法，即焊接准备→加热被焊部位并熔化焊料→移开烙铁和焊料，如图6.2.21所示。

图 6.2.21　三步法

④ 焊料和焊剂
a. 焊料：常用的焊料是焊锡，焊锡是一种锡铅合金。在锡中加入铅后可获得锡与铅都不具有的优良特性，熔点较低，便于焊接；机械强度增大，表面张力变小，抗氧化能力增强。市面上出售的焊锡一般都制作成圆焊锡丝，有粗细不同多种规格，可根据实际情况选用。有的焊锡丝做成管状，管内填有松香，称松香焊锡丝，使用这种焊锡丝时，可以不加助焊剂；另一种是无松香的焊锡丝，焊接时要加助焊剂。
b. 焊剂：包括助焊剂和阻焊剂。

助焊剂一般可分为无机助焊剂、有机助焊剂和树脂助焊剂，能熔解去除金属表面的氧化物，并在焊接加热时包围金属的表面，使之和空气隔绝，防止金属在加热时氧化；可降低熔融焊锡的表面张力，有利于焊锡的润湿。

常用的助焊剂是松香或松香水（将松香和乙醇按1∶3的比例配制）。使用助焊剂，可以帮助清除金属表面的氧化物，利于焊接，又可保护烙铁头。焊接较大元件或导线时，也可采用焊锡膏，但它有一定腐蚀性，一般不使用，如确实需要使用，焊接后应及时清除残留物。

阻焊剂则限制焊料只在需要的焊点上进行焊接，把不需要焊接的印制电路板的板面部分覆盖起来，保护面板使其在焊接时受到的热冲击小，不易起泡，同时还起到防止桥接、拉尖、短路、虚焊等情况。

使用焊剂时，必须根据被焊件的面积大小和表面状态适量施用，用量过小则影响焊接质量，用量过多，焊剂残渣将会腐蚀元件或使电路板绝缘性能变差。

⑤ 拆焊　在调试、维修过程中，或由于焊接错误对元器件进行更换时就需拆焊。即将电子元器件引脚从印制电路板上与焊点分离，取出器件。拆焊方法不当，往往会造成元器件的损坏、印制导线的断裂或焊盘的脱落。良好的拆焊技术，能保证调试、维修工作顺利进行，避免由于更换器件不当而增加产品故障率。

一般情况下，普通元器件的拆焊方法有如下几种：

a. 选用合适的医用空心针头拆焊。选择合适的空心针头，以针头的内径能正好套住元器件引脚为宜。拆卸时一边用电烙铁熔化引脚上的焊点，一边用空心针头套住引脚旋转，当针头套进元器件引脚将其与电路板分离后，移开电烙铁，等焊锡凝固后拔出针头，这时引脚便会和印制电路板完全分开。待元器件各引脚按上述办法与印制电路板脱开后，便可轻易拆下。

b. 用铜编织线进行拆焊。用电烙铁将元器件（特别是集成电路）引脚上的焊点加热熔化，同时用铜编织线吸掉引脚处熔化的焊锡，这样便可使元器件（集成电路）的引脚和印制电路板分离。待所有引脚与印制电路板分离后，便可用"一"字形螺钉旋具或专用工具轻轻地撬下元器件（集成电路）。

c. 其他拆焊方法。用气囊吸锡器进行拆焊：同 b. 相似，用气囊吸锡器取代铜编织线吸锡。

d. 用吸锡电烙铁拆焊。同 b. 相似，只是吸锡与电烙铁合为一体，熔锡时可进行吸锡。

e. 还可以用专用拆焊电烙铁拆焊。

6.2.3　任务实施

(1) 具体要求

能按照元器件成形、插装和焊接的技术要求，根据电路板上安排的元器件位置尺寸，正确对元器件引脚进行成形，合理选用插装方式，熟练使用电烙铁进行焊接，在万能板上完成光控照明灯电路的制作。

(2) 仪器设备、工具、元器件及材料

光电三极管 VT1：3DU5；VT2：3DK2；R1：27k；R3：0.5W，10Ω；R2：C.125W，5.6k；KA：JRX-13F；VD1：1N4001。电烙铁、松香、焊锡丝、剪子等。

(3) 内容及步骤

光控照明灯控制电路原理图如图 6.2.22 所示，此电路由 12V 直流稳压电源供电，当光线有一定强度时，光电管 VT_1 接受光照射导通，VT_2 饱和导通，VT_3 截止，继电器的线圈 KA 无电流流过，KAJ 不吸合，照明灯 ZD 不亮；当光线暗到一定程度时，VT_1 阻值很大，VT_2 截止，VT_3 导通，继电器的线圈 KA 中有电流流过，KAJ 吸合，照明灯自动点亮。

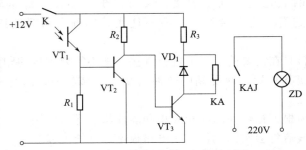

图 6.2.22 光控照明灯电路原理图

参考印制电路板如图 6.2.23 所示，可自制，也可用面包板或者万能板。

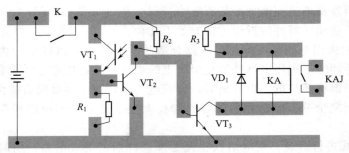

图 6.2.23 光控照明灯电路参考电路板

① 对元器件在电路板上的位置进行布局，对元器件引脚进行成形处理；

② 按照元器件在线路板上安装的位置以及大小情况，确定元器件在线路板上安装时的形式，分别采取卧式、立式等，对元器件进行插装；

③ 插装好元器件后，将线路板翻转，使背面的焊点朝上；

④ 将已经加热好的电烙铁的细头接触焊点和元器件引脚 1~2s，然后将焊锡丝送到焊点位置；

⑤ 加热使焊丝熔化，跟焊盘上的铜和元器件的引脚焊接在一起，时间不超过 2s；

⑥ 全部焊接完毕，使用剪子将多余的引脚剪掉；

⑦ 通过摇动元器件观察引脚焊接的工艺情况，若松动则需要重新补焊。

(4) 注意事项

① 使用万能板时练习时，可自己根据情况确定元器件的位置，本电路较为简单，因此可依照电路原理图上的元器件位置进行布局。

② 元器件的加工成形时，按成形的技术要求进行，注意防止在成形过程中损坏元器件。

③ 电阻器一般采用卧式安装。继电器紧贴电路板安装，其他元器件安装高度不超过继电器。

④ 安装完成后可不接照明灯，检验电路能否正常工作时，接通电源，能够听到继电器吸合的声音，即表明电路正常。若接照明灯，则注意安全，以免触电。

6.2.4 任务考核

针对考核任务，相应的考核评分细则参见表 6.2.1。

表 6.2.1 评分细则

序号	考核内容	考核项目	配分	评分标准	得分
1	元器件成形的技术要求	能按照元器件成形的技术要求，根据电路板上安排的元器件位置尺寸，正确对元器件引脚进行成形	20 分	正确对即将安装在电路板上的元器件引脚进行成形	
2	元器件插装的技术要求	能按照元器件插装的技术要求，根据电路板上安排的元器件位置尺寸，正确对元器件合理选用插装方式	30 分	正确将元器件插装在电路板上	
3	元器件焊接的技术要求	能按照元器件焊接的技术要求，根据电路板上安排的元器件位置尺寸，熟练使用电烙铁进行焊接，在万能板上完成光控照明灯电路的制作	30 分	熟练使用电烙铁进行焊接，在万能板上完成光控照明灯电路的制作	
4	安全文明生产	积累电路制作经验，养成好的职业习惯	20 分	违反安全文明操作规程酌情扣分	
		合计	100 分		

注：每项内容的扣分不得超过该项的配分。任务结束前，填写、核实制作和维修记录单并存档。

任务 6.3　检测简单电子线路

6.3.1　任务分析

任何复杂的电子产品或自动控制系统，都是由简单的电子线路构成的。简单电子线路的安装、测试与故障排除是电工电子维修人员必须具备的基本技能之一。本任务通过最基本的放大电路和直流稳压电源的安装、测试与故障排除，掌握电子线路的安装、调试及故障排除的基本方法和技能。

6.3.2　任务资讯

6.3.2.1　基本放大电路

(1) 放大电路的主要性能指标

放大电路对信号的放大作用可用图 6.3.1 所示的框图来表示。为了衡量一个放大电路的性能，规定了若干技术指标。对于低频放大电路来讲，经常以输入端加入不同频率的正弦电压来对电路进行分析。在规定的性能指标中，最主要的有以下几项。

① 放大倍数　放大倍数（也称增益）是表示放大能力的一项重要指标。电压放大倍数定义为输出电压 $\dot{U}_o$ 与输入电压 $\dot{U}_i$ 之比，即

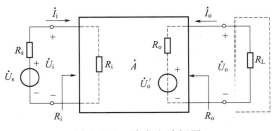

图 6.3.1　放大电路框图

$$\dot{A}_u = \frac{\dot{U}_o}{\dot{U}_i}$$

注意：此公式只有在输出信号没有明显失真的情况下才有意义。这一点也适用于以下各项指标。

② 输入电阻 R_i　由图 6.2.23 可知，当输入信号电压加到放大电路的输入端时，在其输入端产生一个相应的电流，从输入端往里看进去有一个等效电阻，这个等效电阻就是放大电路的输入电阻。定义为输入电压 $\dot{U}_i$ 与相应的输入电流 $\dot{I}_i$ 之比，即

$$R_i = \frac{\dot{U}_i}{\dot{I}_i}$$

它是衡量放大电路对信号源影响程度的一个指标。其值越大，放大电路从信号源索取的电流就越小，对信号源影响就越小。

③ 输出电阻 R_o　输出电阻是从放大电路的输出端看进去的等效电阻。定义为

$$R_o = \left.\frac{\dot{U}_o}{\dot{I}_o}\right|_{U_S=0, R_L=\infty}$$

输出电阻是描述放大电路带负载能力的一项技术指标。通常放大电路的输出电阻越小越好。R_o 越小，说明放大电路带负载能力越强。

④ 最大输出功率 P_{om} 和效率 η　P_{om} 是指在输出信号基本不失真的情况下能输出的最大功率。效率 η 为 P_{om} 与直流电源提供的功率 P_u 之比，即

$$\eta = \frac{P_{om}}{P_u} \times 100\%$$

(2) 分压式偏置放大电路

分压式偏置放大电路如图 6.3.2 所示，是应用最广泛的放大电路。

① 静态参数　合理设置放大电路的静态工作点是放大电路正常工作的前提。分压偏置放大电路的静态工作点的计算通过以下方法进行确定：

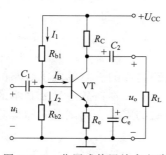

图 6.3.2　分压式偏置放大电路

$$U_B = U_{CC} \frac{R_{b2}}{R_{b1} + R_{b2}}$$

$$I_{CQ} \approx I_{EQ} = \frac{U_B - U_{BEQ}}{R_e}$$

$$I_{BQ} \approx \frac{I_{CQ}}{\beta}$$

$$U_{CEQ} = U_{CC} - I_{CQ}(R_c + R_e)$$

要注意的是，求 I_{CQ} 时，U_{BE} 一般不能忽略。

② 动态指标　放大器的动态指标可按如下公式计算：

$$\dot{A}_u = \frac{\dot{U}_o}{\dot{U}_i} = -\frac{\beta \dot{I}_b R'_L}{\dot{I}_b r_{be}} = -\frac{\beta R'_L}{r_{be}}$$

其中

$$R'_L = R_c // R_L$$

$$R_i = R_{b1} // R_{b2} // r_{be}$$

$$R_o = R_c$$

(3) 静态工作点与波形失真的关系

波形失真是指输出波形不能很好地重现输入波形的形状，即输出波形相对于输入波形发生了变形。对一个放大电路来说，要求输出波形的失真尽可能小。当静态工作点位置选择不当时，

将有可能出现失真。在图6.3.3中，设正常情况下静态工作点位于Q点，则可以得到正常的i_C和u_{CE}波形。如果静态工作点的位置定得太低或太高，都将有可能使输出波形产生严重失真。

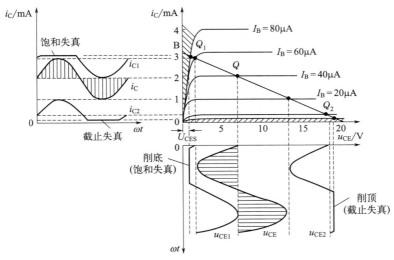

图6.3.3 静态工作点与波形失真的关系

当Q点位置选得太高，接近饱和区时，见图6.3.3中的Q_1点，这时尽管的I_B波形完好，但i_C的正半周和u_{CE}的负半周都出现了畸变，这种由于动态工作点进入饱和区而引起的失真，称为"饱和"失真。

当Q点位置选得太低，接近截止区时，见图6.3.3中的Q_2点，这时由于在输入信号的负半周，动态工作点进入管子的截止区，使i_C的负半周和u_{CE}的正半周波形产生畸变，这种因工作点进入截止区而产生的失真称为"截止"失真。

饱和失真和截止失真都是由三极管工作在特性曲线的非线性区域所引起的，因此把这两种失真称作非线性失真。

6.3.2.2 直流稳压电源

(1) 直流稳压电源的电路组成

小功率直流电源一般由变压器、整流电路、滤波电路和稳压电路四部分组成，结构框图如图6.3.4所示。

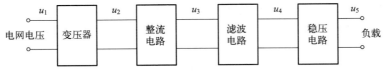

图6.3.4 直流稳压电源的结构框图

220V交流电压经变压器变压后，经整流、滤波和稳压电路得到稳定的直流电压。其整流、滤波和稳压电路有多种不同形式。常用的串联型直流稳压电源电路如图6.3.5所示。

此电路的输出电压为

$$U_o = \frac{R_1 + R_2 + R_p}{R_2 + R_{p2}}(U_Z + U_{BE2}) \approx \frac{R_1 + R_2 + R_p}{R_2 + R_{p2}} U_Z$$

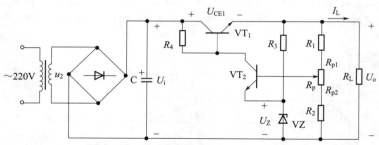

图 6.3.5　串联型直流稳压电源电路

式中，U_Z 为稳压管的稳压值；U_{BE2} 为 VT_2 发射结电压；R_{p2} 为图 6.3.5 中电位器滑动触点下半部分的电阻值。调节 R_p，可改变输出电压 U_o。

（2）直流稳压电源的技术指标

直流稳压电源的技术指标分为两类：一类是特性指标，另一类是质量指标。

① 特性指标

a. 输入电压及其变化范围；

b. 输出电压及其调节范围；

c. 额定输出电流：指直流稳压电源正常工作时的最大输出电流。

② 质量指标

a. 稳压系数 K_U。稳压系数 K_U 是指在负载不变的条件下，稳压电源输出电压的相对变化量与输入电压的相对变化量之比，即

$$K_U = \left.\frac{\Delta U_o/U_o}{\Delta U_i/U_i}\right|_{\Delta I_L=0}$$

稳压系数表征了稳压电源对电网电压变化的抑制能力。

b. 电压调整率 S_U。电压调整率反映稳压电源对输入电网电压波动的抑制能力，也可用电压调整率表征。其定义为：负载电流 I_L 及温度 T 不变时，输出电压 U_o 的相对变化量与输入电压 U_i 变化量的比值，即

$$S_U = \left.\frac{\Delta U_o/U_o}{\Delta U_i} \times 100\%\right|_{\substack{\Delta I_L=0 \\ \Delta T=0}}$$

S_U 越小，稳压性能越好。

电压调整率也可定义为：在负载电流和温度不变时，输入电压变化 10% 时，输出电压的变化量，单位为 mV。

c. 输出电阻 R_o。当电网电压和温度不变时，稳压电源输出电压的变化量与输出电流的变化量之比定义为输出电阻，即

$$R_o = \left.\frac{\Delta U_o}{\Delta I_o}\right|_{\substack{\Delta U_i=0 \\ \Delta T=0}}$$

输出电阻表征了稳压电源带负载能力的大小，R_o 越小，带负载能力越强。

d. 电流调整率 S_I。电流调整率又称负载调整率，是指输入电压和温度不变的情况下，负载电流在规定的范围内变化时，输出电压的相对变化量，即

$$S_I = \left.\frac{\Delta U_o}{U_o} \times 100\%\right|_{\substack{\Delta I_o=C \\ \Delta T=0}}$$

e. 纹波系数 K_γ。直流电源输出电压中存在着纹波电压，它是输出直流电压中包含的交

流分量。常用纹波系数 K_γ 来表示直流输出电压中相对纹波电压的大小，其定义为

$$K_\gamma = \frac{U_{o\gamma}}{U_o}$$

式中，$U_{o\gamma}$ 为输出直流电压中交流分量的总有效值；U_o 为输出直流电压。

(3) 放大电路故障检测的一般方法

① 电压表法　用电压表（万用表的交、直流挡）测量电路有关点和元件上的电压，将其结果与正常值比较，从而判断是否存在故障。此方法的特点，不必断电和脱焊元件，因此检查速度快，而且元件处于实际工作的条件下，容易把真正的故障源检测出来。

② 欧姆表法　分为通断法和电阻法两类。

通断法可用来检查电路中连线、焊点和熔丝等是否有断路和虚焊等故障。电阻法可用来检查电阻元件的阻值是否变化或断开，电容元件的漏电电阻及充放电特性（较大容量时），还有二极管、三极管 PN 结的单向导电性等。

此方法要求在电路断电状态下进行，而且一般要在断开待查电路一端的前提下进行，否则，测出的值可能是与其他元件的并联值，使判断出错。

③ 示波器法　通常与信号源配合使用，这是一种动态测试法。给待查电路注入信号，用示波器沿着信号途径观察各点的波形是否正常，从而判断故障所在。

6.3.3　任务实施

6.3.3.1　放大电路的安装、测试与故障排除

(1) 具体要求

本具体要求完成共发射极放大电路的安装、测试与故障排除，熟练使用万用表对电子元器件进行检测，根据电路原理图对元器件在电路板上的位置进行布局，并进行元器件的成形处理，选用合理的插装方式，正确使用电烙铁进行焊接、安装，熟练使用电子仪器对放大器静态工作点进行调试，并对放大器电压放大倍数、输入电阻、输出电阻及最大不失真输出电压进行测试。对出现的简单故障进行排除。

(2) 仪器设备、工具、元器件及材料

① 直流稳压电源：YJ82/2 型，0～30V。

② 函数信号发生器：EM1635 型。

③ 双踪示波器：DOS-622B 型。

④ 交流毫伏表：DA-16 型。

⑤ 万用电表：MF-30。

⑥ 30W 或 35W 电烙铁及焊锡丝。

⑦ 元器件及型号：

R，3k；R_{b1}，15k；R_{b2}，15k；R_p，470k；R_c，2.4k；R_e，1k；R_L，2.4k；C_1，10μF；C_2，10μF；C_e，47μF；三极管，3DG6×1(β=50～100) 或 9011。

(3) 内容及步骤

① 元器件检测、成形与插装、焊接　简单的共射放大电路如图 6.3.6 所示，先用万用表检测电阻、判断三极管的极性和好坏、电解电容 C 的极性和好坏。再按电路原理图对电子元器件进行布局，根据元器件在电路板（万能板）的位置对元器件引脚进行成形处理，正

确插装好后进行焊接。

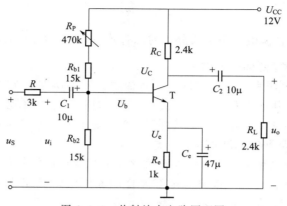

图 6.3.6 共射放大电路原理图

② 静态工作点的测量　检查无误后,调电源电压为+12V电源,接通电源前,先将 R_P 调至最大,函数信号发生器输出旋钮旋至零。

接通+12V电源,调节 R_P,使 $I_C = 2.0\text{mA}$(即 $U_E = 2.0\text{V}$),用直流电压表测量 U_B、U_E、U_C,用万用电表测量 R_{b1} 值,记入表 6.3.1。

表 6.3.1　静态工作点数据记录表

	测量值				计算值		
$I_C = 2.0\text{mA}$	U_B/V	U_E/V	U_C/V	$R_{b1}/\text{k}\Omega$	U_{BE}/V	U_{CE}/V	I_C/mA

根据以上各值判断三极管的工作状态。

③ 观察静态工作点对放大电路的影响

a. 在放大电路输入端加入频率 1kHz、幅值 10mV 的正弦交流信号,逐渐增大信号幅值、调节静态工作点,同时用示波器观察放大电路输出信号 u_o 波形,得到最大不失真输出波形。

b. 增加或减小 R_P 的值,从而改变静态工作点,用示波器观察失真的 u_o 波形,填入表 6.3.2 中,并解释出现相应波形的原因,指出解决办法。

表 6.3.2　波形测试表

R_P 的值	u_o 波形	失真情况	管子工作状态	原因与解决办法
合适值				
增大				
减小				

④ 动态性能的测试　在放大电路的输入端加入频率 1kHz、幅值很小的正弦交流信号，同时用示波器观察放大电路输出信号 u_o 波形。逐渐增大信号幅值并调节静态工作点得到最大不失真波形。

a. 放大倍数的测量。用交流毫伏表测量输入电压、输出电压的值，计算放大倍数，填入表 6.3.3，并与理论计算值进行比较。

b. 最大不失真输出电压 U_{OPP} 的测量。按上述方法测量最大不失真输出电压 U_{CPP}，将结果填入表 6.3.3。

表 6.3.3　最大不失真电压测试表

测量值				测量计算值		理论计算值	
U_i/mV	U_o/V	U_L/V	U_{OPP}/V	Au	R_o/Ω	Au	R_o/Ω

c. 输出电阻的测量。接入 5.1k 负载电阻，用交流毫伏表测出负载电压 U_L，根据公式计算输出电阻 R_o，$R_o = \left(\dfrac{U_o}{U_L} - 1\right) R_L$，填入表 6.3.3。并与理论计算值进行比较。

d. 输入电阻的测量。把信号源移至 U_s 端，调节信号幅度与静态工作点，得到最大不失真输出波形，用交流毫伏表量出信号发生器的输出电压 U_s 和放大电路的输入电压 U_i 的值，根据公式计算出输入电阻 R_i

$$R_i = \frac{U_i}{I_i} = \frac{U_i}{\dfrac{U_R}{R}} = \frac{U_i}{U_s - U_i} R$$

将所得数据填入表 6.3.4。并与理论计算值进行比较。

表 6.3.4　输入电阻的测量数据表

表测量值		测量计算值	理论计算值
U_s/mV	U_i/V	R_i/Ω	R_i/Ω

⑤ 放大电路的故障排除　放大电路故障的检测步骤：

a. 初步检查。检查电路板上元件，有无明显的焦痕、损坏等情况，电路中连线有无脱焊、断线及直流电源是否正常等。

b. 了解被检测的电路原理与一些关键点的信号波形和电压值。当放大电路输入信号后，根据信号流程，测量电路板上一些关键点的信号波形和电压值。通过与正常工作时的比较，可以迅速确定故障点。

c. 静态测试。放大电路都需要有合适的静态工作点才能正常工作，因此检测要先静态，后动态。

静态测试的方法是将输入端短接（即 $u_i = 0$），并给电路接上直流电源，然后用万用表检测静态工作点及有关元器件上的电压、电流值，观察这些值是否正常，从而判断出故障所在。

d. 动态检测。在电路的静态工作基本正常的情况下，进行动态检测。其方法是在故障级输入端加入交流信号，用电压表和示波器测量电路各点的电压和波形，观察是否正常。对出现不正常电压和波形处进行检查，即可找出故障所在。

排除故障后,对整机恢复工作情况进行复查,观察是否全部正常。

(4) 注意事项

① 可依照电路原理图上的元器件位置在万能板上进行布局。
② 元器件的加工成形时,按成形的技术要求进行,注意防止在成形过程中损坏元器件。
③ 电阻器一般采用卧式安装,电容器、三极管采用立式安装。
④ 安装完成后检查电解电容器和三极管的脚的极性有没有装错,以免烧毁元器件。

6.3.3.2 串联稳压电路的安装、测试与故障排除

(1) 具体要求

本具体要求完成直流稳压电路的安装、测试与故障排除,熟练使用万用表对电子元器件进行检测,根据电路原理图对元器件在电路板上的位置进行布局,并进行元器件的成形处理,选用合理的插装方式,正确使用电烙铁进行焊接、安装,熟练使用电子仪器对直流稳压电源进行调试,并对直流稳压电源的各项参数进行测试。对出现的简单故障进行排除。

(2) 仪器设备、工具、元器件及材料

① 交流调压器:TDGC2-0.5kV·A,输入 220V,输出 0~250V 可调。
② 函数信号发生器:EM1635 型(或其他型号)。
③ 双踪示波器:DOS-622B 型(或其他型号)。
④ 交流毫伏表:DA-16 型(或其他型号)。
⑤ 数字万用表:DT890(或其他型号)。
⑥ 30W 或 35W 电烙铁及焊锡丝。
⑦ 元器件及型号:

$VD_1 \sim VD_4$,1N4007;LED,发光二极管;R_1,5.1k;R_2,5.1k;R_3,5.1k;R_4,1/0.5W;R_5,2k;C_1,1000μF/25V;C_2,104;C_3,104;C_4,100μF/25V;DZ_1,3V/1W;T_1,TIP122;T_2,9013;IC_1,μA741;Rp_1,10k,输入和输出接口各一个。印制电路板一块(可用面包板或万能板代替)。

(3) 内容及步骤

① 元器件的检测、成形与安装、焊接 直流稳压电源的原理图和印制电路板如图 6.3.7

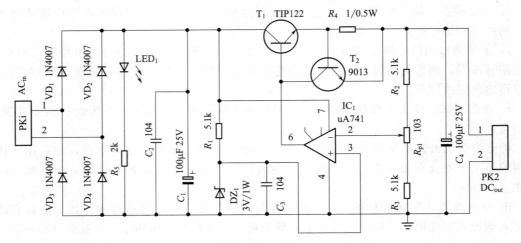

图 6.3.7 直流稳压电源的原理图

和图 6.3.8 所示,对照原理图清点元器件,并用万用表依次对各个元器件进行检测。再根据元器件在电路板上的位置对元器件引脚进行加工成形。

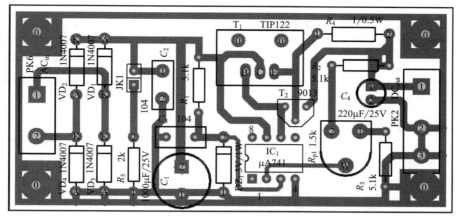

图 6.3.8　直流稳压电源的印制电路板图

根据元器件的大小与在印制电路板上的位置情况,采用合适的插装方式,将元器件正确地安装在印制电路板上,并使用电烙铁进行焊接。

② 直流稳压电源输出电压调节范围的测试　将交流调压器电压调至 15V,接入输入插口,先不接负载电阻 R_L 进行空载检查测试,把电位器 R_{p1} 打到中间位置,此时用数字万用表测量,应有输出电压 U_o,然后把取样电位器 R_{p1} 打到最低位置,测出输出电压 $U_{o\,min}$,再把取样电位器 R_{p1} 打到最高位置,测出输出电压 U_{omax},记录于表 6.3.5 中。

表 6.3.5　直流稳压电源输出电压调节范围记录表

取样电位器 R_{p1}	最低位置	最高位置	直流电压调节范围
输出电压 U_o			

③ 直流稳压电源输出电阻与电流调整率的测试　将取样电位器 R_{p1} 打到中间位置,接上负载电阻 R_L,用数字万用表测出此时的输出电压,然后把负载电阻从最大值开始逐渐减小,一直减小到使输出电压出现明显下降为止,测量负载电阻在减小过程中,输出电压与输出电流的变化关系,记录于表 6.3.6 中。

表 6.3.6　直流稳压电源输出电阻与电流调整率的测试记录表

负载电阻 R_L			
输出电压 U_o			
输出电流 I_o			
最大输出电流 I_{omax}	电流调整率 S_I		输出电阻 R_o

④ 直流稳压电源输出电压调节率的测试　将取样电位器 R_{p1} 打到中间位置,接上合适的负载电阻 R_L,用数字万用表测出此时的输出电压,然后调节交流调压器,将输入电压改变 10%,即将交流输入电压调至 16.5V(或 1.35V),再测输出电压,记录于表 6.3.7 中。

表 6.3.7　直流稳压电源电压调整率的测试记录表

U_i		$U_i+10\%$		电压调整率
U_o		$U_o+10\%$		

⑤ 直流稳压电源输出纹波电压及纹波抑制比的测试　保持输入电压 U_i 不变，在额定输出电压、额定输出电流的情况下，用示波器测出整流前输入的纹波电压峰峰值 U_{ipp}，同时测出输出电压中纹波电压峰峰值 U_{opp}（注意此时示波器的输入为"交流"），记录于表 6.3.8 中。

表 6.3.8　直流稳压电源纹波电压及纹波抑制比的测试记录表

输入纹波电压 U_{ipp}		输出纹波电压 U_{opp}	
纹波抑制比 S_R			

⑥ 简单故障的排除

a. 电源指示灯 LED_1 不亮，无输出电压。

排除此故障可先查有无交流输入电压，再查整流二极管 $VD_1 \sim VD_4$，常见故障原因为无交流输入或 $VD_1 \sim VD_4$ 损坏（无整流输出）。

b. 电源指示灯亮，但输出电压低，调节 R_{p1} 不起作用。

此故障的原因可能有：R_3 开路；DZ_1 击穿；IC_1 损坏；R_{p1} 损坏；T_2 击穿等，其结果是使 IC_1 输出低电平，T_1 截止；或者 T_1 损坏。

c. 电源指示灯亮，但输出电压高，调节 R_{p1} 不起作用。

此故障的原因可能有：R_2 开路；DZ_1 开路；IC_1 损坏；R_{p1} 损坏等，其结果是使 IC_1 输出高电平，T_1 饱和导通；或者 T_1 的 C、E 击穿损坏。

(4) 注意事项

① 如果用万能板，可依照电路原理图上的元器件位置在万能板上进行布局。

② 元器件的加工成形时，按成形的技术要求进行，注意防止在成形过程中损坏元器件。

③ 电阻器、二极管一般采用卧式安装，电容器、三极管采用立式安装。

④ 安装完成后检查电解电容器、二极管和三极管的脚的极性有没有装错，以免烧毁元器件。

6.3.3.3　单结晶体管可控整流电路的安装、测试

(1) 具体要求

某企业承接了一批电子调光灯的组装与调试任务，请按照相应的企业生产标准完成该产品的组装与调试，实现该产品的基本功能、满足相应的技术指标，并正确填写相关技术文件或测试报告。原理图如图 6.3.9 所示。

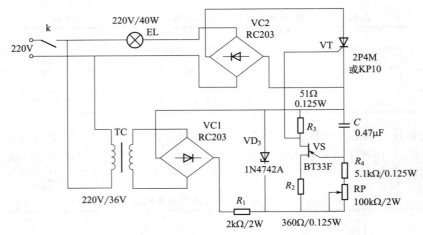

图 6.3.9　单结晶体管可控整流电路原理图

要求：

① 装接前先要检查器件的好坏，核对元件数量和规格。

② 根据提供的万能板安装电路，安装工艺符合相关行业标准。不损坏电气元件，安装前应对元器件进行检测。

③ 装配完成后，通电测试，利用提供的仪表测试本电路。

(2) 仪器设备、工具、元器件及材料

① 选择装调工具、仪器设备并列写清单，填入表6.3.9。

表 6.3.9　单结晶体管可控整流电路的工具设备清单表

序号	名称	型号/规格	数量	备注
1	数字示波器	DS5022M/2 通道 25MHZ 带宽	1	
2	变压器	220V/36V,100V·A	1	
3	万用表	VC890D	1	
4	小一字起子	3.0×75mm	1	
5	电烙铁	25～30W	1	
6	烙铁架		1	
7	斜口钳	130mm	1	
8	测试导线		若干	
9	镊子		1	
10	松香		1	

② 按照元器件清单表（见表6.3.10）清点元器件并检测元器件。

表 6.3.10　单结晶体管可控整流电路的元器件清单表

名称	型号与规格	数量	检测情况
稳压二极管	1N4742A/12V	1	$VD_3:U_{正}=$　　V(二极管挡),$U_{反}$ 超过量程
桥堆	2W10	2	$VC:U_{~~}=$　　V(二极管挡) $U_{~~}=$　　V(二极管挡) $U_{~+}=$　　V(二极管挡)　$U_{~+}=$　　V(二极管挡) $U_{~-}=$　　(二极管挡)　$U_{~-}=$　　(二极管挡) $U_{+~}=$　　(二极管挡)　$U_{+~}=$　　(二极管挡)
晶闸管	2P4M	1	$VT:U_{GK正}=$　　V(二极管挡) G 极断开时:$U_{AK正}=$　　(二极管挡) G 极与 A 极用导线接触后再分开:$U_{AK正}=$　　V(二极管挡)
白炽灯	36V/40W	1	$EL:R_{灯}=$　　Ω(　Ω 挡)
变压器	220V/36V, 100V·A	1	$TC:R_{原}=$　　Ω(200Ω 挡),$R_{副}=$　　Ω(200Ω 挡)

续表

名称	型号与规格	数量	检测情况
单结晶体管	BT33F	1	VS: $R_{EB1}=$ Ω（20MΩ 挡），$R_{B1E}=$ Ω（20MΩ 挡） $R_{EB2}=$ Ω（20MΩ 挡），$R_{B2E}=$ Ω（20MΩ 挡） $R_{B1B2}=$ Ω（2MΩ 挡），$R_{B2B1}=$ Ω（2MΩ 挡）
电阻	2kΩ/1W	1	$R_1=$ Ω（2kΩ 挡）
电阻	360Ω	1	$R_2=$ Ω（2kΩ 挡）
电阻	51Ω	1	$R_3=$ Ω（200Ω 挡）
电阻	10kΩ	1	$R_4=$ Ω（20kΩ 挡）
电位器	100kΩ	1	RP: $R_{左右}=$ Ω（200kΩ 挡）， 旋转旋钮 $R_{左中\,min}=$ Ω（200kΩ 挡） $R_{左中\,max}=$ Ω（200kΩ 挡）
电容	0.47μF	1	$C=$ nF（电容 2000μF 挡） R 从小变到无穷大（2MΩ 挡）
接线端子	301-2p	2	
万能板		1	
焊锡	Φ0.8	1.5	

  元器件都是用数字式万用电表检测。黑色测试探头插入 COM 输入插口。红色测试探头插入 Ω 输入插口。红表笔接的万用表内部电池的正极，黑表笔接的万用表内部电池的负极。

  a. 检测电阻。

  （a）关掉电路电源。注意：测量时不能带电测量，不能用两手同时去接触电阻两管脚（或表笔的金属部分），以防将人体电阻并联在被测电阻两端，影响测量结果。电路中测电阻时必须让其中一脚悬空。

  （b）选择电阻挡（Ω）。先根据色环判断电阻的大概阻值，再选择不同的电阻挡位进行测量，量程尽量接近测量值；也可以从最大量程开始试测，再根据电阻参数选择合适量程。

  （c）将探头前端跨接在器件两端，或待测电阻的那部分电路两端。

  （d）查看读数，确认测量单位（即量程单位）——欧姆（Ω），千欧（kΩ）或兆欧（MΩ）。

  （e）超出量程时，仪表仅显示数字"0.L"或"1."，这时应选择更高的量程。

  （f）如果阻值为 0 或是∞，该电阻已经损坏。

  （g）测完一个电阻就别在元器件清单表的相应位置上，以免混淆，如图 6.3.10 所示。

  b. 检测电位器。

  一看：如图 6.3.11(a) 所示，外形是否端正，阻值标称是否清晰完好，转轴是否灵活，松紧是否适当。

电阻	2kΩ/1W	1	$R_1 = 1.97$kΩ(2kΩ挡)
电阻	360Ω	1	$R_2 = 0.358$kΩ(2kΩ挡)
电阻	51Ω	1	$R_3 = 50.6$Ω(200Ω挡)
电阻	10kΩ	1	$R_4 = 9.9$kΩ(20kΩ挡)

图 6.3.10　测量电阻结果

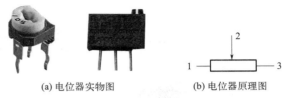

(a) 电位器实物图　　　　(b) 电位器原理图

图 6.3.11　电位器

二测：测标称阻值和测电阻变化。

（a）标称 100kΩ，选择好数字式万用表电阻挡的量程 200kΩ 挡。

（b）如图 6.3.11(b) 所示，表笔分别放在 1 和 3 脚上，用起子转动旋钮，R_{13} 读数应始终为 100k，则 2 为滑片。

（c）表笔放在"1""2"或"3""2"两端。用起子将电位器的转轴逆时针旋转，指标应平滑移动，电阻值逐渐减小；若将电位器的转轴顺时针旋转，电阻值应逐渐增大，直至接近电位器的标称值，则说明电位器是好的。

（d）如在检测过程中，万用表读数有断续或跳动现象，说明该电位器存在着活动触点接触不良和阻值变化不均问题。

c. 检测变压器。型号为 TC：220V/36V 的变压器如图 6.3.12 所示。原边副边判别：降压变压器，原边匝数多于副边匝数，则 $R_原 > R_副$。

d. 检测灯泡。型号为 EL：220V/40W 的白炽灯泡如图 6.3.13 所示。好坏检测：用数字万用表的电阻挡（宜选 200Ω 或 2kΩ 挡），将灯泡断电，然后将两表笔接触灯泡的两个接电端。如果灯泡是好的，会指示一定的电阻值（灯泡功率不同则电阻值也就不同）。如果阻值为∞或 0 就说明灯泡已经损坏，∞就是不通，0 就是短路，不可使用！

图 6.3.12　变压器实物　　　　　　　图 6.3.13　白炽灯实物

e. 检测稳压二极管。型号 1N4742A/12V 的稳压二极管实物如图 6.3.14 所示。

极性识别：外壳上有一条色带（黑）标志的一端为稳压二极管的阴极，另一端为阳极。

好坏、极性检测：

（a）数字万用表选择二极管挡，如图 6.3.15 所示。利用二极管的单向导电性，用表测时，若示数为 0.7V 左右，即是硅二极管的正向压降，则红表笔所测端为阳极，黑表笔端为阴极；若读数显示为"0.L"或"1."，反过来再测一次。如果两次测量读数都显示为"0.L"或"1."，表示此稳压二极管已经损坏。

图 6.3.14　稳压二极管实物

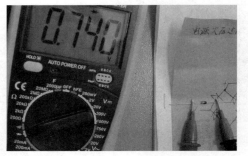

图 6.3.15　检测稳压二极管（二极管挡）

(b) 数字万用表选择电阻挡，如图 6.3.16 所示。将转换开关拨到 2MΩ 或 20MΩ 挡，两表笔分别接触稳压二极管两端，测出两个电阻值。其中阻值小（约几十千欧至几兆欧）的一次，万用表的红表笔（高电位）所接的一端为阳极。反之，阻值大（20MΩ 挡显示为 "0.L" 或 "1."）的一次，红表笔所接的一端为负极。

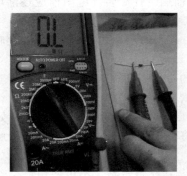

图 6.3.16　检测稳压二极管（欧姆挡）

(3) 设计布局图

电子元器件布局图就是布在万能板（洞洞板）上的元器件及走线图。它是根据选定的万能板尺寸、形状、插孔间距及待组装电路原理图，在电路板上对要组装的元器件分布进行设计，是电子产品制作过程中非常重要的一个环节。

① 设计要点

a. 要按电路原理图设计。

b. 元器件分布要科学，电路连接规范。

c. 元器件间距要合适，器件分布要美观。

② 具体方法和注意事项

a. 根据电路原理图找准几条线（元器件引脚焊接在一条条直线上，确保元器件分布合理、美观）。

b. 电子元器件检测确认后，管脚只能轻拨开，不能随意折弯，容易损坏。

c. 除了电阻元件，其他元器件如二极管、电解电容、晶闸管、单结晶体管等元器件，要注意引脚区分或极性辨别。

d. 画布局图时可以从板子装元器件的这面去看来画布局图（正面），也可以从板子焊接的那面去看来画布局图（背面）。布局图上要注明是正面还是背面。建议采用背面的布局图。

e. 布局图上的元器件是画实物的轮廓，在旁边注明元器件的符号，有极性的、有脚的名称的都要标记,焊接点要把对应的孔涂黑。

f. 布局图要和实际布局一模一样。

g. 布局图最上面空白处写上班级、组长名、组员名、指导教师名、产品名。

本任务的单结晶体管可控整流电路的布局图如图 6.3.17 所示。

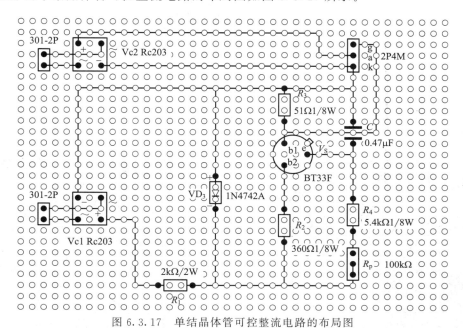

图 6.3.17 单结晶体管可控整流电路的布局图

(4) 电路安装与调试

① 电路装配 如图 6.3.18 所示,在提供的万能板上装配电路,且装配工艺应符合 IPC-A-610D 标准的二级产品等级要求。

(a) 万能板正面图　　　　　　　(b) 万能板背面图

图 6.3.18 单结晶体管可控整流电路板实物图

② 电路调试 装配完成后,通电调试。

a. 电路板接入 220V、36V 交流电源及白炽灯,请绘制电路测试连线示意图,如图 6.3.19 所示。

b. 电路调试。电路板接入 220V 和 36V 交流电源,调节 RP 电位器,使灯泡出现亮暗变化,要求灯泡能线性由暗变化到全亮,如图 6.3.20 所示。

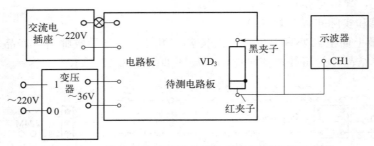

图 6.3.19　单结晶体管可控整流电路的测试连线示意图

c. 利用示波器测出稳压管 VD_3 两端的波形，如图 6.3.21 所示，并画出波形图，如图 6.3.22 所示。

图 6.3.20　电路调试过程

图 6.3.21　示波器测稳压管两端波形

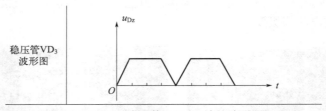

图 6.3.22　稳压管 VD_3 两端的波形图

d. 调试结束后，请在标签上写上自己的组员名，贴在电路板正面空白处。

e. 收拾桌面：桌面整洁，工具摆放整齐。

(5) 注意事项

① 依照布局图上的元器件位置在万能板上进行布局。

② 元器件的加工成形时，按成形的技术要求进行，注意防止在成形过程中损坏元器件。

③ 电阻器、二极管一般采用卧式安装，电位器、电容器、桥堆、晶闸管、单结晶体管采用立式安装。

④ 安装完成后检查电解电容器、二极管、桥堆、晶闸管、单结晶体管的脚的极性有没有装错，以免烧毁元器件。

⑤ 检查无误后再接变压器和照明灯，接通电源。注意安全，以免触电。

6.3.4 任务考核

针对考核任务，相应的考核评分细则参见表6.3.11。

表6.3.11 评分细则

序号	考核内容	考核项目	配分	评分标准	得分
1	工艺	电路板作品要求符合IPC-A-610D标准中各项可接受条件的要求(1级)： (1)元器件的参数和极性插装正确； (2)合理选择设备或工具对元器件进行成形和插装； (3)元器件引脚和焊盘浸润良好，无虚焊、空洞或堆焊现象； (4)焊点圆润、有光泽、大小均匀； (5)插座插针垂直整齐，插孔式元器件引脚长度2~3mm，且剪切整齐	25分	(1)虚焊、桥接、漏焊、半边焊、毛刺、焊锡过量或过少、助焊剂过量等，每焊点扣1分； (2)焊盘翘起、脱落(含未装元器件处)，每处扣2分； (3)损坏元器件，每只扣1分； (4)烫伤导线、塑料件、外壳，每处扣2分； (5)连接线焊接处应牢固工整，导线线头加工及浸锡合理规范，线头不外露，否则每处扣1分； (6)插座插针垂直整齐，否则每个扣0.5分； (7)插孔式元器件引脚长度2~3mm，且剪切整齐，否则酌情扣1分； (8)整板焊接点未进行清洁处理扣1分	
2	调试	(1)合理选择仪器仪表，正确操作仪器设备对电路进行调试； (2)电路调试接线图绘制正确； (3)通电调试操作规范	25分	(1)不能正确使用万用表、毫伏表、示波器等仪器仪表每次扣3分； (2)不能按正确流程进行测试并及时记录调试数据，每错一处扣1分； (3)调试过程中出现元件、电路板烧毁/冒烟/爆裂等异常情况，扣5分/个(处)	
3	功能指标	(1)电路通电工作正常，功能缺失按比例扣分； (2)测试参数正确，即各项技术参数指标测量值的上下限不超出要求的10%； (3)测试报告文件填写正确	30分	(1)不能正确填写测试报告文件，每错一处扣1分； (2)未达到指标，每项扣2分； (3)开机电源正常但作品不能工作，扣10分	
4	良好的职业素养与操作规范：工作前准备，6S规范	(1)清点器件、仪表、焊接工具、仪表，并摆放整齐； (2)穿戴好防静电防护用品； (3)操作过程中及作业完成后，保持工具、仪表、元器件、设备等摆放整齐； (4)具有安全用电意识，操作符合规范要求； (5)作业完成后清理、清扫工作现场	20分	(1)未按要求穿戴好防静电防护用品，扣3分； (2)清点工具、仪表等每项扣1分； (3)工具摆放不整齐，扣3分； (4)操作过程中乱摆放工具、仪表，乱丢杂物等，扣5分； (5)完成任务后不清理工位，扣5分； (6)出现人员受伤设备损坏事故，考试成绩为0分	
		合计	100分		

注：每项内容的扣分不得超过该项的配分。任务结束前，填写、核实制作和检测记录单并存档。

项目 7

使用与设计 PLC 控制系统

学习目标

【知识目标】

(1) 了解可编程序控制器的结构及工作原理。
(2) 了解可编程序控制器面板的操作与使用。
(3) 了解可编程序控制器软组件的分类。
(4) 了解可编程控制器系统设计的基本原则及步骤。

【技能目标】

(1) 能够对可编程序控制器进行拆装。
(2) 会使用可编程序控制器编程软件。
(3) 能编写和转换可编程序控制器梯形图与语句表。
(4) 能够完成可编程控制系统的设计、安装、程序编写与调试。

【素质目标】

(1) 在使用与设计时互相帮助、互相学习、团队协作、乐业敬业。
(2) 在使用与设计时自我管理、自我约束。
(3) 在使用与设计时勤于思考、做事认真。
(4) 在使用与设计时具备环保意识、质量意识、安全意识。

任务 7.1 掌握 PLC 的基础知识及程序编写

7.1.1 任务分析

可编程序控制器的英文缩写为 PLC,由硬件和软件两部分组成,软件即 PLC 的控制程序,是 PLC 控制系统的核心,是满足系统控制要求和实现控制功能的关键。PLC 是一种带有指令存储器及数字的或模拟的输入/输出接口,以位运算为主,能完成逻辑、顺序、定时、计数和算术运算等功能,用于控制机器或生产过程的自动控制装置。专为在工业环境下应用而设计。

可编程序控制器的性能指标是选择 PLC 型号的主要依据,用户可以根据控制系统的具体要求，选择不同性能指标的 PLC。掌握可编程序控制器的性能指标有利于 PLC 的选型及维护。

可编程序控制器是应用面最广、功能强大、使用方便的通用工业控制装置，自开始使用以来，它已经成为了当代工业自动化的主要支柱之一。

由于可编程序控制器在工业控制领域广泛使用，因此掌握 PLC 的基础知识、性能及程序编写是对从事电工职业人员的必然要求。

7.1.2 任务资讯

7.1.2.1 可编程序控制器的基本结构

PLC 的类型繁多，功能和指令系统也不尽相同，但结构基本相同，包括硬件和软件两部分。硬件部分通常由主机、输入/输出接口、电源、编程器扩展器接口和外部设备接口等几个主要部分组成。

PLC 的硬件系统结构如图 7.1.1 所示。

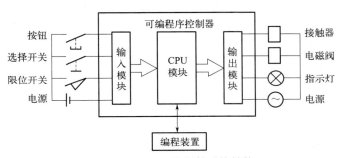

图 7.1.1　PLC 的硬件系统结构

(1) 主机

主机部分包括中央处理器（CPU）、系统程序存储器和用户程序及数据存储器。

(2) 输入/输出（I/O）接口

I/O 接口是 PLC 与输入/输出设备连接的部件。输入接口接收输入设备的控制信号。输出接口将主机经处理后的结果通过功放电路去驱动输出设备。

(3) 电源

图 7.1.1 中的电源是指为 CPU、存储器、I/O 接口等内部电子电路工作所配置的直流开关稳压电源，通常也为输入设备提供直流电源。

(4) 编程器

编程器是 PLC 的一种主要外部设备，用于手持编程，用户可用以输入、检查、修改、调试程序或监控 PLC 的工作情况。除手持编程器外，还可通过适配器和专用电缆线将 PLC 与电脑连接，并利用专用的工具软件进行电脑编程和监控。

(5) 输入/输出扩展单元

I/O 扩展接口用于连接扩充外部输入/输出端子数的扩展单元与基本单元。

(6) 外部设备接口

此接口可将编程器、打印机、条码扫描仪等外部设备与主机相连，以完成相应的操作。

PLC 软件主要可以分为两大类：系统程序和应用程序。PLC 的系统程序用来控制系统自身各部件的动作，是 PLC 厂家出厂时提供的。系统程序可分为管理程序、编译程序和系统调用功能模块。应用程序包括 PLC 厂家开发的供用户在各种平台下使用的软件，以及用户根据控制要求，用 PLC 的程序设计语言编制的应用程序。

7.1.2.2 可编程序控制器的工作原理

(1) PLC 的工作方式

PLC 源于用计算机控制来取代继电器控制，所以 PLC 同通用计算机有相同之处，如具有相同的基本结构和相同的指令执行原理。但是，两者在工作方式上却有着重要的区别，不同之处在于 PLC 采用循环扫描工作方式，集中进行输入采样、输出刷新。I/O 映像区分别存放执行程序之前的各输入状态和执行过程中各结果的状态。

(2) PLC 的循环扫描工作方式

PLC 是采用周期循环扫描的工作方式，CPU 连续执行用户程序和任务的循环序列称为扫描。CPU 对用户程序的执行过程是 CPU 的循环扫描，并用周期性的集中采样、集中输出的方式来完成。一个扫描周期主要包括读输入阶段、执行程序阶段、处理通信请求阶段、执行 CPU 自诊断测试阶段和写输出阶段。

7.1.2.3 可编程序控制器的性能指标

PLC 的种类很多，其性能指标主要有以下几个方面。

(1) 输入/输出点数

PLC 的 I/O 点数指外部输入、输出端子数量的总和。它是描述 PLC 大小的一个重要参数。

(2) 存储容量

PLC 的存储器由系统程序存储器、用户程序存储器和数据存储器三部分组成。PLC 存储容量通常指用户程序存储器和数据存储器容量之和，表示系统提供给用户的可用资源，是系统性能的一项重要技术指标。

(3) 扫描速度

PLC 采用循环扫描方式工作，完成 1 次扫描所需的时间叫作扫描周期。影响扫描速度的主要因素有用户程序长度和 PLC 产品类型。PLC 中 CPU 的类型、机器字长等直接影响 PLC 运算精度和运行速度。

(4) 指令系统

指令系统是指 PLC 所有指令的总和。PLC 的编程指令越多，软件功能就越强，但掌握应用也相对较复杂。用户应根据实际控制要求选择合适指令功能的可编程序控制器。

(5) 通信功能

通信有 PLC 之间的通信和 PLC 与其他设备之间的通信。通信主要涉及通信模块、通信接口、通信协议和通信指令等内容。PLC 的组网和通信能力已成为 PLC 产品水平的重要衡量指标之一。

7.1.2.4 程序编写

(1) 控制程序的模块化设计

大部分 PLC 均按照模块化思想来组织控制程序。对于不采用块组织的 PLC，一般均具有子程序和子程序调用指令,基于子程序的设计思想可将一个大型的控制程序划分为若干个功能相对独立的程序模块。PLC 的程序模块一般由多行语句或多步语句或多行梯形图组成,模块的划分应满足以下要求:

① 模块的内部结构的变化不应影响模块的外部接口条件,一般只需要了解调用的输入输出参数和实现的功能,而不必关心其内部的实现过程。

② 将模块间的耦合度减到最小,一般只传递必要的数据而不传递状态参数,以减小相互依存的程度。

③ 每个模块只实现 1~2 个基本功能,每个模块的语句步数不要过多,以便调试和查错。

(2) 编程方法

常用的 PLC 程序编写方法有继电器线路替代设计法、逻辑代数法、流程图设计法、经验设计法和顺序功能图设计法等。

① 继电器线路替代法　替代设计法是用 PLC 的梯形图程序替代原有的继电器逻辑控制线路。如果利用 PLC 改造传统的继电器控制系统,可直接采用此方法设计 PLC 系统或其某个局部控制程序。

② 逻辑代数设计法　逻辑代数设计法是仿照数字电子技术中的逻辑设计方法进行 PLC 梯形图程序设计,其基本思想是使用逻辑表达式描述实际问题,根据逻辑表达式设计梯形图。

③ 流程图设计法　PLC 控制程序及其运行过程可以用流程图来表示。因此用流程图可进行 PLC 控制程序设计。

④ 经验设计法　经验设计法是工程技术人员常用的一种设计方法。该方法要求设计者掌握和积累大量的典型梯形图,在掌握这些典型梯形图的基础上,充分理解实际的控制问题,将实际的控制问题分解为典型的梯形图,然后进行组合,结合实际控制要求,修改成实际需求的梯形图程序。

⑤ 顺序功能图设计法　如果系统的动作或工序存在明显的先后关系或顺序关系,一般可采用顺序功能图设计法,简称 SFC 设计法。

7.1.3 任务实施

7.1.3.1 可编程序控制器基本结构、原理和性能指标分析

(1) 具体要求

能正确地指出可编程序控制器的部件,并能说出各部件的作用;能正确分析可编程序控制器的工作过程;能正确认识与分析可编程序控制器的主要性能指标;填写任务工单。

(2) 仪器设备、工具及材料

三菱 FX3U 可编程序控制器;通用维修电工实训台;十字起;一字起;万用表。

(3) 具体目标

该任务的实施主要是加强对可编程序控制器结构的认知和工作原理的熟悉,通过任务的实施掌握可编程序控制器的基本结构与工作原理,掌握可编程序控制器的主要性能指标。

(4) 内容及步骤

该任务的主要内容是熟悉可编程序控制器的基本结构与工作原理。步骤如下:

① 准备设备和工具,如三菱 FX3U 可编程序控制器、十字起、一字起、万用表等。

② 说出三菱 FX3U 可编程序控制器的主要性能指标参数,并分析其主要性能指标参数

的含义。

③ 拆开三菱 FX3U 可编程序控制器，认知其结构，讲述各部件的作用，并分析其工作原理。

④ 组装三菱 FX3U 可编程序控制器，并用万用表检测装配质量。

⑤ 填写任务工单。

⑥ 设备和工具整理。

(5) 注意事项

① 拆装三菱 FX3U 可编程序控制器必须严格按照拆装流程进行。

② 拆装过程中注意保护可编程序控制器的接口和接线端不被损坏。

③ 注意对可编程序控制器的主要性能指标参数含义的理解。

7.1.3.2 PLC 控制程序设计

(1) 具体要求

能正确运用继电器线路替代法对三相异步电动机正反转控制系统进行 PLC 控制程序设计，并填写任务工单。

(2) 仪器设备、工具及材料

三菱 FX3U 可编程序控制器；电脑；编程软件；通用维修电工实训台。

(3) 具体目标

该任务的实施主要是加强对可编程序控制器编程方法的熟悉。通过任务的实施掌握可编程序控制器的基本编程方法，并能灵活运用。

(4) 内容及步骤

该任务的主要内容是熟悉可编程序控制器的继电器线路替代法。步骤如下：

① 准备设备和工具，如三菱 FX3U 可编程序控制器等。

② 阅读三相异步电动机正反转控制的主电路和继电器控制电路图，确定 PLC 的输入与输出点。

图 7.1.2 是三相异步电动机正反转控制的主电路和继电器控制电路图。

根据控制电路图确定输入点为 X0、X1 和 X2，分别对应正转启动按钮、反转启动按钮和停止按钮。输出点为 Y0 和 Y1，分别为正转交流接触器和反转交流接触器。

③ 按照三相异步电动机正反转控制继电器控制电路图编写其 PLC 控制程序。

图 7.1.3 和图 7.1.4 是 PLC 控制系统的外部接线图和梯形图，其中 KM1 和 KM2 分别是控制电动机正反转的交流接触器。

在梯形图中，用两个启保停电路分别来控制电动机的正转和反转。按下正转启动按钮 SB2，X0 变为 ON，其常开触点接通，Y0 的线圈得电并自保持，使 KM1 线圈通电，电动机开始正转。按下停止按钮 SB1，X2 变为 ON，其常闭触点断开，使 Y0 线圈失电，电机停止运行。

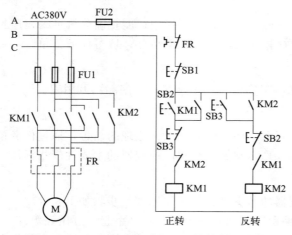

图 7.1.2 三相异步电动机正反转控制电路图

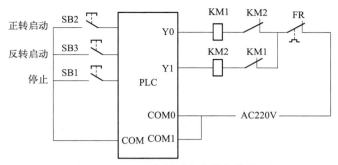

图 7.1.3　PLC 控制系统的外部接线图

在梯形图中，将 Y0 和 Y1 的常闭触点分别与对方的线圈串联，可以保证它们不能同时为 ON，因此 KM1 和 KM2 的线圈不会同时通电，这种安全措施在继电器电路中称为互锁。在梯形图中还设置了按钮联锁，即将反转启动按钮 X1 的常闭触点与控制正转的 Y0 线圈串联，将正转启动按钮 X0 的常闭触点与控制反转的 Y1 线圈串联。这样既方便了操作又保证了 Y0 和 Y1 不会同时接通。

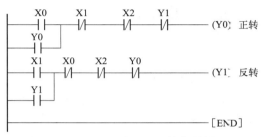

图 7.1.4　异步电动机正反转控制梯形图

④ 将编写的控制程序输入 PLC，运行该程序。
⑤ 填写任务工单。
⑥ 设备和工具整理。

(5) 注意事项

该控制程序是以三菱 FX3U 为控制机型编写与接线的。

7.1.4　任务考核

针对考核任务，相应的考核评分细则参见表 7.1.1。

表 7.1.1　评分细则

序号	考核内容	考核项目	配分	评分标准	得分
1	可编程序控制器的结构、工作原理及指标	了解可编程序控制器的结构、工作原理及指标	20 分	(1) 了解可编程序控制器结构及作用 (10 分)；(2) 了解可编程序控制器的主要指标 (10 分)	
2	PLC 程序的编写	能根据要求完成 PLC 程序的编写	30 分	(1) 掌握可编程序控制器程序编写 (15 分)；(2) 能根据功能编写程序 (15 分)	
3	功能演示	PLC 控制系统的调试与功能演示	30 分	(1) 掌握控制设计系统的调试 (15 分)；(2) 能根据功能要求完成功能演示 (15 分)	
4	安全文明生产	积累电路制作经验，养成好的职业习惯	20 分	违反安全文明操作规程酌情扣分	
	合计		100 分		

注：每项内容的扣分不得超过该项的配分。任务结束前，填写、核实制作和维修记录单并存档。

任务 7.2 使用、检修 PLC

7.2.1 任务分析

PLC 系统设计完成后,需要对 PLC 进行安装。在 PLC 运行过程中需要及时对其进行维护,出现故障需及时排除。PLC 的安装、维护与检修是维修电工岗位的一项主要工作任务。掌握 PLC 的安装、维护与检修方法,熟悉 PLC 的安装、维护与检修流程,对电气维修人员来说非常重要。

7.2.2 任务资讯

7.2.2.1 PLC 的安装

（1）安装方式

PLC 的安装方法有两种:底板安装和 DIN 导轨安装。底板安装是利用 PLC 机体外壳四个角上的安装孔,用螺钉将其固定在底板上。DIN 导轨安装是利用模块上的 DIN 夹子,把模块固定在一个标准的 DIN 导轨上。导轨安装既可以水平安装,也可以垂直安装。

（2）安装环境

PLC 适用于工业现场,为了保证其工作的可靠性,延长 PLC 的使用寿命,安装时要注意周围环境条件:环境温度在 0~55℃ 范围内;相对湿度在 35%~85% 范围（无结霜）内;周围无易燃或腐蚀性气体、过量的灰尘和金属颗粒;避免过度的振动和冲击;避免太阳光的直射和水的溅射。

（3）安装注意事项

除了环境因素,安装时还应注意:PLC 的所有单元都应在断电时安装、拆卸;切勿使导线头、金属屑等杂物落入机体内;模块周围应留出一定的空间,以便于机体周围的通风和散热。此外,为了防止高电子噪声对模块的干扰,应尽可能将 PLC 模块与产生高电子噪声的设备（如变频器）分隔开。

7.2.2.2 PLC 的配线

PLC 的配线主要包括电源接线、接地、I/O 接线及对扩展单元的接线等。

（1）电源接线与接地

PLC 的工作电源有 120/230V 单相交流电源和 24V 直流电源。系统的大多数干扰往往通过电源进入 PLC,在干扰强或可靠性要求高的场合,动力部分、控制部分、PLC 自身电源及 I/O 回路的电源应分开配线,用带屏蔽层的隔离变压器给 PLC 供电。隔离变压器的一次侧最好接 380V,这样可以避免接地电流的干扰。输入用的外接直流电源最好采用稳压电源,因为整流滤波电源有较大的波动,容易引起误动作。

良好的接地是抑制噪声干扰和电压冲击,保证 PLC 可靠工作的重要条件。PLC 系统接地的基本原则是单点接地,一般用独自的接地装置,单独接地,接地线应尽量短,一般不超过 20m,接地点尽量靠近 PLC。

（2）I/O 接线和对扩展单元的接线

可编程序控制器的输入接线是指外部开关设备 PLC 的输入端口的连接线。输出接线是指将输出信号通过输出端子送到受控负载的外部接线。

I/O 接线时应注意：I/O 线与动力线、电源线应分开布线，并保持一定的距离，如需在一个线槽中布线时，须使用屏蔽电缆；I/O 线的距离一般不超过 300m；交流线与直流线、输入线与输出线应分别使用不同的电缆；数字量和模拟量 I/O 应分开走线，传送模拟量 I/O 线应使用屏蔽线，且屏蔽层应一端接地。

7.2.2.3 PLC 的自动检测功能及故障诊断

PLC 具有很完善的自诊断功能，如出现故障，借助自诊断程序可以方便地找到出现故障的部件，更换后就可以恢复正常工作。故障处理的方法可参看系统手册的故障处理指南。实践证明，外部设备的故障率远高于 PLC，而这些设备故障时，PLC 不会自动停机，导致故障范围扩大。为了及时发现故障，可用梯形图程序实现故障的自诊断和自处理。

(1) 超时检测

机械设备在各工步的所需时间基本不变，因此可以用时间为参考，在可编程序控制器发出信号，相应的外部执行机构开始动作时启动一个定时器开始计时，定时器的设定值比正常情况下该动作的持续时间长 20% 左右。如某执行机构在正常情况下运行 10s 后，使限位开关动作，发出动作结束的信号。在该执行机构开始动作时启动设定值为 12s 的定时器计时，若 12s 后还没有收到动作结束的信号，由定时器的常开触点发出故障信号，该信号停止正常的程序，启动报警和故障显示程序，使操作人员和维修人员能迅速判别故障的种类，及时采取排除故障的措施。

(2) 逻辑错误检查

在系统正常运行时，PLC 的输入、输出信号和内部的信号（如存储器的状态）相互之间存在着确定的关系，如出现异常的逻辑信号，则说明出了故障。因此可以编制一些常见故障的异常逻辑关系，一旦异常逻辑关系为 ON 状态，就应按故障处理。如机械运动过程中先后有两个限位开关动作，这两个信号不会同时接通。若它们同时接通，说明至少有一个限位开关被卡死，应停机进行处理。在梯形图中，用这两个限位开关对应的存储器的位的常开触点串联，来驱动一个表示限位开关故障的存储器的位，就可以进行检测。

7.2.2.4 PLC 的维护与检修

虽然 PLC 的故障率很低，由 PLC 构成的控制系统可以长期稳定和可靠地工作，但对它进行维护和检查是必不可少的。一般每半年应对 PLC 系统进行一次周期性检查。

(1) 供电电源

查看 PLC 的供电电压是否在标准范围内。交流电源工作电压的范围为 85～264V，直流电源电压应为 24V。

(2) 环境条件

查看控制柜内的温度是否在 0～55℃ 范围内，相对湿度在 35%～85% 范围内，以及无粉尘、铁屑等。

(3) 安装条件

连接电缆的连接器是否完全插入旋紧，螺钉是否松动，各单元是否可靠固定、有无松动。

(4) I/O 端电压

均应在工作要求的电压范围内。

7.2.3 任务实施

(1) 具体要求

能正确安装 PLC，并能根据机电设备控制要求正确进行配线，填写任务工单。

(2) 仪器设备、工具及材料

三菱 FX3U 可编程序控制器；电线；拨线钳；钳子；一字起；十字起；扳手；通用维修电工实训台；螺钉；螺母；万用表。

(3) 具体目标

该任务的实施主要是加强对可编程序控制器安装方法和配线的熟悉。通过任务的实施掌握可编程序控制器的基本安装方法，并能灵活根据机电设备控制要求进行配线。

(4) 内容及步骤

该任务的主要内容是熟悉可编程序控制器的安装与配线方法。步骤如下：

① 准备设备和工具，如三菱 FX3U 可编程序控制器等。
② 将 PLC 安装在合适的位置。
③ 对 PLC 进行配线和接线。
④ 用万用表检测接线是否可靠，检查接线是否正确。
⑤ 填写任务工单。
⑥ 设备和工具整理。

(5) 注意事项

严格按照电气系统接线规范进行配线与接线。

7.2.4 任务考核

针对考核任务，相应的考核评分细则参见表 7.2.1。

表 7.2.1 评分细则

序号	考核内容	考核项目	配分	评分标准	得分
1	PLC 控制器的安装	掌握 PLC 控制系统的安装	20 分	(1) 了解 PLC 控制器安装的要求(5分)；(2) 掌握 PLC 控制的安装工艺(15分)	
2	PLC 控制系统的配线与接线	掌握 PLC 控制系统的配线与接线	30 分	(1) 掌握 PLC 控制系统的配线(15分)；(2) 掌握 PLC 控制系统的接线(15分)	
3	PLC 控制系统的调试	正确调试系统	30 分	掌握控制设计系统的调试	
4	安全文明生产	积累电路制作经验，养成好的职业习惯	20 分	违反安全文明操作规程酌情扣分	
		合计	100 分		

注：每项内容的扣分不得超过该项的配分。任务结束前，填写、核实制作和维修记录单并存档。

任务 7.3 使用西门子/三菱系列 PLC 产品

7.3.1 任务分析

西门子 PLC 和三菱 PLC 应用都很广泛，其编程形象直观，都有大、中、小和微型 PLC，在自动控制领域中久负盛名，但是它们各自侧重点有所区别。西门子 PLC 在过程控制、通信控制、模拟量编程等方面较强，三菱 PLC 则在离散控制、运动控制、伺服和步进控制方面，具有指令丰富、编程简单、控制精度高等优点。所以针对不同的设备不同的控制方式，要合理地选用 PLC，用其长处，避其短处。因此，学会使用西门子/三菱系列 PLC 对于从事电气职业的工作人员非常重要。

7.3.2 任务资讯

7.3.2.1 S7-200 系列 PLC 简介

(1) S7-200 的系统组成

S7-200 是整体式结构的、具有很高的性能/价格比的小型可编程序控制器，根据控制规模的大小（即输入/输出点数的多少），可以选择相应 CPU 的主机。除了 CPU221 主机以外，其他 CPU 主机均可进行系统扩展。

同其他的 PLC 一样，S7-200 的系统基本组成也是主机单元加编程器。在需要进行系统扩展时，系统组成中还可包括：数字量扩展单元模板、模拟量扩展单元模板、通信模板、网络设备、人机界面 HMI 等。

(2) S7-200 的主要技术性能指标

PLC 的技术性能指标是衡量其功能的直接反映，是设备选型的重要依据。S7-200 的 CPU22X 系列的主要技术性能指标见表 7.3.1。

表 7.3.1 CPU22X 系列的主要技术性能指标

指标	CPU221	CPU222	CPU224	CPU226
外形尺寸/(mm×mm)	90×80×62	90×80×62	120.5×80×62	190×80×62
存储器				
用户程序	2048 字	2048 字	4096 字	4096 字
用户数据	1024 字	1024 字	2560 字	2560 字
数据后备(电容)	50h	50h	50h	50h
输入/输出				
本机 I/O	6入/4出	8入/6出	14入/10出	24入/16出
扩展模板数量	无	2个	7个	7个
数字量 I/O 映像区	256	256	256	256
模拟量 I/O 映像区	无	16入/16出	32入/32出	32入/32出
指令系统				
布尔指令执行速度	0.37μs/指令	0.37μs/指令	0.37μs/指令	0.37μs/指令
FOR/NEXT 循环	有	有	有	有

续表

指标	CPU221	CPU222	CPU224	CPU226
整数指令	有	有	有	有
实数指令	有	有	有	有
主要内部继电器				
I/O映像寄存器	128I/128Q	128I/128Q	128I/128Q	128I/128Q
内部通用继电器	256	256	256	256
定时器/计数据	256/256	256/256	256/256	256/256
字入/字出	无	16/16	32/32	32/32
顺序控制继电器	256	256	256	256
附加功能				
内置高速计数器	4H/W(20kHz)	4H/W(20kHz)	6H/W(20kHz)	6H/W(20kHz)
模拟电位器	1	1	2	2
脉冲输出	2(20kHzDC)	2(20kHzDC)	2(20kHzDC)	2(20kHzDC)
指标	CPU221	CPU222	CPU224	CPU226
通信中断	1发送/2接收	1发送/2接收	1发送/2接收	2发送/4接收
硬件输入中断	4,输入滤波器	4,输入滤波器	4,输入滤波器	4,输入滤波器
定时中断	2(1~255ms)	2(1~255ms)	2(1~255ms)	2(1~255ms)
实时时钟	有(时钟卡)	有(时钟卡)	有(内置)	有(内置)
口令保护	有	有	有	有
通信功能				
通信口数量	1(RS-485)	1(RS-485)	1(RS-485)	2(RS-485)
支持协议 0号口 1号口	PPI,DP/T 自由口 无	PPI,DP/T 自由口 无	PPI,DP/T 自由口 无	PPI,DP/T 自由口 同0号口
PROFIBUS点对点	NETR/NETW	NETR/NETW	NETR/NETW	NETR/NETW

(3) S7-200的工作方式及扫描周期

① 工作方式　S7-200有3种工作方式：RUN（运行）、STOP（停止）、用TERM（Terminal终端）工作方式，可通过安装在PLC上的方式选择开关进行切换。

② 扫描周期　在RUN方式下，系统周期性地循环执行用户程序。每个扫描周期包括读输入阶段、执行程序阶段、处理通信请求阶段、CPU自诊断阶段和写输出阶段。

(4) S7-200的编程元件

在S7-200中的主要编程元件有：输入继电器I、输出继电器Q、变量寄存器V、辅助继电器M、特殊继电器SM、定时器T、计数器C、高速计数器HSC、累加器AC、状态继电器S、局部变量存储器L、模拟量输入（AIW）寄存器和模拟量输出（AQW）寄存器。

7.3.2.2　STEP7-Micro/WIN32编程软件的使用

(1) STEP7-Micro/WIN32软件安装

① 系统要求

a. 操作系统：Windows 7及以上系统。

b. 硬件配置：CPU Intel(R)i5及以上，内存4G以上。

c. 通信电缆：PC/PPI 电缆，用于计算机与 PLC 的连接。

② 硬件连接　PC/PPI 电缆的两端分别为 RS-232 和 RS-485 接口，RS-232 端连接到个人计算机 RS-232 通信口 COM1 或 COM2 接口上，RS-485 端接到 S7-200 CPU 通信口上。

③ 软件安装

a. 将存储软件的光盘放入光驱；

b. 双击光盘中的安装程序 SETUP.EXE，选择 English 语言，进入安装向导；

c. 按照安装向导完成软件的安装，然后打开此软件，选择菜单 Tools—Options—General—Chinese，完成汉化补丁的安装；

d. 软件安装完毕。

④ 建立通信联系　设置连接好硬件并且安装完软件之后，可以按下面的步骤进行在线连接：

a. 在 STEP 7-Micro/WIN 32 运行时，单击浏览条中通信图标，或从菜单检视（View）中选择元件—通信（Communications），则会出现一个通信对话框。

b. 双击对话框中的刷新图标，STEP7-Micro/WIN32 编程软件将检查所连接的所有 S7-200CPU 站。

c. 双击要进行通信的站，在通信建立对话框中，可以显示所选的通信参数，也可以重新设置。

⑤ 通信参数设置

a. 单击浏览条中的系统块图标，或从菜单检视（View）中选择元件—系统块（System Block）选项，将出现系统块对话框，如图 7.3.1 所示。

b. 单击"通信口"选项卡，检查各参数，确认无误后单击确定。若需要修改某些参数，可以先进行有关的修改，再单击"确认"。

c. 单击工具条的下载按钮，将修改后的参数下载到可编程序控制器。

图 7.3.1　STEP 7-Micro/WIN32 通信设置

(2) STEP7-Micro/WIN32 软件的启动和退出

① 启动方法

a. 方法一：双击桌面快捷图标 ；

b. 方法二：单击开始—Simatic—STEP7-Micro/WIN32 V4.0—STEP7-Micro/WIN。

② 退出方法

a. 方法一：单击菜单文件（File）—退出（Exit）；

b. 方法二：单击右上角"关闭"按钮；

c. 方法三：双击左上角"控制"图标；

d. 方法四：按组合键 Alt+F4。

(3) STEP7-Micro/WIN32 软件的主界面介绍

主界面一般可以分为以下几个部分：主菜单、工具条、浏览条、指令树、用户窗口、输出窗口和状态条。除主菜单外，用户可以根据需要通过检视菜单和窗口菜单决定其他窗口的取舍和样式的设置。

① 主菜单　主菜单包括：文件、编辑、检视、PLC、调试、工具、窗口、帮助 8 个主菜单项。

② 工具条　STEP 7-Micro/WIN 32 提供了两行快捷按钮工具条，共有四种，可以通过检视—工具条重设。包括标准工具条、调试工具条、公用工具条和 LAD 指令工具条。

③ 浏览条　浏览条中设置了控制程序特性的按钮，包括程序块（Program Block）、符号表（Symbol Table）、状态图表（Status Chart）、数据块（Data Block）、系统块（System Block）、交叉引用（Cross Reference）和通信（Communication）。

④ 指令树　指令树以树形结构提供编程时用到的所有项目对象和 PLC 所有指令。

⑤ 用户窗口　可同时或分别打开 6 个用户窗口，分别为：交叉引用、数据块、状态图表、符号表、程序编辑器、局部变量表。

⑥ 输出窗口　用来显示 STEP 7-Micro/WIN 32 程序编译的结果，如编译结果有无错误、错误编码和位置等。

⑦ 状态条　提供在 STEP 7-Micro/WIN 32 中操作的有关信息。

(4) 系统块的配置

系统块配置又称 CPU 组态，进行 STEP 7-Micro/WIN 32 编程软件系统块配置有 3 种方法：

① 在"检视"菜单，选择"元件"→"系统块"项；

② 在"浏览条"上单击"系统块"按钮；

③ 双击指令树内的系统块图标。

(5) 程序编辑、调试及运行

① 创建新项目文件　可用菜单命令文件—新建按钮；也可用工具条中的"新建"按钮来完成。

② 打开已有的项目文件　可用菜单命令文件—打开按钮；也可用工具条中的"打开"按钮来完成。

③ 确定 PLC 类型　用菜单命令"PLC"→"类型"，调出"PLC 类型"对话框，单击"读取 PLC"按钮，由 STEP 7-Micro/WIN32 自动读取正确的数值。单击"确定"，确认 PLC 类型。

④ 编辑程序文件　先选择指令集和编辑器，再在梯形图中输入指令，包括编程元件的输入、上下行线的操作、程序的编辑、编写符号表、编写局部变量表和完成程序的注释。

(6) 程序的编译及下载

① 编译　用户程序编辑完成后，需要进行编译，编译可单击"编译"按钮或选择菜单命令"PLC"→"编译"，也可单击"全部编译"按钮或选择菜单命令"PLC"→"全部编译"，编译全部项目元件。

② 下载　程序经过编译后，方可下载到 PLC。下载前先做好与 PLC 之间的通信联系和通信参数设置，还有下载之前，PLC 必须在"停止"的工作状态。如果 PLC 没有在"停止"，单击工具条中的"停止"按钮，将 PLC 置于"停止"状态。

单击工具条中的"下载"按钮，或用菜单命令"文件"→"下载"，出现"下载"对话框。可选择是否下载"程序代码块""数据块"和"CPU 配置"，单击"下载"按钮，开始下载程序。

(7) 程序的运行、监控与调试

① 程序的运行　下载成功后，单击工具条中的"运行"按钮，或菜单命令"PLC"→

"运行"，PLC 进入 RUN（运行）工作状态。

② 程序的监控　在工具条中单击"程序状态打开/关闭"按钮，或用菜单命令"调试"→"程序状态"，在梯形图中显示出各元件的状态。这时，闭合触点和得电线圈内部颜色变蓝。

③ 程序的调试　结合程序监视运行的动态显示，分析程序运行的结果，以及影响程序运行的因素，然后退出程序运行和监控状态，在停止状态下对程序进行修改编辑，重新编译、下载，监视运行，如此反复修改调试，直至得出正确运行结果。

7.3.2.3　S7-200 系列 PLC 的指令系统

(1) 基本位逻辑指令

① 逻辑取及线圈驱动指令　逻辑取及线圈驱动指令为 LD（Load）、LDN（Load Not）和＝(Out)。

LD (Load)：取常开触点指令。用于网络块逻辑运算开始的常开触点与母线的连接。

LDN (Load Not)：取常闭触点指令。用于网络块逻辑运算开始的常闭触点与母线的连接。

＝(Out)：线圈驱动指令。

② 触点串联指令　触点串联指令有 A 和 AN。

A (And)：与指令。用于单个常开触点的串联连接。

AN (And Not)：与非指令。用于单个常闭触点的串联连接。

③ 触点并联指令　触点并联指令为 O（Or）、ON（Or Not）。

O (OR)：或指令。用于单个常开触点的并联连接。

ON (Or Not)：或非指令。用于单个常闭触点的并联连接。

④ 串联电路块的并联连接指令　电路块的并联连接指令为 OLD（Or Load）。两个以上触点串联形成的支路叫串联电路块。当出现多个串联电路块并联时，就不能简单地用触点并联指令，而必须用块或指令来实现逻辑运算。

OLD (Or Load)：块或指令。用于串联电路块的并联连接。

⑤ 并联电路块的串联连接指令　电路块的串联连接指令为 ALD（And Load）。两条以上支路并联形成的电路叫并联电路块。当出现多个并联电路块串联时，就不能简单地用触点串联指令，而必须用块与指令来实现逻辑运算。

ALD (And Load)：块与指令。用于并联电路块的串联连接。

⑥ RS 触发器指令　RS 触发器指令分为置位优先触发器指令 SR 和复位优先触发器指令 RS 两种。

置位优先触发器是一个置位优先的锁存器。当置位信号（S1）和复位信号（R1）都为真时，输出为"1"。复位优先触发器是一个复位优先的锁存器。当置位信号（S）和复位信号（R1）都为真时，输出为"0"。

⑦ 比较指令　比较指令是将两个操作数按指定条件进行比较，条件成立时，触点就闭合。所以比较指令实际上也是一种位指令。在实际应用中，比较指令为上下限控制以及数值条件判断提供了方便。

比较指令的类型有字节比较、整数（字）比较、双字整数比较、实数比较和字符串比较五种类型。数值比较指令的运算符有：＝、＞＝、＜、＜＝、＞和＜＞6 种，而字符串比较指令的运算符只有：＝和＜＞2 种。对比较指令可进行 LD、A 和 O 编程。

⑧ NOT 指令　取反指令 NOT。将逻辑运算结果取反，为用户使用提供方便。该指令无操作数，其 STL 和 LAD 形式如下：

STL 形式：NOT。
LAD 形式：|NOT|。

(2) 功能指令

PLC 的功能指令也称应用指令，它是指令系统中应用于复杂控制的指令。主要介绍的功能指令包括：程序控制类指令、中断指令、高速计数器指令等。

① 程序控制指令　程序控制类指令使程序结构灵活，合理使用该指令可以优化程序结构，增强程序功能。这类指令主要包括：结束、停止、看门狗、子程序、循环和顺序控制等指令。

② 运算指令　运算类指令包括算术运算指令和逻辑控制类指令。

③ 数据传送指令

数据传送指令 MOV。用来传送单个的字节、字、双字、实数。

数据块传送指令 BLKMOV。将从输入地址 IN 开始的 N 个数据传送到输出地址 OUT 开始的 N 个单元中，N 的范围为 1 至 255，N 的数据类型为：字节。

④ 顺序控制指令　在运用 PLC 进行顺序控制中常采用顺序控制指令，顺序控制指令可以将程序功能流程图转换成梯形图程序，功能流程图是设计梯形图程序的基础。

功能流程图是按照顺序控制的思想，根据工艺过程，将程序的执行分成各个程序步，通常用顺序控制继电器的位 S0.0～S31.7 代表程序的状态步，每一步由进入条件、程序处理、转换条件和程序结束四部分组成。

顺序控制指令有 3 条，描述了程序的顺序控制步进状态。指令包括：顺序步开始指令（LSCR）、顺序步结束指令（SCRE）和顺序步转移指令（SCRT）。

⑤ 中断指令　S7-200 设置了中断功能，用于实时控制、高速处理、通信和网络等复杂和特殊的控制任务。中断就是终止当前正在运行的程序，去执行为立即响应的信号而编制的中断服务程序，执行完毕再返回原先终止的程序并继续执行。

中断源是指发出中断请求的事件，又叫中断事件。为了便于识别，系统给每个中断源都分配一个编号，称为中断事件号。S7-200 系列可编程序控制器最多有 34 个中断源，分为三大类：通信中断、输入/输出（I/O）中断和时基中断。

优先级是指多个中断事件同时发出中断请求时，CPU 对中断事件响应的优先次序。S7-200 规定的中断优先次序由高到低依次是：通信中断、I/O 中断和时基中断。每类中断中不同的中断事件又有不同的优先权。

一个程序中总共可有 128 个中断。S7-200 在任何时刻，只能执行一个中断程序；在中断各自的优先级组内按照先来先服务的原则为中断提供服务，一旦一个中断程序开始执行，则一直执行至完成，不能被另一个中断程序打断，即使是更高优先级的中断程序；中断程序执行中，新的中断请求按优先级排队等候，中断队列能保存的中断个数有限，若超出，则会溢出。

中断指令有 4 条，包括开、关中断指令，中断连接、分离指令。

⑥ 高速计数器指令　高速计数器指令有两条：高速计数器定义指令 HDEF、高速计数器指令 HSC。

a. 高速计数器定义指令 HDEF。该指令指定高速计数器（HSCx）的工作模式。工作模式的选择即选择了高速计数器的输入脉冲、计数方向、复位和启动功能。每个高速计数器只能用一条"高速计数器定义"指令。

b. 高速计数器指令 HSC。根据高速计数器控制位的状态和按照 HDEF 指令指定的工作模式，控制高速计数器。参数 N 指定高速计数器的号码。

7.3.2.4 FX3U 系列 PLC 的系统构成

FX3U 系列 PLC 的外形如图 7.3.2、图 7.3.3 所示。

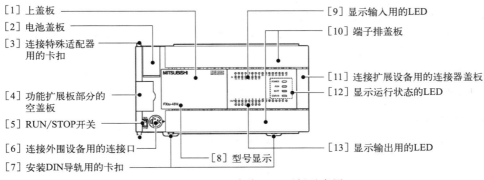

图 7.3.2　FX3U 系列 PLC 面板示意图

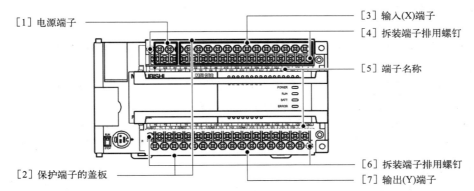

图 7.3.3　FX3U 系列 PLC 端子结构示意图

该系列 PLC 主要是通过输入端子和输出端子与外部控制电器联系。输入端子连接外部的输入元件，如按钮、控制开关、行程开关、接近开关、热继电器接点、压力继电器接点和数字开关等。输出端子连接外部的输出元件，如接触器、继电器线圈、信号灯、报警器、电磁阀和电动机等。为了反映输入和输出的工作状态，PLC 设置了输入与输出信号灯，为观察 PLC 的工作状态提供了方便。

另外，FX3U 系列 PLC 上还设置有 4 个指示灯，以显示 PLC 的电源、运行/停止、内部电池电压、CPU 和程序的工作状态。

7.3.2.5 FX3U 系列 PLC 编程软组件

PLC 内部有很多由电子电路和存储器组成的具有不同功能的器件称为软组件。所谓软组件，是指 PLC 中可以被程序使用的所有功能性器件。可以将各个软组件理解为具有不同功能的内存单元，对这些单元进行读写操作。

FX3U 系列 PLC 中的软组件有输入继电器 X、输出继电器 Y、辅助继电器 M、状态组件 S、指针 P/I、常数 K/H、定时器 T、计数器 C、数据寄存器 D 和变址寄存器 V/Z。

(1) 输入继电器 X

输入继电器与 PLC 的输入端相连，它的表示符号为"X"。

(2) 输出继电器 Y

输出继电器的外部输出接点连接到 PLC 的输出端子上,它的表示符号为"Y"。

(3) 辅助继电器 M

PLC 内部有许多辅助继电器,它的代表符号是"M"。辅助继电器的功能相当于各种中间继电器,可以由其他各种软组件驱动,也可以驱动其他软组件。辅助继电器有常开和常闭两种接点,只有 ON 和 OFF 两种状态,不能驱动外部负载。

辅助继电器的接点使用和输入继电器类似,在 ON 状态下,其常开接点闭合,常闭接点断开;在 OFF 状态下,常开接点断开,常闭接点闭合。

(4) 状态组件 S

状态组件 S 是构成状态转移图的重要软组件,FX3U 系列 PLC 的状态组件共有 1000点,分为 5 类,即初始状态器、回零状态器、通用状态器、保持状态器和报警用状态器。

(5) 指针 P/I 与常数 K/H

FX3U 系列 PLC 的指令中允许使用两种标号:一种为 P 标号,用于子程序调用或跳转;另一种为 I 标号,用于中断服务程序的入口地址。

其中 P 标号有 64 点,I 标号有 9 点,其中 I0□□~I5□□共 6 点用于外中断,表示由输入继电器 X0~X5 引起的中断。

常数也作为器件对待,它在存储器中占有一定的空间,PLC 最常用的是两种常数,一种是以 K 表示的十进制数,一种是以 H 表示的十六进制数。如:K45 表示十进制的 45;H20 表示十六进制的 20,对应十进制的 32。常数一般用于定时器、计数器的设定值或数据操作。

PLC 中的数据全部是以二进制表示的,最高位是符号位,0 表示正数,1 表示负数。

(6) 定时器 T

定时器在 PLC 中的作用相当于一个时间继电器,它有一个设定值寄存器,一个当前值寄存器,以及无限个接点。定时器按特性可分为两类。

① 通用定时器(T0~T245) 其中 T0~T199 共 200 个定时器的定时时间为 100ms;T200~T245 共 46 个定时器的定时时间为 10ms。

② 累计定时器(T246~T255) 累计定时器又称积算定时器,也有两种,一种是 1ms 累计定时器,另一种是 100ms 累计定时器。

(7) 计数器 C

FX3U 系列 PLC 的计数器按特性的不同可分为 5 种,分别是:增量通用计数器、断电保持式增量通用计数器、通用双向计数器、断电保持式双向计数器和高速计数器。

计数器的功能就是对指定输入端子上的输入脉冲或其他继电器逻辑组合的脉冲进行计数。达到计数的设定值时,计数器的触点动作。输入脉冲一般要求具有一定的宽度。计数发生在输入脉冲的上升沿。每个计数器都有一个常开触点和一个常闭触点,可以无限次引用。

(8) 数据寄存器 D

在进行输入输出处理、模拟量控制和位置控制时,需要许多数据寄存器和参数。数据寄存器主要用于存储中间数据或需要变更的数据。每个数据的长度为 16 位二进制,最高位是符号位。根据需要也可将两个数据寄存器合并为一个 32 位字长的数据寄存器。32 位的数据寄存器最高位是符号位,两个寄存器的地址必须相邻,写出的数据寄存器地址是低位字节,比该地址大一个数的单元为高字节。

按照数据寄存器特性的不同可分为通用数据寄存器、断电保持数据寄存器、特殊用途数据寄存器和文件寄存器 4 种。

(9) 变址寄存器 V/Z

变址寄存器 V/Z 和通用数据寄存器一样，是进行数值数据读、写的 16 位数据寄存器，主要用于运算操作数地址的修改，将两者结合使用，指定 Z 为低位，组合成为 (V, Z)。

根据 V 与 Z 的内容修改元件地址号，称为元件的地址，可以用变址寄存器进行变址的元件是 X、Y、M、S、P、T、C、D、K、H、KnX、KnY、KnM、KnS。

例如，如果 $V1=6$，则 K20V1 为 K26(20＋6＝26)；如果 $V4=12$，则 D10V4 变为 D22(10＋12＝22)。但是，变址寄存器不能修改 V 与 Z 本身或位数指定用的 Kn 参数。例如 K4M022 有效，而 K022M0 无效。

7.3.2.6　FX3U 系列 PLC 基本逻辑指令

(1) 逻辑取与输出线圈驱动指令 LD、LDI、OUT

LD（取）：常开接点与母线连接指令；LDI（取反）：常闭接点与母线连接指令；OUT（输出）：线圈驱动指令，用于将逻辑运算的结果驱动一个指定的线圈。

(2) 接点串联指令 AND、ANI

AND（与）：常开接点串联指令；ANI（与非）：常闭接点串联指令。

(3) 接点并联指令 OR、ORI

OR（或）：常开接点并联指令；ORI（或非）：常闭接点并联指令。

(4) 串联电路块的并联指令 ORB

ORB（串联电路块或）：将两个或两个以上串联电路块并联连接的指令。

(5) 并联电路块的串联指令 ANB

ANB（并联电路块与）：将并联电路块的始端与前一个电路串联连接的指令。

(6) 多重输出指令 MPS、MRD、MPP

MPS（PUSH）：进栈指令；MRD（READ）：读栈指令；MPP（POP）：出栈指令。

这组指令可将接点的状态先进行进栈保护，当后面需要接点的状态时，再出栈恢复，以保证与后面的电路正确连接。

(7) 置位与复位指令 SET、RST

SET（置位）：置位指令；RST（复位）：复位指令。

这两条指令用于输出继电器 Y、状态继电器 S 和辅助继电器 M 等的置位与复位操作。使用 SET 和 RST 指令可以在用户程序的任何地方对某个状态或事件设置标志和清除标志。

(8) 脉冲输出指令 PLS、PLF

PLS：微分输出指令，上升沿有效；PLF：微分输出指令，下降沿有效。

这两条指令用于目标组件的脉冲输出，当输入信号跳变时产生一个宽度为扫描周期的脉冲。

(9) 主控与主控复位指令 MC、MCR

MC（主控）：公共串联接点的连接指令；MCR（主控复位）：MC 指令的复位指令。

这两条指令分别设置主控电路块的起点和终点。

(10) 空操作与程序结束指令 NOP、END

NOP（空操作）：空一条指令（或用于删除一条指令）；END（结束）：程序结束指令。

在程序调试过程中，使用 NOP 和 END 指令会给用户带来方便。

7.3.2.7 FX3U 系列 PLC 基本功能指令

(1) 程序流向控制指令

FX3U 系列 PLC 的功能指令中程序流向控制指令共有 10 条，功能号为 FNC00～FNC09，程序流向控制指令汇总如表 7.3.2 所示。

表 7.3.2 程序流向控制指令汇总

分类	功能号 FNC No.	指令助记符	操作数	指令名称及功能简介	D 指令	P 指令
程序流	00	CJ	[D.]P0-P63	条件跳转。程序跳转到[D.]、P 指针指定处。P63 为 END，步序不需指定		
	01	CALL	[D.]P0-P62	调用子程序。程序调用[D.]、P 指针指定的子程序，嵌套 5 层以下		
	02	SRET		子程序返回，从子程序返回主程序		
	03	IRET		中断返回主程序		
	04	EI		中断允许		
	05	DI		中断禁止		
	06	FEND		主程序结束		
	07	WDT		监视定时器		
	08	FOR	[S.]:(K、H、KnX、KnY、KnM、KnS、T、C、D、V、Z)	循环开始，嵌套 5 层		
	09	NEXT		循环结束		

(2) 数据传送指令

① 比较指令　FNC10 CMP [S1.] [S2.] [D.]。其中，[S1.]、[S2.] 为两个比较的源操作数，[D.] 为比较结果的标志软组件，指令中给出的是标志软组件的首地址。

② 区间比较指令　FNC11 ZCP [S1.] [S2.] [S3.] [D.]。其中，[S1.] 和 [S2.] 为区间起点和终点，[S3.] 为另一比较软组件，[D.] 为标志软组件，指令中给出的是标志软组件的首地址。

③ 数据传送指令　MOV [S.] [D.]。其中，[S.] 为源数据，[D.] 为目标软组件。数据传送指令的功能是将源数据传送到目标软组件中去。

④ 移位传送指令　SMOV [S.] m1 m2 [D.] n。其中，[S.] 为源数据；m1 为被传送的起始位；m2 为传送位数；[D.] 为目标软组件；n 为传送的目标起始位。

移位传送指令的功能是将 [S.] 第 m1 位开始的 m2 个数移位到 [D.] 的第 n 位开始的 m2 个位置去，m1、m2 和 n 取值均为 1～4。

⑤ 取反传送指令　FNC14 CML [S.] [D.]。其中，[S.] 为源数据，[D.] 为目标软组件。取反传送指令的功能是将 [S.] 按二进制的位取反后送到目标软组件中。

⑥ 块传送指令　FNC15 BMOV [S.] [D.] n。其中，[S.] 为源软组件，[D.] 为目标软组件，n 为数据块个数。块传送指令的功能是将源软组件中的 n 个数据组成的数据块传送到指定的目标软组件中去。如果组件号超出允许组件号的范围，则数据只传送到允许范围内。

⑦ 多点传送指令　FNC16 FMOV [S.] [D.] n。其中，[S.] 为源软组件，[D.] 为目标软组件，n 为目标软组件个数。多点传送指令的功能是将一个源软组件中的数据传送到指定的 n 个目标软组件中去。指令中给出的是目标软组件的首地址。该指令常用于对某一

段数据寄存器清零或置相同的初始值。

⑧ 数据交换指令　XCH [D1.] [D2.]。其中，[D1.]、[D2.] 为两个目标软组件。数据交换指令的功能是将两个指定的目标软组件的内容进行交换操作。指令执行后两个目标软组件的内容互相交换。

⑨ BCD 变换指令　BCD [S.] [D.]。其中，[S.] 为被转换的软组件，[D.] 为目标软组件。BCD 变换指令的功能是将指定软组件的内容转换成 BCD 码并送到指定的目标软组件中去。

⑩ BIN 变换指令　BIN [S.] [D.]。其中，[S.] 为被转换的软组件，[D.] 为目标软组件。BIN 变换指令的功能是将指定软组件中的 BCD 码转换成二进制数并送到指定的目标软组件中去。

(3) 算术和逻辑运算指令

算术和逻辑运算指令是基本运算指令，通过算术和逻辑运算可以实现数据的传送、变换和其他控制功能。

① BIN 加法指令　二进制加法指令：FNC20 ADD [S1.]、[S2.] [D.]。其中，[S1.]、[S2.] 为两个作为加数的源软组件，[D.] 为存放相加和的目标软组件。ADD 指令的功能是将指定的两个源软组件中的有符号数进行二进制加法运算，然后将相加和送入指定的目标软组件中。

② BIN 减法指令　二进制减法指令：FNC21 SUB [S1.] [S2.] [D.]。其中，[S1.]、[S2.] 分别为作为被减数和减数的源软组件，[D.] 为存放相减差的目标软组件。SUB 指令的功能是将指定的两个源软组件中的有符号数进行二进制代数减法运算，然后将相减结果差送入指定的目标软组件中。

③ BIN 乘法指令　二进制乘法指令：FNC22 MUL [S1.] [S2.] [D.]。其中，[S1.]、[S2.] 分别为作为被乘数和乘数的源软组件，[D.] 为存放相乘积的目标软组件的首地址。MUL 指令的功能是将指定的两个源软组件中的数进行二进制有符号数乘法运算，然后将相乘的积送入指定的目标软组件中。

④ BIN 除法指令　二进制除法指令：FNC23 DIV [S1.] [S2.] [D.]。其中，[S1.]、[S2.] 分别为存放被除数与除数的源软组件，[D.] 为商和余数的目标软组件的首地址。DIV 指令的功能是将指定的两个源软组件中的数进行二进制有符号数的除法运算，然后将运算结果送入从首地址开始的相应的目标软组件中。

⑤ BIN 加 1 指令　二进制加 1 指令：FNC24 INC [D.]。其中，[D.] 是需加 1 的目标软组件。INC 指令的功能是将指定的目标软组件的内容加 1。

⑥ BIN 减 1 指令　二进制减 1 指令：FNC25 DEC [D.]。其中，[D.] 是需减 1 的目标软组件。DEC 指令的功能是将指定的目标软组件的内容减 1。

⑦ 逻辑 "与" 指令　WAND [S1.] [S2.] [D.]。其中，[S1.]、[S2.] 为两个相 "与" 的源软组件，[D.] 为放相 "与" 结果的目标软组件。WAND 指令的功能是将指定的两个源软组件中的数进行二进制按位 "与"，然后将相 "与" 结果送入指定的目标软组件中。"与" 运算的规则是：全 1 为 1，有 0 为 0。

⑧ 逻辑 "或" 指令　WOR [S1.] [S2.] [D.]。其中，[S1.]、[S2.] 为两个相 "或" 的源软组件，[D.] 为放相 "或" 结果的目标软组件。WOR 指令的功能是将指定的两个源软组件中的数进行二进制按位 "或"，然后将相 "或" 的结果送入指定的目标软组件中。"或" 运算的规则是：全 0 为 0，有 1 为 1。

⑨ 逻辑 "异或" 指令　WXOR [S1.] [S2.] [D.]。其中，[S1.]、[S2.] 为两个相

"异或"的源软组件，[D.]为放相"异或"结果的目标软组件。WXOR指令的功能是将指定的两个源软组件中的数进行二进制按位"异或"，然后将相"异或"的结果送入指定的目标软组件中。"异或"运算的规则是：相同为0，不同为1。

⑩ 求补指令　FNC29 NEG [D.]。其中，[D.]为存放求补结果的目标软组件。NEG指令的功能是将指定的目标软组件[D.]中的数进行二进制求补运算，然后将求补结果送入目标软组件中。

(4) 循环移位与移位指令

FX3U系列PLC中设置了10条循环移位与移位指令，可以实现数据的循环移位、移位及先进先出等功能，其功能号为FNC30～FNC39。其中，循环移位指令分左移ROL和右移ROR，是一种闭环移动。移位分为带进位移位RCR和RCL，以及不带进位移位SFTR、SFTL、WSFR和WSFL。先进先出分为写入SFWR和读出SFRD。

(5) 数据处理指令

数据处理指令有区间复位指令FNC40 ZRST [D1.] [D2.]、译码指令FNC41 DECO [S.] [D.] n、编码指令FNC42 ENCO [S.] [D.] n、置1位总数指令FNC43 SUM [S.] [D.]、置1位判断指令FNC44 BON [S.] [D.] n、求平均值指令FNC45 MEAN [S.] [D.] n、报警器置位指令FNC46 ANS [S.] n [D.]、报警器复位指令FNC47 ANR、平方根指令FNC48 SQR [S.] [D.] 和浮点数转换指令FNC49 FLT [S.] [D.]。

7.3.2.8　FX3U系列PLC步进顺控指令

三菱公司的小型PLC在基本逻辑指令之外增加了两条步进梯形图指令STL和RET，是一种符合IEC1131-3标准中定义的SFC图（Sequential Function Chart，即顺序功能图）的通用流程图语言。顺序功能图也称状态转移图，非常适合步进顺序的控制，而且编程直观、方便。

7.3.2.9　FX3U系列PLC的编程软件

(1) 设备连接

首先将通信电缆（SC-09）的9芯型插头插入微机的串行口插座（以下假定为端口2，此工作由实验室完成），再将通信电缆的圆形插头插入编程插座，最后将220V交流电源线接上，打开开关即可工作。

(2) 安装FXGP-WIN-C编程软件

将存有MELSEC-F/FX系统编程软件的软盘插入软驱，在Windows条件下启动安装进入MELSEC-F/FX系统，选择FXGP-WIN-C文件双击鼠标左键进入编程。

(3) FXGP-WIN-C编程软件的应用

FXGP-WIN-C编程软件的界面介绍见图7.3.4。

界面包含内容如下。

① 当前编程文件名：例如标题栏中的文件名untit101。

② 菜单：文件（F）、编辑（E）、工具（T）、PLC、遥控（R）、监控/测试（M）等等。

③ 快捷功能键：保存、打印、剪切、转换、元件名查、指令查、触点/线圈检查、刷新等等。

④ 当前编程工作区：编辑用指令（梯形图）形式表示的程序。

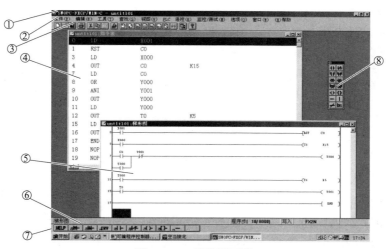

图 7.3.4　编程界面图

⑤ 当前编程方式：梯形图。
⑥ 状态栏：梯形图。
⑦ 快捷指令：F5 常开、F6 常闭、F7 输入元件、F8 输入指令等等。
⑧ 功能图：常开、常闭、输入元件、输入指令等等。

菜单操作：FXGP-WIN-C（以下统一用简称 FXGP）的各种操作主要靠菜单来选择，当文件处于编辑状态时，用鼠标单击想要选择的菜单项，如果该菜单项还有子菜单，鼠标下移，根据要求选择子菜单项，如果该菜单项没有下级子菜单，则该菜单项就是一个操作命令，单击即执行命令。

(4) 设置编辑文件的路径

首先应该设置文件路径，所有用户文件都在该路径下存取。

假设 D：\ PLC * 设置为文件存取路径。

操作步骤：首先打开 Windows 界面进入"我的电脑"，选中 D 盘，新建一个文件夹，取名为［PLC1］确认，然后进入 FXGP 编程软件。

(5) 编辑文件的正确进入及存取

正确路径确定后，可以开始进入编程、存取状态。

① 假设首次程序设计　首先打开 FXGP 编程软件，单击〈文件〉子菜单〈新文件〉或单击常用工具栏 弹出［PLC 类型设置］对话框，供选择机型。本实验指导书提供的为 FX1N、FX3U 两种机型，实验使用时，根据实际确定机型，若 FX3U 即选中 FX3U，然后［确认］，就可马上进入编辑程序状态。注意这时编程软件会自动生成一个〈SWOPC-FXGP/WIN-C-UNTIT＊＊＊〉文件名，在这个文件名下可编辑程序。

② 文件完成编辑后进行保存　单击〈文件〉子菜单〈另存为〉，弹出［File Save As］对话框，在"文件名"中能见到自动生成的〈SWOPC-FXGP/WIN-C-UNTIT＊＊＊〉文件名，这是编辑文件用的通用名，在保存文件时可以使用，但我们建议一般不使用此类文件名，以避免出错。而在"文件名"框中输入一个带有保存文件类型特征的文件名。

保存文件类型特征有 Win Files（＊.pmw）、Dos Files（＊.pmc）和 All Files（＊.＊）三种。

(6) 文件程序编辑

当正确进入 FXGP 编程系统后，文件程序的编辑可用两种编辑状态形式，即指令表编辑和梯形图编辑。

① 指令表编辑程序　"指令表"编辑状态，可以用指令表形式编辑一般程序。

现在以输入下面一段程序为例：

```
Step        Instruction         I/O
0           LD                  X000
1           OUT                 Y000
2           END
```

操作步骤与解释：

a. 单击菜单〈文件〉中的〈新文件〉或〈打开〉选择 PLC 类型设置，选择 FX1N 或 FX3U 后确认，弹出"指令表"（注：如果不是指令表，可从菜单"视图"内选择"指令表"）。

建立新文件，进入"指令编辑"状态，进入输入状态，光标处于指令区，步序号由系统自动填入。

b. 键入"LD"[空格]（也可以键入"F5"），键入"X000"，[回车]，输入第一条指令（快捷方式输入指令），输入第一条指令元件号，光标自动进入第二条指令，输入第二条指令（快捷方式输入指令），键入"Y000"，[回车]。

c. 键入"OUT"[空格]（可以键入"F9"）。

d. 键入"END"，[回车]。输入结束指令，无元件号，光标下移。

② "梯形图"编辑程序　梯形图编辑状态，可以用梯形图形式编辑程序。

现在以输入下面一段梯形图为例进行说明，如图 7.3.5 所示。

```
  X000   X001
───┤├────┤/├──────────────(Y000)
  Y000
───┤├──
                         ─────[END]
```

步骤	操作内容	注释
第1步	单击菜单〈文件〉中的〈新文件〉或〈打开〉,选择 PLC 类型设置,选择 FX1N 或 FX3U 后确认,弹出"梯形图"(注:如果不是梯形图,可从菜单"视图"内选择"梯形图")	#建立新文件,进入"梯形图编辑"状态,进入输入状态,光标处于元件输入位置
第2步	首先将小光标移到左边母线最上端处	#确定状态元件输入位置
第3步	按"F5"或单击右边的功能图中的常开,弹出"输入元件"对话框	#输入一个元件"常开"触点
第4步	键入"X000"[回车]	#输入元件的符号"X000"
第5步	按"F6"或单击功能图中的常闭,弹出"输入元件"对话框	#输入一个元件"常闭"触点
第6步	键入"X001"[回车]	#输入元件的符号"X001"
第7步	按"F7"或单击功能图中的输出线圈	#输入一个输出线圈
第8步	键入"Y000"[回车]	#输入线圈符号"Y000"
第9步	单击功能图中带有连接线的常开,弹出"输入元件"对话框	#输入一个并联的常开触点

续表

步骤	操作内容	注释
第10步	键入"Y000"[回车]	♯输入一个线圈的辅助常开的符号"Y000"
第11步	按"F8"或单击功能图中的"功能"元件"—[ ]—",弹出"输入元件"对话框	♯输入一个"功能元件"
第12步	键入"END"[回车]	

图 7.3.5 梯形图及操作

(7) 设置通信口参数

在 FXGP 中将程序编辑完成后和 PLC 通信前,应设置通信口的参数。如果只是编辑程序,不和 PLC 通信,可以不做此步。设置通信口参数,分两个步骤:

① PLC 串口设置 单击菜单"PLC"的子菜单"串口设置(D8120)",弹出下列对话框如图 7.3.6 所示。

检查是否一致,如果不对,马上修正完,单击[确认]后返回菜单做下一步。(注:串口设置一般已由厂方设置完成。)

② PLC 的端口设置 单击菜单"PLC"的子菜单"端口设置",弹出下列对话框如图 7.3.7 所示。

图 7.3.6 串口设置

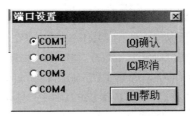

图 7.3.7 端口设置

根据 PLC 与 PC 连接的端口号,选择 COM1~COM4 中的一个,完成后单击[确认]返回菜单。(注:PLC 的端口设置也可以在编程前进行。)

(8) FXGP 与 PLC 之间的程序传送

在 FXGP 中把程序编辑好之后,要把程序下传到 PLC 中。程序只有在 PLC 中才能运行;也可以把 PLC 中的程序上传到 FXGP 中,在 FXGP 和 PLC 之间进行程序传送之前,应该先用电缆连接好 PC-FXGP 和 PLC。

把 FXGP 中的程序下传到 PLC 中。若 FXGP 中的程序用指令表编辑即可直接传送,如果用梯形图编辑的则要求转换成指令表才能传送,因为 PLC 只识别指令。

单击菜单"PLC"的二级子菜单"传送"→"写出":弹出对话框,有两个选择〈所有范围〉、〈范围设置〉。

a. 所有范围。即状态栏中显示的"程序步"(FX3U-8000、FX0N-2000)会全部写入PLC,时间比较长。(此功能可以用来刷新 PLC 的内存。)

b. 范围设置。先确定"程序步"的"起始步"和"终止步"的步长，然后把确定的步长指令写入 PLC，时间相对比较短。

程序步的长短都在状态栏中明确显示。

在"状态栏"会出现"程序步"（或"已用步"）写入（或插入）FX3U 等字符。选择完后单击［确认］，如果这时 PLC 处于"RUN"状态，通信不能进行，屏幕会出现"PLC 正在运行，无法写入"的文字说明提示，这时应该先将 PLC 的"RUN、STOP"的开关拨到"STOP"或单击菜单"PLC"的［遥控运行/停止(0)］（遥控只能用于 FX3U 型 PLC），然后才能进行通信。进入 PLC 程序写入过程，这时屏幕会出现闪烁着的"写入 Please wait a moment"等提示符。

"写入结束"后自动"核对"，核对正确才能运行。

注意这时的"核对"只是核对程序是否写入了 PLC，对电路的正确与否由 PLC 判定，与通信无关。

若"通信错误"提示符出现，可能有两个问题要检查。

第一，状态检查中看"PLC 类型"是否正确，例：运行机型是 FX3U，但设置的是 FX1N，就要将其更改成 FX3U。

第二，PLC 的"端口设置"是否正确设置 COM 口。

排除了这两个问题后，重新"写入"直到"核对"完成，表示程序已输送到 PLC 中。

c. 把 PLC 中的程序上传到 FXGP 中。若要把 PLC 中的程序读回 FXGP，首先要设置好通信端口，单击"PLC"子菜单"读入"弹出［PLC 类型设置］对话框，选择 PLC 类型，单击［确认］后读入开始。结束后状态栏中显示程序步数。这时在 FXGP 中可以阅读 PLC 中的运行程序。

(9) 程序的运行与调试

① 程序运行　当程序写入 PLC 后就可以在 PLC 中运行了。先将 PLC 处于 RUN 状态（可用手拨 PLC 的"RUN/STOP"开关到"RUN"挡，FX1N、FX3U 都适合，也可用遥控使 PLC 处于"RUN"状态，这只适合 FX3U 型），再通过实验系统的输入开关给 PLC 输入给定信号，观察 PLC 输出指示灯，验证是否符合编辑程序的电路逻辑关系，如果有问题还可以通过 FXGP 提供的调试工具来确定问题，解决问题。

② 程序调试　当程序写入 PLC 后，按照设计要求可用 FXGP 来调试 PLC 程序。如果有问题，可以通过 FXGP 提供的调试工具来确定问题所在。调试工具：监控/测试。监控/测试工具可以监控、测试程序执行情况，判断是否实现了程序的功能。

(10) 退出系统

完成程序调试后退出系统前应该先核定程序文件名后再将其存盘，然后关闭 FXGP 所有应用子菜单显示图，退出系统。

7.3.3　任务实施

7.3.3.1　STEP7-Micro/WIN32 编程软件使用

(1) 具体要求

能将控制程序正确输入 PLC，正确接线并调试运行，填写任务工单。

(2) 仪器设备、工具及材料

西门子 S7-200CPU221 可编程序控制器；电线；一字起；十字起；通用维修电工实训

台；电脑；数据线。

(3) 具体目标

该任务的实施主要是加强对 STEP7-Micro/WIN32 编程软件的熟悉。通过任务的实施掌握 STEP7-Micro/WIN32 编程软件的使用方法。

(4) 内容及步骤

该任务的主要内容是熟悉 STEP7-Micro/WIN32 编程软件的使用方法。步骤如下：

① 准备设备和工具，如西门子 S7-200 CPU221 可编程序控制器等。
② 将已编好的控制程序写入电脑。
③ 将控制程序输入 PLC。
④ 接线并检查连接是否正确。
⑤ 运行控制程序。
⑥ 填写任务工单。
⑦ 设备和工具整理。

控制程序如下：

输入信号：I0.0 为故障信号；I1.0 为消铃按钮；I1.1 为试灯按钮。
输出信号：Q0.0 为报警灯；Q0.7 为报警电铃。
时序图如图 7.3.8 所示。

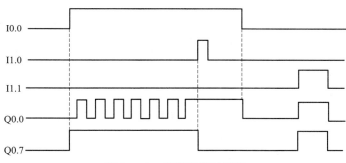

图 7.3.8　报警系统时序图

程序如图 7.3.9 所示。

(5) 注意事项

严格按照电气系统接线规范进行配线与接线。

7.3.3.2　FXGP-WIN-C 编程软件使用

(1) 具体要求

能将控制程序正确输入 PLC，正确接线并调试运行，填写任务工单。

(2) 仪器设备、工具及材料

三菱 FX3U-32MR 可编程序控制器；电线；一字起；十字起；通用维修电工实训台；电脑；数据线。

(3) 具体目标

该任务的实施主要是加强对 FXGP-WIN-C 编程软件的熟悉。通过任务的实施掌握

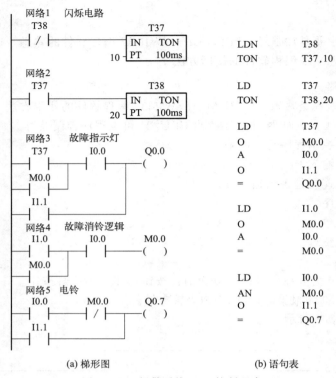

(a) 梯形图　　　　　　　　　(b) 语句表

图 7.3.9　报警系统 PLC 控制程序

FXGP-WIN-C 编程软件的使用方法。

(4) 内容及步骤

该任务的主要内容是熟悉 FXGP-WIN-C 编程软件的使用方法。

① 准备设备和工具,如三菱 FX3U-40MR 可编程序控制器等。

② 将已编好的控制程序写入电脑。

③ 将控制程序输入 PLC。

④ 接线并检查连接是否正确。

⑤ 运行控制程序。

⑥ 填写任务工单。

⑦ 设备和工具整理。

(5) 控制实例

① 双电机顺序控制功能要求

a. 当接上电源时,电机不动作。

b. 当按下 SB2 按钮后,泵电机 M1 动作,再按 SB4,主电机 M2 才会动作。

c. 未按 SB2 按钮,而先按 SB4 按钮时,主电机 M2 将不会动作。

d. 按 SB3 按钮后,只有主电机 M2 停止;而按 SB1 按钮后,M1、M2 两电机将会同时停止。

e. FR 动作后,两电机 M1 和 M2 均因过载保护而停止。

② 输入/输出端口设置　双电机顺序控制的 I/O 端口分配如表 7.3.3 所示。

表 7.3.3 双电机顺序控制的 I/O 端口分配表

输入			输出		
名称	符号	输入点	名称	符号	输出点
M1 启动按钮	SB2	X002	交流接触器 1	KM1	Y000
M2 启动按钮	SB4	X004	交流接触器 2	KM2	Y001
热继电器常闭	FR	X000			
停止按钮	SB1	X001			
M2 停止按钮	SB3	X003			

③ 梯形图 工程机械用双电机 PLC 控制的梯形图如图 7.3.10 所示。

```
    X002  X001  X000
    ─┤├──┤/├──┤/├──────────────(Y000)
    Y000                         泵电机
    ─┤├─

    X004  X001  X003  X000  Y000
    ─┤├──┤/├──┤/├──┤/├──┤├────(Y001)
    Y001                         主电机
    ─┤├─

    ─────────────────────────[END]
```

图 7.3.10 工程机械用双电机 PLC 控制的梯形图

④ 双电机 PLC 控制的指令表如下。

```
0  LD   X002      8  ANI  X003
1  OR   Y000      9  ANI  X000
2  ANI  X001     10  AND  Y000
3  ANI  X000     11  OUT  Y001
4  OUT  Y000     12  END
5  LD   X004
6  OR   Y001
7  ANI  X001
```

⑤ 双电机 PLC 控制的接线图如图 7.3.11 所示

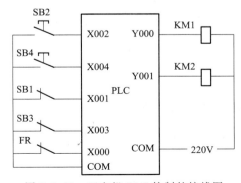

图 7.3.11 双电机 PLC 控制的接线图

(6) 注意事项

严格按照电气系统接线规范进行配线与接线。

7.3.4 任务考核

针对考核任务,相应的考核评分细则参见表7.3.4。

表7.3.4 评分细则

序号	考核内容	考核项目	配分	评分标准	得分
1	PLC控制器系统的设计	了解PLC控制系统设计的流程与步骤 能正确设计PLC控制系统的电路图	20分	(1)了解可编程控制系统设计的流程和步骤(5分); (2)能正确分配PLC控制箱系统的I/O口(5分); (3)能正确设计PLC控制系统的接线图(10分)	
2	PLC程序的编写	能根据要求完成PLC程序的编写	30分	(1)掌握可编程序控制器程序编写(15分); (2)能根据功能编写程序(15分)	
3	功能演示	PLC控制系统的调试与功能演示	30分	(1)掌握控制设计系统的调试(15分); (2)能根据功能要求完成功能演示(15分)	
4	安全文明生产	积累电路制作经验,养成好的职业习惯	20分	违反安全文明操作规程酌情扣分	
	合计		100分		

注:每项内容的扣分不得超过该项的配分。任务结束前,填写、核实制作和维修记录单并存档。

任务7.4 设计PLC控制系统

7.4.1 任务分析

用户在应用PLC进行实际控制系统的设计过程中,都会遵循一定的方法和步骤。共同遵循这些PLC控制系统的一般设计方法和步骤,可使PLC应用系统的设计更趋于科学化、规范化、工程化、标准化。

通过PLC应用系统设计实例分析,帮助电气维修人员熟悉PLC控制系统的结构、控制原理及实现方法,在此基础上熟悉PLC控制系统的安装、调试与维护方法。掌握PLC控制系统的设计内容与步骤对电气维护人员非常重要。

7.4.2 任务资讯

7.4.2.1 PLC应用系统设计的内容和原则

PLC应用系统设计包括硬件设计和软件设计两个方面。

(1) 硬件设计

① 最大限度地满足被控对象的工艺要求,详细了解工艺流程,然后与各方面人员协同工作,解决设计过程中出现的各种问题。

② 在满足生产工艺控制的前提下,尽可能使 PLC 控制系统结构简单、经济实用、维护方便。
③ 保证控制系统的安全可靠。
④ 考虑到生产的发展和工艺的改进,在选择 PLC 的型号、I/O 点数、存储器容量等内容时,应留有适当的余量,以利于系统的调整和扩充。

(2) 软件设计
① PLC 的用户程序要做到网络段结构简明,逻辑关系清晰,注释明了,动作可靠。
② 程序简短,占用内存少,扫描周期短。
③ 可读性强。

7.4.2.2 PLC 系统设计步骤

学习了 PLC 的硬件系统、指令系统和编程方法以后,在设计一个较大的 PLC 控制系统时,要全面考虑许多因素,不管所设计的控制系统的大小,一般都要按图 7.4.1 所示的设计步骤进行系统设计。

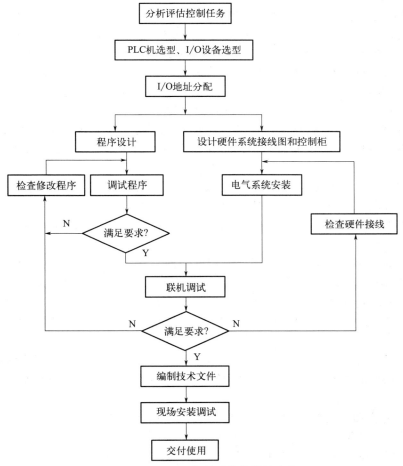

图 7.4.1 PLC 控制系统的设计步骤

(1) 分析任务、确定总体控制方案

随着 PLC 功能的不断提高和完善,PLC 几乎可以完成工业控制领域的所有任务。但

PLC还是有它最适合的应用场合,所以在接到一个控制任务后,要分析被控对象的控制过程和要求,看看用什么控制装备(PLC、单片机、DCS 或 IPC)来完成该任务最合适。比如仪器仪表装置、家电的控制器就要用单片机来做;大型的过程控制系统大部分要用 DCS 来完成。而 PLC 最适合的控制对象是:工业环境较差,而对安全性、可靠性要求较高,系统工艺复杂,输入/输出以开关量为主的工业自控系统或装置。其实,现在的可编程序控制器不仅能处理开关量,而且对模拟量的处理能力也很强。所以在很多情况下,已可取代工业控制计算机(IPC)作为主控制器,来完成复杂的工业自动控制任务。控制对象及控制装置(选定为 PLC)确定后,还要进一步确定 PLC 的控制范围。一般来说,能够反映生产过程的运行情况,能用传感器进行直接测量的参数,控制逻辑复杂的部分都由 PLC 完成。另外一部分,如紧急停车等环节,对主要控制对象还要加上手动控制功能,这就需要在设计电气系统原理图与编程时统一考虑。

(2) PLC 的选型

当某一个控制任务决定由 PLC 来完成后,选择 PLC 就成为最重要的事情。一方面是选择多大容量的 PLC,另一方面是选择什么公司的 PLC 及外设。

对第一个问题,首先要对控制任务进行详细的分析,把所有的 I/O 点找出来,包括开关量 I/O 和模拟量 I/O 以及这些 I/O 点的性质。I/O 点的性质主要指它们是直流信号还是交流信号,电压多大,输出是用继电器型还是晶体管或是晶闸管型。控制系统输出点的类型非常关键,如果它们之中既有交流 220V 的接触器、电磁阀,又有直流 24V 的指示灯,则最后选用的 PLC 的输出点数有可能大于实际点数。因为 PLC 的输出点一般是几个一组共用一个公共端,这一组输出只能有一种电源的种类和等级。所以一旦它们被交流 220V 的负载使用,则直流 24V 的负载只能使用其他组的输出端了。这样有可能造成输出点数的浪费,增加成本。所以要尽可能选择相同等级和种类的负载,比如使用交流 220V 的指示灯等。

一般情况下,继电器输出的 PLC 使用最多,但对于要求高速输出的情况,如运动控制时的高速脉冲输出,就要使用无触点的晶体管输出的 PLC 了。知道了这些以后,就可以定下选用多少点和 I/O 是什么类型的 PLC 了。对第二个问题,则有以下几个方面要考虑:

① 功能方面 所有 PLC 一般都具有常规的功能,但对某些特殊要求,就要知道所选用的 PLC 是否有能力完成控制任务。如对 PLC 与 PLC、PLC 与智能仪表及上位机之间有灵活方便的通信要求;或对 PLC 的计算速度、用户程序容量等有特殊要求;或对 PLC 的位置控制有特殊要求等。这就要求用户对市场上流行的 PLC 品种有一个详细的了解,以做出正确的选择。

② 价格方面 不同厂家的 PLC 产品价格相差很大,有些功能类似、质量相当、I/O 点数相当的 PLC 的价格能相差 40% 以上。在使用 PLC 较多的情况下,这样的差价是必须考虑的因素。

③ 个人喜好方面 有些工程技术人员对某种品牌的 PLC 熟悉,所以一般比较喜欢使用这种产品。另外,甚至一些政治因素或个人情绪有时也会成为选择的理由。PLC 的主机选定后,如果控制系统需要,则相应的配套模块也就选定了。如模拟量单元、显示设定单元、位置控制单元或热电偶单元等。

④ 输出接口电路 若模块的输出为继电器型,外部电源及负载与 PLC 内部是充分隔离的,内外绝缘要求为 1500VAC/min,继电器的响应时间为 10ms,在 5~30VDC/150VAC 电压下的最大负载电流为 2A/点。但要注意,驱动电感性负载时,要降低额定值使用,以免

烧坏触点，尤其是直流感性负载，要并联浪涌吸收器，以延长触点的寿命。但并联浪涌吸收器后，整个开关延时会加长。该模块输出端中有一个公共点，当输出点较多时，会有多个输出公共端，一般 4 个或 8 个输出端公用一个公共端，由于公共端是相互隔离的，因此不同组的负载可以有不同的驱动电源。

对晶体管型输出，在环境温度 40℃ 以下时，最大负载电流为 0.7A/点；若环境温度上升，则应该减低负载的电流。使用晶体管输出的好处是其响应速度快，约为 $25\mu s$（通）和 $120\mu s$（断）。

⑤ 输入接口电路　PLC 所有的输入都与内部电路之间有光电隔离电路。

⑥ I/O 点数扩展和编址　CPU 22 * 系列的每种主机所提供的本机 I/O 点的 I/O 地址是固定的，进行扩展时，可以在 CPU 右边连接多个扩展模块，每个扩展模块的组态地址编号取决于各模块的类型和该模块在 I/O 链中所处的位置。编址方法是同种类型输入或输出点的模块在链中按与主机的位置而递增，其他类型模块的有无以及所处的位置不影响本类型模块的编号。

(3) I/O 地址分配

输入/输出信号在 PLC 接线端子上的地址分配是进行 PLC 控制系统设计的基础。对软件设计来说，I/O 地址分配以后才可进行编程；对控制柜及 PLC 的外围接线来说，只有 I/O 地址确定以后，才可以绘制电气接线图、装配图，让装配人员根据线路图和安装图安装控制柜。分配输出点地址时，要注意前文提到的负载类型问题。在进行 I/O 地址分配时最好把 I/O 点的名称、代码和地址以表格的形式列写出来。

(4) 系统设计

系统设计包括硬件系统设计和软件系统设计。硬件系统设计主要包括 PLC 及外围线路的设计、电气线路的设计和抗干扰措施的设计等。软件系统设计主要指编制 PLC 控制程序。选定 PLC 及其扩展模块（如需要的话）、分配完 I/O 地址后，硬件设计的主要内容就是电气控制系统原理图的设计，电气控制元器件的选择和控制柜的设计。电气控制系统原理图包括主电路和控制电路。控制电路包括 PLC 的 I/O 接线和自动部分、手动部分的详细连接等，有时还要在电气原理图中标上器件代号或另外配上安装图、端子接线图等，以方便控制柜的安装。电气元器件的选择主要是根据控制要求选择按钮、开关、传感器、保护电器、接触器、指示灯和电磁阀等。

控制系统软件设计的难易程度因控制任务而异，也因人而异。对经验丰富的工程技术人员来说，在长时间的专业工作中，受到过各种各样的磨炼，积累了许多经验，除了一般的编程方法外，更有他自己的编程技巧和方法。但不管怎么说，平时多注意积累和总结是很重要的。

在程序设计时，除 I/O 地址列表外，有时还要把在程序中用到的中间继电器（M）、定时器（T）、计数器（C）和存储单元（V）以及它们的作用或功能列写出来，以便编写程序和阅读程序。

(5) 系统调试

系统调试分模拟调试和联机调试。

硬件部分的模拟调试可在断开主电路的情况下进行，主要试一试手动控制部分是否正确。

软件部分的模拟调试可借助于模拟开关和 PLC 输出端的输出指示灯进行；需要模拟量信号 I/O 时，可用电位器和万用表配合进行。调试时，可利用上述外围设备模拟各种现场开关和传感器状态，然后观察 PLC 的输出逻辑是否正确。如果有错误则修改后反复调试。现在 PLC 的主流产品都可在 PC 机上编程，并可在电脑上直接进行模拟调试。

联机调试时，可把编制好的程序下载到现场的 PLC 中。有时 PLC 也许只有这一台，这时就要把 PLC 安装到控制柜相应的位置上。调试时一定要先将主电路断电，只对控制电路进行联调。通过现场联调信号的接入常常还会发现软硬件中的问题，有时厂家还要对某些控制功能进行改进。这种情况下，系统都要经过反复测试，才能最终交付使用。

7.4.3 任务实施

(1) 具体要求

能根据控制要求正确设计 PLC 控制程序，并能正确输入 PLC，正确接线并调试运行，填写任务工单。

直流电机正反转控制功能要求如下：

① 当接上电源时，电机 M 不动作。
② 当按下 SB1 正转启动按钮后，电机 M 正转；再按 SB3 停止按钮后，电机 M 停转。
③ 当按下 SB2 反转启动按钮后，电机 M 反转；再按 SB3 停止按钮后，电机 M 停转。
④ 热继电器触点 FR 动作后，电机 M 因过载保护而停止。

(2) 仪器设备、工具及材料

三菱 FX3U-40MR 可编程序控制器；电线；一字起；十字起；通用维修电工实训台；电脑；数据线。

(3) 具体目标

该任务的实施主要是加强对 PLC 控制系统设计内容与步骤的熟悉。通过任务的实施掌握 PLC 控制系统设计内容与步骤。

(4) 内容及步骤

该任务的主要内容是编写直流电机的正反转控制程序。步骤如下：

① 准备设备和工具，如三菱 FX3U-40MR 可编程序控制器等。
② 输入/输出端口设置 直流电机正反转控制的 I/O 端口分配表如表 7.4.1 所示。

表 7.4.1 直流电机正反转控制的 I/O 端口分配表

输入			输出		
名称		输入点	名称		输出点
正转启动按钮	SB1	X001	正转输出端 1	Y000	Y000
反转启动按钮	SB2	X002	正转输出端 2	Y002	Y002
停止按钮	SB3	X003	反转输出端 1	Y001	Y001
热继电器触点	FR	X004	反转输出端 2	Y003	Y003

③ 将已编好的控制程序写入电脑。
④ 设计 PLC 控制梯形图 直流电机正反转控制的梯形图如图 7.4.2 所示：

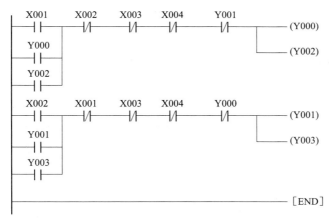

图 7.4.2 直流电机正反转控制的梯形图

⑤ 写出指令表　直流电机正反转控制的指令表如下所示。

```
0  LD  X000         9  LD  X002
1  OR  Y000        10  OR  Y001
2  OR  Y002        11  OR  Y003
3  ANI X002        12  ANI X001
4  ANI X003        13  ANI X003
5  ANI X004        14  ANI X004
6  ANI Y001        15  ANI Y000
7  OUT Y000        16  OUT Y001
8  OUT Y002        17  OUT Y003
                   18  END
```

⑥ 画出接线图　直流电机正反转 PLC 控制的接线图如图 7.4.3 所示。

⑦ 将控制程序输入 PLC，接线并检查连接是否正确。

⑧ 运行控制程序。

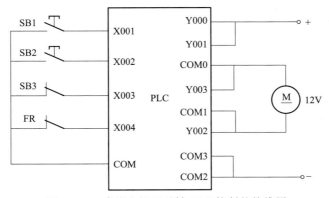

图 7.4.3 直流电机正反转 PLC 控制的接线图

⑨ 填写任务工单。

⑩ 设备和工具整理。

(5) 注意事项

严格按照电气系统接线规范进行配线与接线。

7.4.4 任务考核

针对考核任务,相应的考核评分细则参见表 7.4.2。

表 7.4.2 评分细则

序号	考核内容	考核项目	配分	评分标准	得分
1	PLC 控制系统的设计	了解 PLC 控制系统设计的流程与步骤 能正确设计 PLC 控制系统的电路图	20 分	(1)了解可编程控制系统设计的流程和步骤(5 分); (2)能正确分配 PLC 控制箱系统的 I/O 口(5 分); (3)能正确设计 PLC 控制系统的接线图(10 分)	
2	PLC 程序的编写	能根据要求完成 PLC 程序的编写	30 分	(1)掌握可编程序控制器程序编写(15 分); (2)能根据功能编写程序(15 分)	
3	功能演示	PLC 控制系统的调试与功能演示	30 分	(1)掌握控制设计系统的调试(15 分); (2)能根据功能要求完成功能演示(15 分)	
4	安全文明生产	积累电路制作经验,养成好的职业习惯	20 分	违反安全文明操作规程酌情扣分	
	合计		100 分		

注:每项内容的扣分不得超过该项的配分。任务结束前,填写、核实制作和维修记录单并存档。

附录

一、电工职业技能鉴定考核样题及其答案

样题一 电工初级职业技能鉴定考核样题及其答案

（一）电工初级职业技能鉴定知识要求考核模拟试卷及其参考答案

一、单项选择题（第1~160题，选择正确的答案，将相应的字母填入题内的括号中，每题0.5分，共80分）

1. 市场经济条件下，职业道德最终将对企业起到（　　）的作用。
   A. 决策科学化　　　　B. 提高竞争力　　　　C. 决定经济效益　　　　D. 决定前途与命运
2. 下列选项中属于企业文化功能的是（　　）。
   A. 整合功能　　　　B. 技术培训功能　　　　C. 科学研究功能　　　　D. 社交功能
3. 正确阐述职业道德与人生事业的关系的选项是（　　）。
   A. 没有职业道德的人，任何时刻都不会获得成功
   B. 具有较高的职业道德的人，任何时刻会获得成功
   C. 事业成功的人往往并不需要较高的职业道德
   D. 职业道德是获得人生事业成功的重要条件
4. 有关文明生产的说法，（　　）是正确的。
   A. 为了及时下班，可以直接拉断电源总开关　　　　B. 下班时没有必要搞好工作现场的卫生
   C. 工具使用后应按规定放置到工具箱中　　　　D. 电工工具不全时，可以冒险带电作业
5. （　　）反映导体对电流起阻碍作用的大小。
   A. 电动势　　　　B. 功率　　　　C. 电阻率　　　　D. 电阻
6. 支路电流法是以支路电流为变量列写节点电流方程及（　　）方程。
   A. 回路电压　　　　B. 电路功率　　　　C. 电路电流　　　　D. 回路电位
7. 正弦量有效值与最大值之间的关系，正确的是（　　）。
   A. $E=E_m/\sqrt{2}$（$0.707E_m$）　　　　B. $U=U_m/2$
   C. $I_{av}=2/\pi \times E_m$　　　　D. $E_{av}=E_m/2$
8. 串联正弦交流电路的视在功率（$S=UI$）表征了该电路的（　　）。
   A. 电路中总电压有效值与电流有效值的乘积　　　　B. 平均功率
   C. 瞬时功率最大值　　　　D. 无功功率
9. 按照功率表的工作原理，所测得的数据是被测电路中的（　　）。
   A. 有功功率　　　　B. 无功功率　　　　C. 视在功率　　　　D. 瞬时功率

10. 三相发电机绕组接成三相四线制，测得三个相电压 $u_u = u_v = u_w = 220V$，三个线电压 $u_{uv} = 380V$，$u_{vw} = u_{wu} = 220V$，这说明（　　）。
   A. U 相绕组接反了　　B. V 相绕组接反了　　C. W 相绕组接反了　　D. 中性线断开了
11. 将变压器的一次侧绕组接交流电源，二次侧绕组（　　），这种运行方式称为变压器空载运行。
   A. 短路　　B. 开路　　C. 接负载　　D. 通路
12. 变压器的基本作用是在交流电路中变电压、变电流、变阻抗、（　　）和电气隔离。
   A. 变磁通　　B. 变相位　　C. 变功率　　D. 变频率
13. 变压器的铁芯可以分为（　　）和芯式两大类。
   A. 同心式　　B. 交互式　　C. 壳式　　D. 笼式
14. 行程开关的文字符号是（　　）。
   A. QS　　B. SQ　　C. SA　　D. KM
15. 三相异步电动机的启停控制线路中需要有（　　）、过载保护和失压保护功能。
   A. 短路保护　　B. 超速保护　　C. 失磁保护　　D. 零速保护
16. 用万用表检测某二极管时，发现其正、反电阻均约等于 1kΩ，说明该二极管（　　）。
   A. 已经击穿　　B. 完好　　C. 内部老化不通　　D. 无法判断
17. 如图所示，为（　　）三极管图形符号。
   A. 光电　　B. 发光
   C. 普通　　D. 恒流
18. 基极电流 i_B 的数值较大时，易引起静态工作点 Q 接近（　　）。
   A. 截止区　　B. 饱和区　　C. 死区　　D. 交越失真
19. 如图所示，该电路的反馈类型为（　　）。
   A. 电压串联负反馈　　B. 电压并联负反馈
   C. 电流串联负反馈　　D. 电流并联负反馈
20. 单相桥式整流电路的变压器二次侧电压为 20V，每个整流二极管所承受的最大反向电压为（　　）。
   A. 20V　　B. 28.28V　　C. 40V　　D. 56.56V
21. 测量电压时应将电压表（　　）电路。
   A. 串联接入
   C. 并联接入或串联接入
   B. 并联接入
   D. 混联接入
22. 拧螺钉时应该选用（　　）。
   A. 规格一致的螺钉旋具
   C. 规格小一号的螺钉旋具，效率高
   B. 规格大一号的螺钉旋具，省力气
   D. 全金属的螺钉旋具，防触电
23. 钢丝钳（电工钳子）一般用在（　　）操作的场合。
   A. 低温　　B. 高温　　C. 带电　　D. 不带电
24. 导线截面的选择通常是由（　　）、机械强度、电流密度、电压损失和安全载流量等因素决定的。
   A. 磁通密度　　B. 绝缘强度　　C. 发热条件　　D. 电压高低
25. 如果人体直接接触带电设备及线路的一相时，电流通过人体而发生的触电现象称为（　　）。
   A. 单相触电　　B. 两相触电　　C. 接触电压触电　　D. 跨步电压触电
26. 电缆或电线的驳口或破损处要用（　　）包好，不能用透明胶布代替。
   A. 牛皮纸　　B. 尼龙纸　　C. 电工胶布　　D. 医用胶布
27. 噪声可分为气体动力噪声、机械噪声和（　　）。
   A. 电力噪声　　B. 水噪声　　C. 电气噪声　　D. 电磁噪声

28. 2.0级准确度的直流单臂电桥表示测量电阻的误差不超过（　　）。
A. ±0.2%　　　　　B. ±2%　　　　　C. ±20%　　　　　D. ±0.02%
29. 信号发生器输出CMOS电平为（　　）V。
A. 5　　　　　　　B. 3　　　　　　　C. 10　　　　　　　D. 15
30. 低频信号发生器的输出有（　　）输出。
A. 电压、电流　　　B. 电压、功率　　　C. 电流、功率　　　D. 电压、电阻
31. 晶体管毫伏表最小量程一般为（　　）。
A. 10mV　　　　　B. 1mV　　　　　　C. 1V　　　　　　D. 0.1V
32. 一般三端集成稳压电路工作时，要求输入电压比输出电压至少高（　　）V。
A. 2　　　　　　　B. 3　　　　　　　C. 4　　　　　　　D. 1.5
33. 普通晶闸管边上P层的引出极是（　　）。
A. 漏极　　　　　　B. 阴极　　　　　　C. 门极　　　　　　D. 阳极
34. 普通晶闸管的额定电流是以工频（　　）电流的平均值来表示的。
A. 三角波　　　　　B. 方波　　　　　　C. 正弦半波　　　　D. 正弦全波
35. 单结晶体管的结构中有（　　）个基极。
A. 1　　　　　　　B. 2　　　　　　　C. 3　　　　　　　D. 4
36. 集成运放输入电路通常由（　　）构成。
A. 共射放大电路　　B. 共集电极放大电路　C. 共基极放大电路　D. 差动放大电路
37. 固定偏置共射极放大电路，已知 $R_s=300\text{k}\Omega$，$R_c=4\text{k}\Omega$，$V_{cc}=12\text{V}$，$\beta=50$，则 U_{CEQ}（　　）V。
A. 6　　　　　　　B. 4　　　　　　　C. 3　　　　　　　D. 8
38. 分压式偏置共射放大电路，当温度升高时，其静态值 I_{BQ} 会（　　）。
A. 增大　　　　　　B. 变小　　　　　　C. 不变　　　　　　D. 无法确定
39. 固定偏置共射放大电路出现截止失真，是（　　）。
A. R_e偏小　　　　B. R_u偏大　　　　C. R_c偏小　　　　D. R_c偏大
40. 多级放大电路之间，常用共集电极放大电路，是利用其（　　）的特性。
A. 输入电阻大、输出电阻大　　　　　　B. 输入电阻小、输出电阻大
C. 输入电阻大、输出电阻小　　　　　　D. 输入电阻小、输出电阻小
41. 输入电阻最小的放大电路是（　　）。
A. 共射极放大电路　B. 共集电极放大电路　C. 共基极放大电路　D. 差动放大电路
42. 要稳定输出电流，增大电路输入电阻应选用（　　）负反馈。
A. 电压串联　　　　B. 电压并联　　　　C. 电流串联　　　　D. 电流并联
43. 差动放大电路能放大（　　）。
A. 直流信号　　　　B. 交流信号　　　　C. 共模信号　　　　D. 差模信号
44. 下列不是集成运放的非线性应用的是（　　）
A. 过零比较器　　　B. 滞回比较器　　　C. 积分应用　　　　D. 比较器
45. 单片集成功率放大器件的功率通常在（　　）W左右。
A. 10　　　　　　　B. 1　　　　　　　C. 5　　　　　　　D. 8
46. RC选频振荡电路，当电路发生谐振时，选频电路的幅值为（　　）。
A. 2　　　　　　　B. 1　　　　　　　C. 1/2　　　　　　D. 1/3
47. LC选频振荡电路，当电路频率高于谐振频率时，电路性质为（　　）。
A. 电阻性　　　　　B. 感性　　　　　　C. 容性　　　　　　D. 纯电容性
48. 串联型稳压电路的调整管接成（　　）电路形式。
A. 共基极　　　　　B. 共集电极　　　　C. 共射极　　　　　D. 分压式共射极
49. CW7806的输出电压、最大输出电流为（　　）。
A. 6V、1.5A　　　 B. 6V、1A　　　　　C. 6V、0.5A　　　　D. 6V、0.1A
50. 下列逻辑门电路需要外接上拉电阻才能正常工作的是（　　）。

A. 与非门   B. 或非门   C. 与或非门   D. OC门

51. 单相半波可控整流电路中晶闸管所承受的最高电压是（   ）。
A. $1.414U_2$ B. $0.707U_2$ C. U_2 D. $2U_2$

52. 单相桥式可控整流电路电感性负载带续流二极管时，晶闸管的导通角为（   ）。
A. $180°-\alpha$ B. $90°-\alpha$ C. $90°+\alpha$ D. $180°+\alpha$

53. 单相桥式可控整流电路电阻性负载，晶闸管中的电流平均值是负载的（   ）倍。
A. 0.5   B. 1   C. 2   D. 0.25

54. （   ）触发电路输出尖脉冲。
A. 交流变频   B. 脉冲变压器   C. 集成   D. 单结晶体管

55. 晶闸管电路中串入快速熔断器的目的是（   ）。
A. 过压保护   B. 过流保护   C. 过热保护   D. 过冷保护

56. 晶闸管两端（   ）的目的是防止电压尖峰。
A. 串联小电容   B. 并联小电容   C. 并联小电感   D. 串联小电感

57. 对于电动机负载，熔断器熔体的额定电流应选电动机额定电流的（   ）倍。
A. 1～1.5   B. 1.5～2.5   C. 2.0～3.0   D. 2.5～3.5

58. 交流接触器一般用于控制（   ）的负载。
A. 弱电   B. 无线电   C. 直流电   D. 交流电

59. 对于（   ）工作制的异步电动机，热继电器不能实现可靠的过载保护。
A. 轻载   B. 半载   C. 重复短时   D. 连续

60. 中间继电器的选用依据是控制电路的电压等级、（   ）、所需触点的数量和容量等。
A. 电流类型   B. 短路电流   C. 阻抗大小   D. 绝缘等级

61. 根据机械与行程开关传力和位移关系选择合适的（   ）。
A. 电流类型   B. 电压等级   C. 接线形式   D. 头部形式

62. 用于指示电动机正处在旋转状态的指示灯颜色应选用（   ）。
A. 紫色   B. 蓝色   C. 红色   D. 绿色

63. 对于环境温度变化大的场合，不宜选用（   ）时间继电器。
A. 晶体管式   B. 电动式   C. 液压式   D. 手动式

64. 压力继电器选用时要先考虑所测对象的压力范围，还要符合电路中的额定电压、（   ）、所测管路接口管径的大小。
A. 触点的功率因数   B. 触点的电阻率   C. 触点的绝缘等级   D. 触点的电流容量

65. 直流电动机结构复杂、价格贵、制造麻烦、维护困难，但是启动性能好、（   ）。
A. 调速范围大   B. 调速范围小   C. 调速力矩大   D. 调速力矩小

66. 直流电动机的转子由电枢铁芯、电枢绕组、（   ）、转轴等组成。
A. 接线盒   B. 换向极   C. 主磁极   D. 换向器

67. 并励直流电动机的励磁绕组与（   ）并联。
A. 电枢绕组   B. 换向绕组   C. 补偿绕组   D. 稳定绕组

68. 直流电动机常用的启动方法有：（   ）、降压启动等。
A. 弱磁启动   B. Y-△启动   C. 电枢串电阻启动   D. 变频启动

69. 直流电动机降低电枢电压调速时，属于（   ）调速方式。
A. 恒转矩   B. 恒功率   C. 通风机   D. 泵类

70. 直流电动机的各种制动方法中，能向电源反送电能的方法是（   ）
A. 反接制动   B. 抱闸制动   C. 能耗制动   D. 回馈制动

71. 直流他励电动机需要反转时，一般将（   ）两头反接。
A. 励磁绕组   B. 电枢绕组   C. 补偿绕组   D. 换向绕组

72. 下列故障原因中（   ）会造成直流电动机不能启动。
A. 电源电压过高   B. 电源电压过低   C. 电刷架位置不对   D. 励磁回路电阻过大

73. 绕线式异步电动机转子串电阻启动时，启动电流减小，启动转矩增大的原因是（　　）。
A. 转子电路的有功电流变大　　　　B. 转子电路的无功电流变大
C. 转子电路的转差率变大　　　　　D. 转子电路的转差率变小
74. 绕线式异步电动机转子串频敏变阻器启动与串电阻分级启动相比，控制线路（　　）。
A. 比较简单　　B. 比较复杂　　C. 只能手动控制　　D. 只能自动控制
75. 以下属于多台电动机顺序控制的线路是（　　）。
A. 一台电动机正转时不能立即反转的控制线路
B. Y-△启动控制线路
C. 电梯先上升后下降的控制线路
D. 电动机 2 可以单独停止，电动机 1 停止时电动机 2 也停止的控制线路
76. 多台电动机的顺序控制线路（　　）。
A. 既包括顺序启动，又包括顺序停止　　B. 不包括顺序停止
C. 不包括顺序启动　　　　　　　　　　D. 通过自锁环节来实现
77. 位置控制就是利用生产机械运动部件上的挡铁与（　　）碰撞来控制电动机的工作状态。
A. 断路器　　B. 位置开关　　C. 按钮　　D. 接触器
78. 下列不属于位置控制线路的是（　　）。
A. 走廊照明灯的两处控制电路　　　　B. 龙门刨床的自动往返控制电路
C. 电梯的开关门电路　　　　　　　　D. 工厂车间里行车的终点保护电路
79. 三相异步电动机能耗制动时，机械能转换为电能并消耗在（　　）回路的电阻上。
A. 励磁　　B. 控制　　C. 定子　　D. 转子
80. 三相异步电动机能耗制动的控制线路至少需要（　　）个按钮。
A. 2　　B. 1　　C. 4　　D. 3
81. 三相异步电动机的各种电气制动方法中，能量损耗最多的是（　　）。
A. 反接制动　　B. 能耗制动　　C. 回馈制动　　D. 再生制动
82. 三相异步电动机倒拉反接制动时需要（　　）。
A. 转子串入较大的电阻　　　　B. 改变电源的相序
C. 定子通入直流电　　　　　　D. 改变转子的相序
83. 三相异步电动机再生制动时，将机械能转换为电能，回馈到（　　）。
A. 负载　　B. 转子绕组　　C. 定子绕组　　D. 电网
84. 同步电动机采用异步启动法启动时，转子励磁绕组应该（　　）。
A. 接到规定的直流电源　　　　B. 串入一定的电阻后短接
C. 开路　　　　　　　　　　　D. 短路
85. M7130 平面磨床的主电路中有（　　）电动机。
A. 三台　　B. 两台　　C. 一台　　D. 四台
86. M7130 平面磨床控制电路中串接着转换开关 QS2 的常开触点和（　　）。
A. 欠电流继电器 KUC 的常开触点　　B. 欠电流继电器 KUC 的常闭触点
C. 过电流继电器 KUC 的常开触点　　D. 过电流继电器 KUC 的常闭触点
87. M7130 平面磨床控制线路中导线截面最粗的是（　　）。
A. 连接砂轮电动机 M1 的导线　　　　B. 连接电源开关 QS1 的导线
C. 连接电磁吸盘 YH 的导线　　　　　D. 连接转换开关 QS2 的导线
88. M7130 平面磨床中，砂轮电动机和液压泵电动机都采用了（　　）正转控制电路。
A. 接触器自锁　　B. 按钮互锁　　C. 接触器互锁　　D. 时间继电器
89. C6150 车床控制电路中有（　　）个普通按钮。
A. 2　　B. 3　　C. 4　　D. 5
90. C6150 车床控制线路中变压器安装在配电柜（板）的（　　）。
A. 左方　　B. 右方　　C. 上方　　D. 下方

91. C6150 车床主轴电动机反转、电磁离合器 YC1 通电时，主轴（　　）运行。
   A. 正转　　　　　　B. 反转　　　　　　C. 高速　　　　　　D. 低速
92. C6150 车床（　　）的正反转控制线路具有中间继电器互锁功能。
   A. 冷却液电动机　　B. 主轴电动机　　C. 快速移动电动机　　D. 主轴
93. C6150 车床其他正常，而主轴无制动时，应重点检修（　　）。
   A. 电源进线开关　　　　　　　　　　B. 接触器 KM1 和 KM2 的常闭触点
   C. 控制变压器 TC　　　　　　　　　　D. 中间继电器 KA1 和 KA2 的常闭触点
94. Z3040 摇臂钻床主电路中有四台电动机，用了（　　）个接触器。
   A. 6　　　　　　　　B. 5　　　　　　　　C. 4　　　　　　　　D. 3
95. Z3040 摇臂钻床的冷却泵电动机由（　　）控制。
   A. 接插器　　　　　B. 接触器　　　　　C. 按钮点动　　　　D. 手动开关
96. Z3040 摇臂钻床中的控制变压器比较重，所以应该安装在配电板的（　　）。
   A. 下方　　　　　　B. 上方　　　　　　C. 右方　　　　　　D. 左方
97. Z3040 摇臂钻床中的局部照明灯由控制变压器供给（　　）安全电压。
   A. 交流 6V　　　　 B. 交流 10V　　　　C. 交流 30V　　　　D. 交流 24V
98. Z3040 摇臂钻床中利用（　　）实现升降电动机断开电源完全停止后才开始夹紧的联锁。
   A. 压力继电器　　　B. 时间继电器　　　C. 行程开关　　　　D. 控制按钮
99. Z3040 摇臂钻床中摇臂不能升降的原因是摇臂松开后 KM2 回路不通时，应（　　）。
   A. 调整行程开关 SQ2 位置　　　　　　B. 重接电源相序
   C. 更换液压泵　　　　　　　　　　　　D. 调整速度继电器位置
100. 光电开关的接收器部分包含（　　）。
   A. 定时器　　　　　B. 调制器　　　　　C. 发光二极管　　　D. 光电三极管
101. 光电开关的接收器根据所接收到的（　　）对目标物体实现探测，产生开关信号。
   A. 压力大小　　　　B. 光线强弱　　　　C. 电流大小　　　　D. 频率高低
102. 光电开关可以（　　）、无损伤地迅速检测和控制各种固体、液体、透明体、黑体、柔软体、烟雾等物质的状态。
   A. 高亮度　　　　　B. 小电流　　　　　C. 非接触　　　　　D. 电磁感应
103. 当检测高速运动的物体时，应优先选用（　　）光电开关。
   A. 光纤式　　　　　B. 槽式　　　　　　C. 对射式　　　　　D. 漫反射式
104. 高频振荡电感型接近开关的感应头附近有金属物体接近时，接近开关（　　）。
   A. 涡流损耗减少　　B. 振荡电路工作　　C. 有信号输出　　　D. 无信号输出
105. 接近开关的图形符号中，其常开触点部分与（　　）的符号相同。
   A. 断路器　　　　　B. 一般开关　　　　C. 热继电器　　　　D. 时间继电器
106. 当检测体为非金属材料时，应选用（　　）接近开关。
   A. 高频振荡型　　　B. 电容型　　　　　C. 电阻型　　　　　D. 阻抗型
107. 选用接近开关时应注意对工作电压、负载电流、响应频率、（　　）等各项指标的要求。
   A. 检测距离　　　　B. 检测功率　　　　C. 检测电流　　　　D. 工作速度
108. 磁性开关中的干簧管是利用（　　）来控制的一种开关元件。
   A. 磁场信号　　　　B. 压力信号　　　　C. 温度信号　　　　D. 电流信号
109. 磁性开关的图形符号中，其常开触点部分与（　　）的符号相同。
   A. 断路器　　　　　B. 一般开关　　　　C. 热继电器　　　　D. 时间继电器
110. 磁性开关用于（　　）场所时应选金属材质的器件。
   A. 化工企业　　　　B. 真空低压　　　　C. 强酸强碱　　　　D. 高温高压
111. 磁性开关在使用时要注意磁铁与（　　）之间的有效距离在 10mm 左右。
   A. 干簧管　　　　　B. 磁铁　　　　　　C. 触点　　　　　　D. 外壳
112. 增量式光电编码器主要由（　　）、码盘、检测光栅、光电检测器件和转换电路组成。

A. 光电三极管　　　　　B. 运算放大器　　　　　C. 脉冲发生器　　　　　D. 光源
113. 增量式光电编码器每产生一个（　　）就对应一个增量位移。
A. 输出脉冲信号　　　　B. 输出电流信号　　　　C. 输出电压信号　　　　D. 输出光脉冲
114. 可以根据增量式光电编码器单位时间内的脉冲数量测出（　　）。
A. 相对位置　　　　　　B. 绝对位置　　　　　　C. 轴加速度　　　　　　D. 旋转速度
115. 增量式光电编码器根据信号传输距离选型时要考虑（　　）。
A. 输出信号类型　　　　B. 电源频率　　　　　　C. 环境温度　　　　　　D. 空间高度
116. 增量式光电编码器配线延长时，应在（　　）以下。
A. 1km　　　　　　　　B. 100m　　　　　　　　C. 1m　　　　　　　　　D. 10m
117. 可编程序控制器采用了一系列可靠性设计，如（　　）、掉电保护、故障诊断和信息保护及恢复等。
A. 简单设计　　　　　　B. 系统设计　　　　　　C. 冗余设计　　　　　　D. 功能设计
118. 可编程序控制器采用大规模集成电路构成的（　　）和存储器来组成逻辑部分。
A. 运算器　　　　　　　B. 微处理器　　　　　　C. 控制器　　　　　　　D. 累加器
119. 可编程序控制器系统由（　　）、扩展单元、编程器、用户程序、程序存入器等组成。
A. 基本单元　　　　　　B. 键盘　　　　　　　　C. 鼠标　　　　　　　　D. 外围设备
120. FX2N 系列可编程序控制器定时器用（　　）表示。
A. X　　　　　　　　　B. Y　　　　　　　　　C. T　　　　　　　　　D. C
121. 可编程序控制器由（　　）组成。
A. 输入部分、逻辑部分和输出部分　　　　　　B. 输入部分和逻辑部分
C. 输入部分和输出部分　　　　　　　　　　　D. 逻辑部分和输出部分
122. FX2N 系列可编程序控制器梯形图规定串联和并联的触点数是（　　）。
A. 有限的　　　　　　　B. 无限的　　　　　　　C. 最多 4 个　　　　　　D. 最多 7 个
123. FX2N 系列可编程序控制器输入隔离采用的形式是（　　）。
A. 变压器　　　　　　　B. 电容器　　　　　　　C. 光电耦合器　　　　　D. 发光二极管
124. 可编程序控制器（　　）中存放的随机数据掉电即丢失。
A. RAM　　　　　　　　B. DVD　　　　　　　　C. EPROM　　　　　　　D. ROM
125. PLC（　　）阶段根据读入的输入信号状态，解读用户程序逻辑，按用户逻辑得到正确的输出。
A. 输出采样　　　　　　B. 输入采样　　　　　　C. 程序执行　　　　　　D. 输出刷新
126. 继电器接触器控制电路中的时间继电器，在 PLC 控制中可以用（　　）替代。
A. T　　　　　　　　　B. C　　　　　　　　　C. S　　　　　　　　　D. M
127. FX 系列可编程序控制器 DC 输入型，可以直接接入（　　）信号。
A. AC 24V　　　　　　 B. 4～20mA 电流　　　　C. DC 24V　　　　　　 D. DC 0～5V 电压
128. FX2N-20MT 可编程序控制器表示（　　）类型。
A. 继电器输出　　　　　B. 晶闸管输出　　　　　C. 晶体管输出　　　　　D. 单结晶体管输出
129. 可编程序控制器在输入端使用了（　　），来提高系统的抗干扰能力。
A. 继电器　　　　　　　B. 晶闸管　　　　　　　C. 晶体管　　　　　　　D. 光电耦合器
130. FX2N 系列可编程序控制器并联常闭点用（　　）指令。
A. LD　　　　　　　　　B. LDI　　　　　　　　C. OR　　　　　　　　　D. ORI
131. PLC 的辅助继电器、定时器、计数器、输入和输出继电器的触点可使用（　　）次。
A. 一　　　　　　　　　B. 二　　　　　　　　　C. 三　　　　　　　　　D. 无限
132. PLC 控制程序，由（　　）部分构成。
A. 一　　　　　　　　　B. 二　　　　　　　　　C. 三　　　　　　　　　D. 无限
133. （　　）是可编程序控制器使用较广的编程方式。
A. 功能表图　　　　　　B. 梯形图　　　　　　　C. 位置图　　　　　　　D. 逻辑图
134. 在 FX2N 系列 PLC 中，T200 的定时精度为（　　）。

A. 1ms B. 10ms C. 100ms D. 1s

135. 对于复杂的 PLC 梯形图设计时，一般采用（ ）。
A. 经验法 B. 顺序控制设计法 C. 子程序 D. 中断程序

136. 三菱 GX Developer PLC 编程软件可以对（ ）PLC 进行编程。
A. A 系列 B. Q 系列 C. FX 系列 D. 以上都可以

137. 对于晶体管输出型可编程序控制器，其所带负载只能是额定（ ）电源供电。
A. 交流 B. 直流 C. 高压交流 D. 高压直流

138. 可编程序控制器的接地线截面一般大于（ ）。
A. 1mm² B. 1.5mm² C. 2mm² D. 2.5mm²

139. PLC 外部环境检查时，当湿度过大时应考虑装（ ）。
A. 风扇 B. 加热器 C. 空调 D. 除尘器

140. 根据电机正反转梯形图，下列指令正确的是（ ）。
A. ORI Y001 B. LD X000 C. AND X001 D. AND X002

141. 根据电动机自动往返梯形图，下列指令正确的是（ ）。
A. LDI X002 B. ORI Y002 C. AND Y001 D. ANDI X003

142. 对于晶体管输出型 PLC，要注意负载电源为（ ），并且不能超过额定值。
A. AC 380V B. AC 220V C. DC 220V D. DC 24V

143. 用于（ ）变频调速的控制装置统称为"变频器"。
A. 感应电动机 B. 同步发电机 C. 交流伺服电动机 D. 直流电动机

144. 交-交变频装置输出频率受限制，最高频率不超过电网频率的（ ），所以通常只适用于低速大功率拖动系统。
A. 1/2 B. 3/4 C. 1/5 D. 2/3

145. FR-A700 系列是三菱（ ）变频器。
A. 多功能高性能 B. 经济型高性能 C. 水力和风机专用型 D. 节能型轻负载

146. 基本频率是变频器对电动机进行恒功率控制和恒转矩控制的分界线，应按（ ）设定。
A. 电动机额定电压时允许的最小频率 B. 上限工作频率
C. 电动机的允许最高频率 D. 电动机的额定电压时允许的最高频率

147. 西门子 HM440 变频器可外接开关量，输入端⑤～⑧端作多段速给定端，可预置（ ）个不同给定频率值。
A. 15 B. 16 C. 4 D. 8

148. 变频器在基频以下调速时，调频时须同时调节（ ），以保持电磁转矩基本不变。
A. 定子电源电压 B. 定子电源电流 C. 转子阻抗 D. 转子电流

149. 在变频器的输出侧切勿安装（ ）。
A. 移相电容 B. 交流电抗器 C. 噪声滤波器 D. 测试仪表

150. 变频器中的直流制动是为克服低速爬行现象而设置的，拖动负载惯性越大，（ ）设定值越高。
A. 直流制动电压 B. 直流制动时间 C. 直流制动电流 D. 制动起始频率

151. 西门子 MM420 变频器的主电路电源端子（ ）需经交流接触器和保护用断路器与三相电源连接。但不宜采用主电路的通、断进行变频器的运行与停止操作。
A. X、Y、Z B. U、V、W C. L1、L2、L3 D. A、B、C

152. 变频器有时出现轻载时过电流保护,原因可能是（　　）。
  A. 变频器选配不当　　B. U/f 比值过小　　C. 变频器电路故障　　D. U/f 比值过大
153. 交流笼型异步电动机的启动方式有:星三角启动、自耦减压启动、定子串电阻启动和软启动等。从启动性能上讲,最好的是（　　）。
  A. 星三角启动　　B. 自耦减压启动　　C. 串电阻启动　　D. 软启动
154. 可用于标准电路和内三角电路的西门子软启动器型号是（　　）。
  A. 3Rff30　　B. 3RW31　　C. 3KW22　　D. 3RW34
155. 变频启动方式比软启动器的启动转矩（　　）。
  A. 大　　B. 小　　C. 一样　　D. 小很多
156. 软启动器可用于频繁或不频繁启动,建议每小时不超过（　　）。
  A. 20 次　　B. 5 次　　C. 100 次　　D. 10 次
157. 水泵停车时,软启动器应采用（　　）。
  A. 自由停车　　B. 软停车　　C. 能耗制动停车　　D. 反接制动停车
158. 内三角接法软启动器只需承担（　　）的电动机线电流。
  A. 1/3　　B. 1/3　　C. 3　　D. 3
159. 软启动器的（　　）功能用于防止离心泵停车时的"水锤效应"。
  A. 软停机　　B. 非线性软制动　　C. 自由停机　　D. 直流制动
160. 接通主电源后,软启动器虽处于待机状态,但电动机有嗡嗡响。此故障不可能的原因是（　　）。
  A. 晶闸管短路故障　　　　　　　　B. 旁路接触器有触点粘连
  C. 触发电路不工作　　　　　　　　D. 启动线路接线错误

二、判断题（对的在括号内打"√",错的打"×",每小题 0.5 分,共 20 分）

161.（　）在职业活动中一贯地诚实守信会损害企业的利益。
162.（　）办事公道是指从业人员在进行职业活动时要做到助人为乐,有求必应。
163.（　）市场经济时代,勤劳是需要的,而节俭则不宜提倡。
164.（　）爱岗敬业作为职业道德的内在要求,指的是员工只需要热爱自己特别喜欢的工作岗位。
165.（　）职业活动中,每位员工都必须严格执行安全操作规程。
166.（　）在日常工作中,要关心和帮助新职工、老职工。
167.（　）线性电阻与所加电压成正比、与流过电流成反比。
168.（　）二极管由一个 PN 结、两个引脚、封装组成。
169.（　）一般万用表可以测量直流电压、交流电压、直流电流、电阻、功率等物理量。
170.（　）磁性材料主要分为硬磁材料与软磁材料两大类。
171.（　）雷击的主要对象是建筑物。
172.（　）劳动者的基本权利中,遵守劳动纪律是最主要的权利。
173.（　）中华人民共和国电力法规定电力事业投资,实行谁投资、谁收益的原则。
174.（　）直流双臂电桥用于测量准确度高的小阻值电阻。
175.（　）直流双臂电桥的测量范围是 0.01～11Ω。
176.（　）直流单臂电桥有一个比率,而直流双臂电桥有两个比率。
177.（　）示波管的偏转系统由一个水平及垂直偏转板组成。
178.（　）示波器的带宽是测量交流信号时,示波器所能测试的最大频率。
179.（　）晶体管特性图示仪可以从示波管的荧光屏上自动显示同一半导体管子的四种参数。
180.（　）三端集成稳压电路有三个接线端,分别是输入端、接地端和输出端。
181.（　）晶闸管型号 KS20-8 表示三相晶闸管。
182.（　）双向晶闸管一般用于交流调压电路。
183.（　）单结晶体管有三个电极,符号与三极管一样。
184.（　）集成运放不仅能应用于普通的运算电路,还能用于其他场合。
185.（　）短路电流很大的场合宜选用直流快速断路器。

186. (　　) 控制变压器与普通变压器的工作原理相同。
187. (　　) M7130 平面磨床中，冷却泵电动机 M2 必须在砂轮电动机 M1 运行后才能启动。
188. (　　) M7130 平面磨床的三台电动机都不能启动的大多原因是欠电流继电器 KUC 和转换开关 QS2 的触点接触不良、接线松脱，使电动机的控制电路处于断电状态。
189. (　　) C6150 车床的主电路中有 4 台电动机。
190. (　　) C6150 车床主电路中接触器 KM1 触点接触不良将造成主轴电动机不能反转。
191. (　　) Z3040 摇臂钻床中行程开关 SQ2 安装位置不当或发生移动时会造成摇臂夹不紧。
192. (　　) 光电开关的抗光、电、磁干扰能力强，使用时可以不考虑环境条件。
193. (　　) 电磁感应式接近开关由感应头、振荡器、继电器等组成。
194. (　　) 磁性开关由电磁铁和继电器构成。
195. (　　) 可编程序控制器运行时，一个扫描周期主要包括三个阶段。
196. (　　) 高速脉冲输出不属于可编程序控制器的技术参数。
197. (　　) 用计算机对 PLC 进行程序下载时，需要使用配套的通信电缆。
198. (　　) FX 编程器在使用双功能键时，键盘中都有多个选择键。
199. (　　) 通用变频器主电路中间直流环节所使用的大电容或大电感是电源与异步电动机之间交换有功功率所必需的储能缓冲元件。
200. (　　) 软启动器主要由带电压闭环控制的晶闸管交流调压电路组成。

电工初级知识要求考核模拟试卷参考答案

一、单项选择题

1. B	2. A	3. D	4. C	5. D	6. A	7. A	8. A	9. A	10. C
11. B	12. B	13. B	14. B	15. A	16. C	17. A	18. B	19. A	20. B
21. A	22. A	23. D	24. C	25. A	26. C	27. D	28. B	29. A	30. B
31. B	32. A	33. D	34. C	35. B	36. D	37. D	38. C	39. B	40. C
41. C	42. C	43. D	44. C	45. D	46. D	47. C	48. D	49. C	50. D
51. A	52. A	53. A	54. D	55. D	56. D	57. D	58. D	59. C	60. A
61. D	62. D	63. A	64. D	65. A	66. D	67. A	68. C	69. A	70. D
71. B	72. B	73. A	74. A	75. D	76. A	77. B	78. A	79. D	80. A
81. A	82. A	83. D	84. B	85. A	86. A	87. B	88. B	89. C	90. D
91. A	92. D	93. D	94. B	95. D	96. A	97. D	98. D	99. A	100. D
101. B	102. C	103. B	104. C	105. B	106. B	107. A	108. A	109. B	110. D
111. A	112. D	113. A	114. D	115. A	116. D	117. C	118. B	119. D	120. C
121. A	122. B	123. C	124. A	125. C	126. A	127. C	128. C	129. D	130. C
131. D	132. C	133. D	134. B	135. D	136. D	137. D	138. C	139. D	140. B
141. D	142. D	143. A	144. A	145. D	146. D	147. D	148. D	149. C	150. A
151. C	152. D	153. D	154. D	155. A	156. D	157. B	158. A	159. D	160. C

二、判断题

161. ×	162. ×	163. ×	164. ×	165. √	166. √	167. ×	168. √	169. √	170. √
171. √	172. ×	173. √	174. √	175. √	176. √	177. ×	178. √	179. √	180. √
181. ×	182. √	183. ×	184. √	185. √	186. √	187. √	188. √	189. √	190. ×
191. ×	192. ×	193. √	194. √	195. √	196. √	197. √	198. √	199. √	200. ×

（二）电工初级职业技能鉴定技能要求考核模拟试卷

【试题一】电工测量与基本操作

1. 试题名称——电动机绝缘电阻测量

2. 试题内容及要求
(1) 正确选用电工仪表。
(2) 做好测试前的准备（包括仪表和待测设备两方面）。
(3) 先找出三相绕组每相的两个线端。
(4) 按规定的速度、时间操作、读数。
(5) 操作符合安全规程。
(6) 测量电动机绕组间和绕组对地绝缘电阻，并将测试结果填入下表：

测量项目	U-V	U-W	V-W	U-地	V-地	W-地
绝缘电阻						

3. 注意事项
(1) 按规定着装。
(2) 规范操作电工仪表，避免造成损坏。
(3) 要做到安全文明操作。
(4) 严重违规者，取消评价资格。
4. 答题时间
答题时间规定为 30min。提前完成不加分，不得超时完成。
5. 答题所需仪表、仪器、工具及器材

序号	名称	型号与规格	单位	数量	备注
1	指针式万用表	自定	台	1	
2	电阻	自定不同种阻值的电阻 10 个	个	10	
3	兆欧表	自定（建议 500V，0～200MΩ）	台	1	
4	三相笼型异步电动机	容量 3kW 以上	台	1	
5	电工通用工具	验电笔、螺钉旋具（一字形和十字形）、电工刀、尖嘴钳、活扳手、剥线钳等	套	1	
6	劳保用品	绝缘鞋、工作服等	套	1	

6. 答题评价
答题评价总分为 25 分，具体评价标准详见下表。

姓名		考号		考点				
评价项目或内容		配分		评价(分)标准			扣分	得分
正确使用仪表		10 分		万用表不会选择挡位或不调零，扣 1 分；兆欧表用前不做开路、短路试验，E、L 接线错，每处扣 1 分				
分清电动机的三相绕组绝缘电阻测试方法正确		10 分		三相组分不清，扣 2 分；测试方法错，扣 2 分；读数错或填写数据错，每处扣 1 分；测相与地绝缘电阻时，接触面没清理干净，扣 2 分				
安全文明操作		5 分		操作过程有不合安全规范的行为扣 2～5 分；发生严重事故，取消评价资格				
规定时间		30min	开始时间		完成时间		总评分	
考评员					考评日期		年 月 日	

【试题二】照明线路装调与维修

1. 试题名称——二控一灯照明控制线路安装与调试
2. 试题内容及要求

(1) 检查各个电器的型号和规格是否符合要求。
(2) 做好安装的准备工作,并进行安装。
(3) 按照下图完成电路接线。

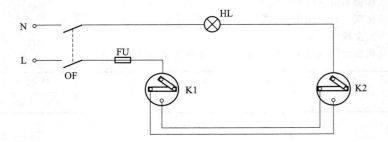

(4) 操作符合安全规程。
(5) 完成接线后,通电验证电路能否正常工作。

3. 注意事项

(1) 按规定着装。
(2) 规范操作电工仪表,避免造成损坏。
(3) 做到安全文明操作。
(4) 严重违规者,取消评价资格。

4. 答题时间

答题时间规定为45min。提前完成不加分,超时完成每5分钟扣2分。

5. 答题所需仪表、仪器、工具及器材

序号	名称	型号与规格	单位	数量	备注
1	安装板	参考尺寸 560mm×(700~1400mm)	块	1	
2	照明配电箱	自定(参考型号 PZ30-4)	个	1	含接地排、接零排
3	漏电型空气开关	DZ7LE-32/C6	个	1	
4	底盒	86型明装底盒	个	3	
5	单相交流电源	交流 220V,5A	处	1	
6	灯座	螺口 E27 灯座	个	1	
7	开关	86型一位双控开关	个	2	
8	螺钉	M4	个	10	固定开关插座面板
9	PVC塑料线槽	39×19	米	2	
10	PVC塑料线槽三通	39×19	个	2	
11	PVC塑料线槽角弯	39×19	个	1	
12	自攻螺钉	自定	个	50	固定元器件
13	绝缘导线	自定(建议 1.5mm² 或以上)	米	15	红、蓝、双色各一份
14	电工通用工具	验电笔、钢丝钳、螺钉旋具(一字形和十字形)、电工刀、尖嘴钳、剥线钳、钢锯等	套	1	
15	万用表	自定	台	1	
16	劳保用品	绝缘鞋、工作服等	套	1	

6. 答题评价

答题评价总分为25分,具体评价标准详见下表。

姓名		考号		考点			
评价项目或内容		配分		评价(分)标准		扣分	得分
安装工艺		10分		未按图安装电路扣6分,接点松动、接点露铜过长、导线交叉、反圈每个扣0.5分,损坏元件或损伤导线扣1分,整体布线工艺未平直扣3分			
通电试运行		12分		未实现功能扣5分;灯座接线错误、熔断器接线错误、开关接线错误每个扣2分			
安全文明操作		3分		操作过程有不合安全规范的行为扣1～3分;发生严重事故,取消评价资格			
考核时限				每超时5分钟扣2分			
规定时间	45min	开始时间		完成时间		总评分	
考评员				考评日期		年　月　日	

【试题三】 继电控制电路装调与维修

1. 试题名称——三相异步电动接触器互锁正反转控制线路安装与调试
2. 试题内容及要求
（1）检查各个电器的型号和规格是否符合要求。
（2）做好安装的准备工作,并进行安装。
（3）按下图进行线路安装。

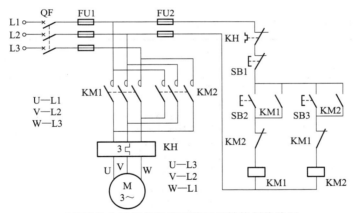

三相异步电动机接触器互锁正反转控制线路图

（4）完成接线后,在不接线三相异步电动机的情况下,通电检查各个电器动作是否正常。
（5）当各个电器动作都正常后,接入三相异步电动机并通电检查。
3. 注意事项
（1）按规定着装。
（2）接线时一定要细心,避免线间短路。
（3）要正确使用万用表,避免造成损坏。
（4）做到安全文明操作。
（5）严重违规者,取消评价资格。
4. 答题时间
答题时间规定为60min。提前完成不加分,不允许超时。
5. 答题所需仪表、仪器、工具及器材

序号	名称	规格	数量	单位	备注
1	三相异步电动机	380V、370W	1	台	A1-7124型
2	三相组合开关	10A	1	只	
3	熔断器	5A	3	只	
4	接触器	线圈电压380V	1	只	
5	热继电器	380V、0.4～0.63A	1	只	
6	按钮	三联	1	只	
7	多股导线	$0.75mm^2$、$1mm^2$	若干	米	主、控制电路导线颜色不同
8	行线槽	自定	2	条	
9	接线端子排	500V、10A、15节	2	条	按钮引出线使用
10	螺钉、螺母	M4	若干	套	
11	安装板	600mm×500mm×20mm	1	块	
12	钻头	$\Phi4.2mm$	2	支	
13	钻头	$\Phi3.2mm$	2	支	
14	手电钻	220V	1	把	
15	电工工具		1	套	
16	万用表		1	台	指针式或数字式均可
17	号码管	$1.0mm^2$	米	1	

6. 答题评价

答题评价总分为25分，具体评价标准详见下表。

姓名		考号		考点			
评价项目或内容		配分		评价(分)标准		扣分	得分
安装工艺		10分		1. 布线不入行线槽，或入槽线分布杂乱，每处扣1分。 2. 接点松动、露铜过长、压绝缘层，标记线号不清楚、遗漏或误标，每处扣1分。 3. 引线排列混乱，不美观，每处扣0.5分。 4. 损坏导线绝缘或线芯，每根扣2分。 5. 损坏元件每只扣5分			
通电试运行		12分		1. 试电前不进行检测扣5分。 2. 通电前检测方法不正确扣2分。 3. 试运行不成功，检查后能改正，每次扣5分			
安全文明操作		3分		1. 有一项不合格扣1～3分。 2. 发生严重事故，取消评价资格			
规定时间		60min	开始时间		完成时间	总评分	
考评员					考评日期	年 月 日	

【试题四】基本电子线路装调

1. 试题名称——简单光控延时电路的焊接与调试
2. 试题内容及要求

(1) 检查各个电器的型号和规格是否符合要求。

(2) 按图正确完成简单光控延时电路的制作。

(3) 元件分布合理，元件安装与焊点符合规范要求。

(4) 通电测试合格，功能正常。

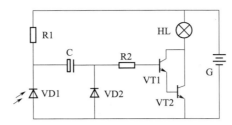

(5) 安装与调试时要正确使用仪表和工具。

3. 注意事项

(1) 按规定着装。
(2) 要正确使用万用表,避免造成损坏。
(3) 做到安全文明操作。
(4) 严重违规者,取消评价资格。

4. 答题时间

答题时间规定为60min。提前完成不加分,不允许超时。

5. 答题所需仪表、仪器、工具及器材

序号	名称	型号与规格	单位	数量	备注
1	单股镀锌铜线	AV—0.1mm^2	米	1	连接元器件
2	多股细铜线	AVR—0.1mm^2	米	1	连接元器件
3	印刷线路板(或铆钉板)	2mm×70mm×100mm (或 2mm×150mm×200mm)	块	1	
4	干电池	3V	个	1	调试使用
5	光电二极管	2CU	个	4	
6	三极管	9013($\beta \geq 100$)	个	2	
7	二极管	1N4148	个	1	
8	电容	2000μF	个	1	
9	电阻	30kΩ	个	1	
10	电阻	5kΩ	个	1	
11	小灯泡	2.5V、0.25A	个	1	

6. 答题评价

答题评价总分为25分,具体评价标准详见下表。

姓名		考号		考点			
评价项目或内容		配分		评价(分)标准		扣分	得分
安装工艺		6分		1. 元件布置不合理、线路杂乱,每处扣1分。 2. 元件安装不符合工艺要求,每个扣1分。 3. 有连接线敷设在面板、底板连接线混乱,每处扣0.5分			
接线与元件焊接		6分		1. 焊点松动、不洁净、焊接锡堆积,每处扣0.5分。 2. 损坏元件每个扣5分。 3. 功能相同,但不按电路图完成电路制作,扣5分			
通电试运行		10分		1. 接线操作时,每处错误扣0.5分。 2. 检查时,每处错误扣1分			

续表

姓名		考号		考点			
评价项目或内容		配分		评价(分)标准		扣分	得分
安全文明操作		3分		1. 有一项不合格扣1~3分。 2. 发生严重事故,取消评价资格			
规定时间		60min	开始时间		完成时间	总评分	
考评员				考评日期		年 月 日	

样题二　电工中级职业技能鉴定考核样题及其答案

（一）电工中级职业技能鉴定知识要求考核模拟试卷及其参考答案

一、单项选择题（第1～160题，选择正确答案，将相应的字母填入题内的括号中，每题0.5分，共80分）

1. 三相对称负载三角形连接的电路中，$I_线$与$I_相$之间的关系是（　　）。
   A. $I_线=3I_相$　　　B. $I_线=I_相$　　　C. $I_线=2I_相$　　　D. $I_线=\sqrt{3}I_相$
2. 某电流的内阻为2Ω，它能等效变换成10V的电压源，则电流源的电流是（　　）。
   A. 5A　　　　　　　B. 2A　　　　　　　C. 10A　　　　　　D. 2.5A
3. 万用表测得家用电热水器中的电热丝阻值近50Ω，该热水器的功率可能是（　　）。
   A. 1kW　　　　　　B. 2kW　　　　　　C. 3kW　　　　　　D. 4kW
4. 求电路中某一条支路的电流，最好使用（　　）求解。
   A. 基尔霍夫定律　　B. 节点电压法　　　C. 戴维南定律　　　D. 叠加定律
5. 认为RC电路充放电结束所用的时间为（　　）。
   A. τ　　　　　　　B. 3τ　　　　　　C. 5τ　　　　　　D. 7τ
6. "电生磁"规律是由（　　）发现并总结出来的。
   A. 安倍　　　　　　B. 楞次　　　　　　C. 法拉第　　　　　D. 高斯
7. 磁感应强度B的单位是（　　）。
   A. T　　　　　　　B. H/m　　　　　　C. Wb　　　　　　　D. A/m
8. 电路的总电压超前于电流0°～90°，则该电路可能是（　　）电路。
   A. RC　　　　　　　B. RL　　　　　　　C. 纯电感　　　　　D. 纯电容
9. 为了提高设备的功率因数，常在感性负载的两端（　　）。
   A. 串联适当的电容器　B. 并联适当的电容器　C. 串联适当的电感　D. 并联适当的电感
10. 接在同一电源上的三相负载，△接时的有功功率是Y接的（　　）倍。
    A. 2　　　　　　　B. $\sqrt{3}$　　　　　　C. 3　　　　　　　　D. $\sqrt{2}$
11. （　　）是电磁感应的一种形式。
    A. 自感应　　　　　B. 互感应　　　　　C. 涡流　　　　　　D. 以上都正确
12. RLC串联谐振电路中的（　　）最大。
    A. 电压　　　　　　B. 电流　　　　　　C. 总阻抗　　　　　D. 频率
13. 变压器铭牌上的容量是指（　　）。
    A. 有功功率　　　　B. 无功功率　　　　C. 视在功率　　　　D. 变压器的电容量
14. 当负载获得最大功率时，电路的效率为（　　）。
    A. 100%　　　　　B. 50%　　　　　　C. 25%　　　　　　D. 75%
15. 电路图中文字符号的标注位置一般在元器件的（　　）。
    A. 上方或下方　　　B. 左边或右边　　　C. 下面或右边　　　D. 上面或左边
16. 反映场效应管栅-源电压对漏极电流控制能力的参数是（　　）。
    A. 饱和漏极电流　　B. 开启电压　　　　C. 夹断电压　　　　D. 跨导
17. 欲改善放大电路的性能，常采用的反馈类型是（　　）。
    A. 电流反馈　　　　B. 电压反馈　　　　C. 正反馈　　　　　D. 负反馈
18. 一个硅二极管反向击穿电压为150V，则其最高反向工作电压为（　　）。
    A. 大于150V　　　B. 略大于150V　　　C. 不得超过40V　　D. 等于DV
19. 乙类推挽功率放大电路的（　　）较严重。
    A. 饱和失真　　　　B. 截至失真　　　　C. 交越失真　　　　D. 零点漂移
20. 二极管两端加上正向电压时（　　）。
    A. 一定导通　　　　B. 超过死区电压才导通　C. 超过0.3V才导通　D. 超过0.7V才导通

21. 晶闸管具有（　　）性。
A. 单向导电　　　　　B. 可控单向导电性　　　C. 电流放大　　　　　D. 负阻效应
22. 单结晶体管触发电路产生的输出电压波形是（　　）。
A. 正弦波　　　　　　B. 矩形波　　　　　　　C. 尖脉冲　　　　　　D. 三角波
23. 单向半波可控整流电路，若负载平均电流为10mA，则实际通过整流二极管的平均电流为（　　）。
A. 5A　　　　　　　　B. 0　　　　　　　　　C. 10mA　　　　　　　D. 20mA
24. 把交流电转换成直流电的过程叫（　　）。
A. 变压　　　　　　　B. 稳定　　　　　　　　C. 整流　　　　　　　D. 放大
25. 推挽功率放大电路在正常工作中，晶体管工作在（　　）状态。
A. 放大　　　　　　　B. 饱和　　　　　　　　C. 截止　　　　　　　D. 放大或截止
26. 正弦波振荡器的振荡频率 f 取决于（　　）。
A. 正反馈强度　　　　B. 放大器放大倍数　　　C. 反馈元件参数　　　D. 选频网络的参数
27. TTL"与非"门电路是以（　　）为基础原件构成的。
A. 电容器　　　　　　B. 双极型三极管　　　　C. 二极管　　　　　　D. 晶闸管
28. 逻辑函数 $AB+ABCD$ 可化简为（　　）。
A. AB　　　　　　　B. ABC　　　　　　　C. CD　　　　　　　D. $ABCD$
29. 型号 KP100-12G 的晶闸管，其额定电流和额定电压应该是（　　）。
A. 100A　1200V　　　B. 100A　12V　　　　　C. 12A　100V　　　　D. 1200A　12V
30. 逻辑功能符合"有1出0，全0出1"的逻辑门是（　　）。
A. 或非门　　　　　　B. 与非门　　　　　　　C. 异或门　　　　　　D. 与门
31. 使用检流计时若灵敏度太低，可通过（　　）来提高灵敏度。
A. 适当提高张丝张力　B. 适当放松张丝张力　　C. 减小阻尼力矩　　　D. 增大阻尼力矩
32. 由于仪表自身内阻影响而带来的误差属于（　　）。
A. 系统误差　　　　　B. 偶然误差　　　　　　C. 疏失误差　　　　　D. 随机误差
33. 使用500型万用表进行欧姆调零时，发现高倍率挡能调到零，而低倍率挡调不到零，这有可能是（　　）造成的。
A. 电路内阻失灵　　　B. 内部有开路　　　　　C. 调零器失灵　　　　D. 电池电量不足，电压下降
34. 色环标志是"红、蓝、橙、金"的四环金属膜电阻，其标称阻值（Ω）和最佳测量仪表应该是（　　）。
A. 26000、MF500型万用表　　　　　　　　　B. 26000、数字万用表
C. 2600、直流单臂电桥　　　　　　　　　　D. 2600、直流双臂电桥
35. （　　）仪表只能测量直流电流或电压。
A. 磁电系　　　　　　B. 感应系　　　　　　　C. 电动系　　　　　　D. 整流系
36. 选择功率表的量程时，要选择它的（　　）。
A. 电压电量　　　　　B. 电流量程　　　　　　C. 功率量程　　　　　D. 以上三项全选
37. 低压供电时，当负荷电流超过（　　）时，应该使用电流互感器接入式的三相电能表。
A. 60A　　　　　　　B. 80A　　　　　　　　C. 100A　　　　　　　D. 120A
38. 调节普通示波器"X轴位移"旋钮可以改变光点在（　　）。
A. 垂直方向的幅度　　B. 水平方向的幅度　　　C. 垂直方向的位置　　D. 水平方向的位置
39. 调节通用示波器的"扫描范围"旋钮可以改变示形的（　　）。
A. 幅度　　　　　　　B. 个数　　　　　　　　C. 亮度　　　　　　　D. 相位
40. 如果锯齿波扫描周期是1ms，荧光屏上出现了5个完整的波形，那么被测信号的频率应该是（　　）。
A. 20kHz　　　　　　B. 10kHz　　　　　　　C. 5kHz　　　　　　　D. 1kHz
41. "聚焦"钮是靠改变（　　）从而改变荧光屏上波形的粗细。
A. 阴极位置　　　　　B. 栅极电位　　　　　　C. 阳极电位　　　　　D. 灯丝电压
42. 某被测正弦波经×10探极输入示波器的Y通道，偏转因数钮置"5V/div"位，波峰与波谷之间共

占 4div，该信号的最大值为（ ）。
A. 20V B. 40V C. 80V D. 100V
43. 兆欧表和接地仪的额定转速均为（ ）r/min。
A. 60 B. 80 C. 100 D. 20
44. 当负载电流为零，而电压为额定电压的 80%～110% 时，铝盘的转动（ ）。
A. 为零 B. 不超过一圈 C. 不超过二圈 D. 不超过十圈
45. 用数字万用表测量二极管时，若显示 0.150～0.300V，说明该二极管（ ）。
A. 已被击穿 B. 内部短路 C. 为锗管 D. 为硅管
46. 改变三相异步电动机的电源相序是为了使电动机（ ）。
A. 改变旋转方向 B. 改变转速 C. 改变转速 D. 降压启动
47. 三相异步电动机长久使用后，因轴承磨损导致转子下沉带来的后果是（ ）。
A. 电流及温升增加 B. 转速加快 C. 无法启动 D. 没影响
48. 三相异步电动机降压启动的常见方法有（ ）种。
A. 2 B. 3 C. 4 D. 5
49. 当异步电动机采用星-三角降压启动时，每相定子绕组承受的电压是三角形接法全压启动时的（ ）倍。
A. 2 B. 3 C. 12/12 D. 1/3
50. 三相异步电动机反接时，采用对称制电阻接法，在限制制动转矩的同时，也限制了（ ）。
A. 限制电流 B. 启动电流 C. 制动电流 D. 启动电压
51. 三相异步电动机要保持稳定运行，则其转差率 S 应该（ ）。
A. 小于临界转差率 B. 等于临界转差率
C. 大于临界转差率 D. 多大都行
52. △接法的三相异步电动机，若误接为 Y 接法使用，在负载转矩不变时，铜损和温升将会（ ）。
A. 减小 B. 基本不变 C. 增大 D. 无任何变化
53. 三相异步电动机绕组出线端有处对地绝缘损坏，给电机带来的故障是（ ）。
A. 电动机停转 B. 电动机温度过高而冒烟
C. 电动机外壳带电 D. 短路
54. 超速试验是让电机在 1.2 倍额定转速下转 2min，以检验转子机械强度和装配质量。（ ）应进行超速试验。
A. 绕线式电动机 B. 笼型电动机
C. 绕线式及笼型电动机 D. 以上三项都
55. 并励直流电动机的主磁通与（ ）有关。
A. 电源电压 B. 电枢绕组的匝数及线径
C. 反电动势大小 D. 电动机结构
56. 直流电动机的电刷是为了引导电流。在实际应用中应采用（ ）。
A. 铜质电刷 B. 石墨电刷 C. 银质电刷 D. 前三种都可以
57. 直流电动机中装设换向极是为了（ ）。
A. 增强主磁场 B. 削弱主磁场 C. 抵消主磁场 D. 电流交换
58. 直流电动机的电刷因磨损而需要更换时应选用（ ）。
A. 较原电刷硬一些的电刷 B. 较原电刷软一些的电刷
C. 与原电刷牌号相同的电刷 D. 随便一种电刷
59. 只将并励直流电动机励磁电压降低，此时转速会（ ）。
A. 变慢 B. 变快 C. 不变 D. 忽快忽慢
60. 直流电动机换向器出现环火，故障的主要原因是（ ）。
A. 电动机过载 B. 电刷牌号不合适 C. 电刷接触面小 D. 换向器短路
61. 单相交流电通入单相绕组产生的磁场是（ ）。

A. 旋转磁场　　　　　　B. 恒定磁场　　　　　　C. 脉动磁场　　　　　　D. 尖脉冲

62. 目前国产的吊风扇、电冰箱、洗衣机中的单相异步电动机大多属于（　　）异步电动机。
A. 单相罩极式　　　　　B. 单相电容启动式　　　C. 单向电容运转式　　　D. 单相电容启动运行式

63. 单相电容启动式异步电动机转向的改变只要将（　　）。
A. 主、副绕组对换　　　　　　　　　　　B. 主、副绕组中任意一组首位端对调
C. 电源相线跟零线对调　　　　　　　　　D. 电容的两个极对调

64. 风扇通电时发出异常"嗡嗡"声，可能是（　　）。
A. 转轴和轴承间隙过大造成径向跳动　　　B. 转子同定子相摩擦
C. 转子轴向位置偏前或后　　　　　　　　D. 定子铁芯松动

65. 某单位安装同步电动机改善用电功率因数，当发现用电功率因数降低时，应（　　）。
A. 增加同步电机的励磁电流　　　　　　　B. 减小同步电机的励磁电流
C. 使励磁电流维持不变　　　　　　　　　D. 增加新的同步电动机

66. 某工厂为了提高功率因数，拟将原用异步电机拖动的设备，改为同步电机拖动，应当考虑将（　　）设备改用同步电机。
A. 长期工作容量大的设备　　　　　　　　B. 长期工作容量小的设备
C. 短期工作容量大的设备　　　　　　　　D. 短期工作容量小的设备

67. 三相同步电动机采用能耗制动时，电源断开后保持转子励磁绕组的直流励磁，同步电动机就成为电枢被外电阻短接的（　　）。
A. 异步电动机　　　　　B. 异步发电机　　　　　C. 同步发电机　　　　　D. 同步电动机

68. 反接制动时，旋转磁场与转子相对的速度很大，致使定子绕组中的电流一般为额定电流的（　　）倍左右。
A. 5　　　　　　　　　　B. 7　　　　　　　　　　C. 10　　　　　　　　　 D. 15

69. 当变压器带负容性负载运行时，副边端电压随负载电流的增大而（　　）。
A. 升高　　　　　　　　B. 不变　　　　　　　　C. 降低很多　　　　　　D. 降低很少

70. 提高企业用电负荷的功率因数，变压器的电压调整率将（　　）。
A. 不变　　　　　　　　B. 减小　　　　　　　　C. 增大　　　　　　　　D. 基本不变

71. 变压器负载运行并且负载的功率因数一定时，变压器的功率和（　　）运行的功率特性。
A. 时间　　　　　　　　B. 主磁通　　　　　　　C. 铁损　　　　　　　　D. 负载系数

72. 三相变压器并联运行时，要求并联运行的三相变压器变比（　　），否则不能并联运行。
A. 必须绝对相等　　　　　　　　　　　　B. 的误差不超过±0.5%
C. 的误差不超过±5%　　　　　　　　　　D. 的误差不超过±10%

73. 在中、小型电力变压器的定期检查维护中，若发现变压器箱顶油面温度与室温之差超过（　　），说明变压器过载或变压器内部已发生故障。
A. 35℃　　　　　　　　B. 55℃　　　　　　　　C. 50℃　　　　　　　　D. 20℃

74. 电力变压器大修后耐压试验的试验电压应按《交接和预防性试验电压标准》选择，标准中规定电压级次为6kV的油浸变压器的试验电压为（　　）kV。
A. 15　　　　　　　　　 B. 18　　　　　　　　　C. 21　　　　　　　　　D. 25

75. 进行变压器耐压试验时，试验电压先可以任意速度上升到额定试验电压的（　　），以后再以均匀缓慢的速度升到额定试验电压。
A. 10%　　　　　　　　B. 20%　　　　　　　　C. 40%　　　　　　　　D. 50%

76. 中、小型电力变压器进行耐压试验时，若试验中无击穿现象，要把变压器试验电压均匀降低，大约在5s内降低到试验电压的（　　）或更小，再切断电源。
A. 15%　　　　　　　　B. 25%　　　　　　　　C. 45%　　　　　　　　D. 55%。

77. 进行变压器耐压试验时，试验电压升到要求数值后，应保持（　　）无放电或击穿现象为试验合格。
A. 30s　　　　　　　　 B. 60s　　　　　　　　 C. 90s　　　　　　　　 D. 120s

78. 若变压器绝缘受潮，进行耐压试验时会（ ）。
   A. 使绝缘击穿
   B. 因试验时绕组发热而使绝缘得以干燥，恢复正常
   C. 无任何影响
   D. 危及操作人员的人身安全
79. 大修后的变压器进行耐压试验时，发生局部放电，则可能是因为（ ）。
   A. 绕组引线对油箱壁位置不当
   B. 更换绕组时，绕组绝缘导线的截面积选择偏小
   C. 更换绕组时，绕组绝缘导线的截面积选择偏大
   D. 变压器油装得太满
80. 要稳定输出电流，减小电路输入电阻应选用（ ）负反馈。
   A. 电压串联   B. 电压并联   C. 电流串联   D. 电流并联
81. 从业人员在职业活动中做到（ ）是符合语言规范的具体要求的。
   A. 言语细致，反复介绍
   B. 语速要快，不浪费客人时间
   C. 用尊称，不用忌语
   D. 语气严肃，维护自尊
82. FX2N 系列可编程序控制器用户程序存储在（ ）。
   A. RAM   B. ROM   C. EEPROM   D. 以上都是
83. 职工对企业诚实守信应该做到的是（ ）。
   A. 忠诚所属企业，无论何种情况都始终把企业利益放在第一位
   B. 维护企业信誉，树立质量意识和服务意识
   C. 扩大企业影响，多对外谈论企业之事
   D. 完成本职工作即可，谋划企业发展由有见识的人来做
84. （ ）差动放大电路不适合单端输出。
   A. 基本   B. 长尾   C. 具有恒流源   D. 双端输入
85. 高频振荡电感型接近开关的感应头附近无金属物体接近时，接近开关（ ）。
   A. 有信号输出   B. 振荡电路工作   C. 振荡减弱或停止   D. 产生涡流损耗
86. 压力继电器选用时首先要考虑所测对象的压力范围，还要符合电路中的（ ）及接口管径的大小。
   A. 功率因数   B. 额定电压   C. 电阻率   D. 相位差
87. （ ）是变频器对电动机进行恒功率控制和恒转矩控制的分界线，应按电动机的额定频率设定。
   A. 基本频率   B. 最高频率   C. 最低频率   D. 上限频率
88. 绕线式异步电动机转子串三级电阻启动时，可用（ ）实现自动控制。
   A. 速度继电器   B. 压力继电器   C. 时间继电器   D. 电压继电器
89. 变频器常见的频率给定方式主要有操作器键盘给定、控制输入端给定、模拟信号给定及通信方式给定等，来自 PLC 控制系统的给定不采用（ ）方式。
   A. 键盘给定   B. 控制输入端给定   C. 模拟信号给定   D. 通信方式给定
90. 晶体管毫伏表专用输入电缆线，其屏蔽层、线芯分别是（ ）。
   A. 信号线、接地线   B. 接地线、信号线   C. 保护线、信号线   D. 保护线、接地线
91. RC 选频振荡电路适合（ ）kHz 以下的低频电路。
   A. 10000   B. 200   C. 1000   D. 500
92. 选用接近开关时应注意对工作电压、（ ）、响应频率、检测距离等各项指标的要求。
   A. 工作速度   B. 工作频率   C. 负载电流   D. 工作功率
93. C6150 车床 4 台电动机都缺相无法启动时，应首先检修（ ）。
   A. 电源进线开关
   B. 接触器 KM1
   C. 三位置自动复位开关 SA1
   D. 控制变压器 TC
94. 将接触器 KM1 的常开触点串联到接触器 KM2 线圈电路中的控制电路能够实现（ ）。
   A. KM1 控制的电动机先停止，KM2 控制的电动机后停止的控制功能
   B. KM2 控制的电动机停止时，KM1 控制的电动机也停止的控制功能

C. KM2 控制的电动机先启动，KM1 控制的电动机后启动的控制功能
D. KM1 控制的电动机先启动，KM2 控制的电动机后启动的控制功能

95. （　　）是 PLC 主机的技术性能范围。
A. 光电传感器　　　B. 数据存储区　　　C. 温度传感器　　　D. 行程开关

96. 磁性开关干簧管内两个铁质弹性簧片的接通与断开是由（　　）控制的。
A. 接触器　　　B. 按钮　　　C. 电磁铁　　　D. 永久磁铁

97. 位置控制就是利用生产机械运动部件上的挡铁与（　　）碰撞来控制电动机的工作状态。
A. 断路器　　　B. 位置开关　　　C. 按钮　　　D. 接触器

98. 磁性开关的图形符号中，其菱形部分与常开触点部分用（　　）相连。
A. 虚线　　　B. 实线　　　C. 双虚线　　　D. 双实线

99. 下列不属于位置控制线路的是（　　）。
A. 走廊照明灯的两处控制电路　　　B. 龙门刨床的自动往返控制电路
C. 电梯的开关门电路　　　D. 工厂车间里行车的终点保护电路

100. 三相异步电动机能耗制动时，（　　）中通入直流电。
A. 转子绕组　　　B. 定子绕组　　　C. 励磁绕组　　　D. 补偿绕组

101. 三相异步电动机能耗制动的过程可用（　　）来控制。
A. 电流继电器　　　B. 电压继电器　　　C. 速度继电器　　　D. 热继电器

102. 磁性开关在使用时要注意磁铁与干簧管之间的有效距离在（　　）左右。
A. 10cm　　　B. 10dm　　　C. 10mm　　　D. 1mm

103. 软启动器具有节能运行功能，在正常运行时，能依据负载比例自动调节输出电压，使电动机运行在最佳效率的工作区，最适合应用于（　　）。
A. 间歇性变化的负载　　　B. 恒转矩负载　　　C. 恒功率负载　　　D. 泵类负载

104. 单相半波可控整流电路的输出电压范围是（　　）。
A. $0 \sim 1.35U_2$　　　B. $0 \sim U_2$　　　C. $0 \sim 0.9U_2$　　　D. $0 \sim 0.45U_2$

105. 增量式光电编码器主要由光源、（　　）、检测光栅、光电检测器件和转换电路组成。
A. 光电三极管　　　B. 运算放大器　　　C. 码盘　　　D. 脉冲发生器

106. FX2N 系列可编程序控制器输入常开点用（　　）指令。
A. LD　　　B. LDI　　　C. OR　　　D. ORI

107. 增量式光电编码器主要由光源、码盘、检测光栅、（　　）和转换电路组成。
A. 光电检测器件　　　B. 发光二极管　　　C. 运算放大器　　　D. 镇流器

108. PLC 的辅助继电器、定时器、计数器、输入和输出继电器的触点可使用（　　）次。
A. 一　　　B. 二　　　C. 三　　　D. 无限

109. 增量式光电编码器由于采用固定脉冲信号，因此旋转角度的起始位置（　　）。
A. 是出厂时设定的　　　B. 可以任意设定　　　C. 使用前设定后不能变　　　D. 固定在码盘上

110. 单相桥式可控整流电路电感性负载，控制角 $\alpha=60°$ 时，输出电压 U_d 是（　　）。
A. $1.17U_2$　　　B. $0.9U_2$　　　C. $0.45U_2$　　　D. $1.35U_2$

111. 单结晶体管触发电路输出（　　）。
A. 双脉冲　　　B. 尖脉冲　　　C. 单脉冲　　　D. 宽脉冲

112. 三相笼型异步电动机电源反接制动时需要在（　　）中串入限流电阻。
A. 直流回路　　　B. 控制回路　　　C. 定子回路　　　D. 转子回路

113. 晶闸管电路中串入快速熔断器的目的是（　　）。
A. 过压保护　　　B. 过流保护　　　C. 过热保护　　　D. 过冷保护

114. PLC 编程时，主程序可以有（　　）个。
A. 一　　　B. 二　　　C. 三　　　D. 无限

115. 可编程序控制器的梯形图规定串联和并联的触点数为（　　）。
A. 有限的　　　B. 无限的　　　C. 最多 8 个　　　D. 最多 16 个

116. 晶闸管两端并联压敏电阻的目的是实现（　　）。
A. 防止冲击电流　　　B. 防止冲击电压　　　C. 过流保护　　　D. 过压保护

117. 增量式光电编码器根据输出信号的可靠性选型时要考虑（　　）。
A. 电源频率　　　B. 最大分辨速度　　　C. 环境温度　　　D. 空间高度

118. 计算机对 PLC 进行程序下载时，需要使用配套的（　　）。
A. 网络线　　　B. 接地线　　　C. 电源线　　　D. 通信电缆

119. PLC 编程软件通过计算机，可以对 PLC 实施（　　）。
A. 编程　　　B. 运行控制　　　C. 监控　　　D. 以上都是

120. 软启动器的（　　）功能用于防止离心力停车时的"水锤效应"。
A. 软停机　　　B. 非线性软制动　　　C. 自由停机　　　D. 直流制动

121. 将程序写入可编程序控制器时，首先将存储器清零，然后按操作说明写入（　　），结束时用结束指令。
A. 地址　　　B. 程序　　　C. 指令　　　D. 序号

122. 对于可编程序控制器电源干扰的抑制，一般采用隔离变压器和交流滤波器来解决，在某些场合还可以采用（　　）电源供电。
A. UPS　　　B. 直流发电机　　　C. 锂电池　　　D. CPU

123. 软启动器的日常维护一定要由（　　）进行操作。
A. 专业技术人员　　　B. 使用人员　　　C. 设备管理部门　　　D. 销售服务人员

124. 为避免程序和（　　）丢失，可编程序控制器装有锂电池，当锂电池电压降至相应的信号灯亮时，要及时更换电池。
A. 地址　　　B. 序号　　　C. 指令　　　D. 数据

125. 对于晶体管输出型 PLC，要注意负载电源为（　　），并且不能超过额定值。
A. AC 380V　　　B. AC 220V　　　C. DC 220V　　　D. DC 24V

126. 电容器上标注的符号 224 表示其容量为 22×10^4（　　）。
A. F　　　B. MF　　　C. mF　　　D. pF

127. 下列事项中属于办事公道的是（　　）。
A. 顾全大局，一切听从上级
B. 大公无私，拒绝亲戚求助
C. 知人善任，努力培养知己
D. 坚持原则，不计个人得失

128. 对自己所使用的工具，（　　）。
A. 每天都要清点数量，检查完好性
B. 可以带回家借给邻居使用
C. 丢失后，可以让单位再买
D. 找不到时，可以拿其他员工的

129. 常用的绝缘材料包括：气体绝缘材料、（　　）和固体绝缘材料。
A. 木头　　　B. 玻璃　　　C. 胶木　　　D. 液体绝缘材料

130. 当人体触及（　　）可能导致电击的伤害。
A. 带电导线
B. 漏电设备的外壳和其他带电体
C. 雷击或电容放电
D. 以上都是

131. 使用电解电容时，（　　）。
A. 负极接高电位，正极接低电位
B. 正极接高电位，负极接低电位
C. 负极接高电位，负极也可以接高电位
D. 不分正负极

132. 职工上班时不符合着装整洁要求的是（　　）
A. 夏天天气炎热时可以只穿背心
B. 不穿奇装异服上班
C. 保持工作服的干净和整洁
D. 按规定穿工作服上班

133. 职工上班时符合着装整洁要求的是（　　）。
A. 夏天天气炎热时可以只穿背心
B. 服装的价格越贵越好
C. 服装的价格越低越好
D. 按规定穿工作服

134. 使用扳手拧螺母时应该将螺母放在扳手口的（　　）。

A. 前部　　　　　　　B. 后部　　　　　　　C. 左边　　　　　　　D. 右边
135. 根据劳动法的有关规定，（　　），劳动者可以随时通知用人单位解除劳动合同。
A. 在试用期间被证明不符合录用条件的
B. 严重违反劳动纪律或用人单位规章制度的
C. 严重失职，营私舞弊，对用人单位利益造成重大损害的
D. 用人单位未按照劳动合同约定支付劳动报酬或者是提供劳动条件的
136. 千分尺是一种精度较高的量具，其测微螺杆的螺距为（　　）mm。
A. 10　　　　　　　　B. 1　　　　　　　　C. 0.5　　　　　　　D. 0.1
137. 文明生产的内部条件主要指生产有节奏、（　　）、物流安排科学合理。
A. 增加产量　　　　　B. 均衡生产　　　　　C. 加班加点　　　　　D. 加强竞争
138. 兆欧表的接线端标有（　　）
A. 接地 E、线路 L、屏蔽 G　　　　　　　　B. 接地 N、导通端 L、绝缘端 G
C. 接地 E、导通端 L、绝缘端 G　　　　　　D. 接地 N、通电端 G、绝缘端 L
139. 生产环境的整洁卫生是（　　）的重要方面。
A. 降低效率　　　　　B. 文明生产　　　　　C. 提高效率　　　　　D. 增加产量
140. 机床照明、移动行灯等设备，使用的安全电压为（　　）。
A. 9V　　　　　　　　B. 12V　　　　　　　C. 24V　　　　　　　D. 36V
141. 特别潮湿场所的电气设备使用时的安全电压为（　　）。
A. 9V　　　　　　　　B. 12V　　　　　　　C. 24V　　　　　　　D. 36V
142. 对电气开关及正常运行产生火花的电气设备，应（　　）存放可燃物质的地点。
A. 远离　　　　　　　B. 采用铁丝网隔断　　C. 靠近　　　　　　　D. 采用高压电网隔断
143. 火焰与带电体之间的最小距离，10kV 及以下为（　　）m。
A. 1.5　　　　　　　　B. 2　　　　　　　　C. 3　　　　　　　　D. 2.5
144. 防爆型电路及其外部 K 线用的电缆或绝缘导线的耐压强度应选用电路额定电压的 2 倍，最低为（　　）。
A. 500V　　　　　　　B. 400V　　　　　　　C. 300V　　　　　　　D. 800V
145. 正弦交流电常用的表达方法有（　　）。
A. 解析式表示法　　　B. 波形图表示法　　　C. 相量表示法　　　　D. 以上都是
146. 串联正弦交流电路的视在功率表征了该电路的（　　）。
A. 电路中总电压有效值与电流有效值的乘积　　B. 平均功率
C. 瞬时功率最大值　　　　　　　　　　　　　D. 无功功率
147. 当电阻为 8.66Ω 与感抗为 5Ω 串联时，电路的功率因数为（　　）。
A. 0.5　　　　　　　　B. 0.866　　　　　　 C. 1　　　　　　　　D. 0.6
148. 三相对称电路的线电压比对应相电压（　　）。
A. 超前 30°　　　　　B. 超前 60°　　　　　C. 滞后 30°　　　　　D. 滞后 60°
149. 高压设备室内不得接近故障点（　　）以内。
A. 1m　　　　　　　　B. 2m　　　　　　　　C. 3m　　　　　　　　D. 4m
150. 电气设备的巡视一般均由（　　）进行。
A. 1 人　　　　　　　B. 2 人　　　　　　　C. 3 人　　　　　　　D. 4 人
151. 三相异步电动机的优点是（　　）。
A. 调速性能好　　　　B. 交直流两用　　　　C. 功率因数高　　　　D. 结构简单
152. 三相异步电动机的转子由转子铁芯、（　　）、风扇、转轴等组成。
A. 电刷　　　　　　　B. 转子绕组　　　　　C. 端盖　　　　　　　D. 机座
153. 三相刀开关的图形符号与交流接触器的主触点符号是（　　）。
A. 一样的　　　　　　B. 可以互换　　　　　C. 有区别的　　　　　D. 没有区别
154. 行程开关的文字符号是（　　）。

A. QS　　　　　　　B. SQ　　　　　　　C. SA　　　　　　　D. KM

155. 热继电器的作用是（　　）。
A. 短路保护　　　　B. 过载保护　　　　C. 失压保护　　　　D. 零压保护

156. 三相异步电动机的启停控制线路由电源开关、（　　）、交流接触器、热继电器、按钮等组成。
A. 时间继电器　　　B. 速度继电器　　　C. 熔断器　　　　　D. 电磁阀

157. 三相异步电动机的启停控制线路由电源开关、熔断器、（　　）、热继电器、按钮等组成。
A. 时间继电器　　　B. 速度继电器　　　C. 交流接触器　　　D. 漏电保护器

158. 电气图中包含的电气原理图、安装接线图和平面布置图是（　　）识图的重要部分。
A. 钳工　　　　　　B. 焊工　　　　　　C. 车工　　　　　　D. 电工

159. 读图的基本步骤有：（　　），看电路图，看安装接线图。
A. 看图样说明　　　B. 看技术说明　　　C. 看施工说明　　　D. 看组件明细

160. 根据电机正反转梯形图，下列指令正确的是（　　）。
A. ORI Y002　　　　B. LDI X001　　　　C. ANDI X000　　　D. AND X002

二、判断题（对的在括号内打"√"，错的打"×"，每小题0.5分，共20分。）

161.（　　）对于每个职工来说，质量管理的主要内容有岗位的质量要求、质量目标、质量保证措施和质量责任等。

162.（　　）常用的绝缘材料可分为橡胶和塑料两大类。

163.（　　）兆欧表俗称摇表，是用于测量各种电气设备绝缘电阻的仪表。

164.（　　）PLC之所以具有较强的抗干扰能力，是因为PLC输入端采用了继电器输入方式。

165.（　　）变压器既能改变交流电压，又能改变直流电压。

166.（　　）PLC编程时，子程序至少要有一个。

167.（　　）触电的形式是多种多样的，但除了因电弧灼伤及熔融的金属飞溅灼伤外，可大致归纳为三种形式。

168.（　　）功率放大电路要求功率大，非线性失真小，效率高低没有关系。

169.（　　）质量管理是企业经营管理的一个重要内容，是企业的生命线。

170.（　　）三相异步电动机能耗制动时定子绕组中通入单相交流电。

171.（　　）三相异步电动机的转向与旋转磁场的方向相反时，工作在再生制动状态。

172.（　　）直流电动机启动时，励磁回路的调节电阻应该短接。

173.（　　）线性有源二端口网络可以等效成理想电压源和电阻的串联组合，也可以等效成理想电流源和电阻的并联组合。

174.（　　）增量式光电编码器能够直接检测出轴的绝对位置。

175.（　　）单相桥式可控整流电路电感性负载，控制角α的移相范围是0°~90°。

176.（　　）78系列三端集成稳压器输出正电压，79系列三端集成稳压器输出负电压。

177.（　　）当被检测物体的表面光亮或其反光率极高时，对射式光电开关是首选的检测模式。

178.（　　）一般万用表可以测量直流电压、交流电压、直流电流、电阻、功率等物理量。

179.（　　）逻辑门电路表示输入与输出逻辑变量之间对应的因果关系，最基本的逻辑门是与门、或门、非门。

180.（　　）光电开关将输入电流在发射器上转换为光信号射出，接收器再根据所接收到的光线强弱或有无对目标物体实现探测。

181.（　　）交-直-交变频器主电路的组成包括：整流电路、滤波环节、制动电路、逆变电路。

182.（　　）差动放大电路的单端输出与双端输出效果是一样的。

183.（　　）分压式偏置共发射极放大电路是一种能够稳定静态工作点的放大器。

184.（　　）可编程序控制器的程序由编程器送入处理器中的控制器，可以方便地读出、检查与修改。

185.（　　）接近开关又称无触点行程开关，因此与行程开关的符号完全一样。

186.（　　）单相桥式可控整流电路电感性负载，输出电流的有效值等于平均值。

187.（　　）频率、振幅和相位均相同的三个交流电压，称为对称三相电压。

188. （ ）二极管只要工作在反向击穿区，一定会被击穿。
189. （ ）二极管两端加上正向电压就一定会导通。
190. （ ）正弦量的三要素是指其最大值、角频率和相位。
191. （ ）企业活动中，员工之间要团结合作。
192. （ ）职业道德是一种强制性的约束机制。
193. （ ）创新是企业进步的灵魂。
194. （ ）Z3040摇臂钻床的主电路中有四台电动机。
195. （ ）扳手的主要功能是拧螺栓和螺母。
196. （ ）职业道德是人的事业成功的重要条件。
197. （ ）电路的作用是实现能量的传输和转换、信号的传递和处理。
198. （ ）集成运放工作在线性应用场合必须加适当的负反馈。
199. （ ）导线可分为铜导线和铝导线两大类。
200. （ ）手电钻是移动式工具，用它钻孔时，不需要穿戴绝缘鞋。

电工中级知识要求考核模拟试卷参考答案

一、单项选择题

1. D	2. A	3. A	4. C	5. C	6. A	7. A	8. B	9. B	10. C
11. D	12. B	13. B	14. B	15. D	16. D	17. D	18. D	19. C	20. B
21. B	22. C	23. C	24. C	25. D	26. D	27. B	28. A	29. A	30. A
31. B	32. A	33. D	34. B	35. A	36. D	37. B	38. D	39. B	40. C
41. C	42. D	43. D	44. B	45. C	46. A	47. A	48. C	49. C	50. A
51. A	52. C	53. C	54. A	55. B	56. B	57. B	58. C	59. B	60. A
61. C	62. C	63. B	64. C	65. A	66. A	67. C	68. B	69. A	70. B
71. D	72. B	73. B	74. C	75. C	76. B	77. B	78. A	79. A	80. D
81. C	82. A	83. B	84. A	85. B	86. B	87. A	88. C	89. A	90. B
91. B	92. C	93. A	94. D	95. B	96. D	97. B	98. A	99. A	100. B
101. C	102. C	103. A	104. D	105. C	106. A	107. A	108. D	109. B	110. C
111. B	112. C	113. B	114. A	115. B	116. D	117. B	118. D	119. D	120. A
121. B	122. A	123. A	124. D	125. D	126. D	127. D	128. A	129. B	130. D
131. B	132. A	133. D	134. B	135. D	136. C	137. D	138. A	139. B	140. D
141. B	142. A	143. A	144. A	145. D	146. A	147. D	148. A	149. D	150. B
151. D	152. B	153. C	154. B	155. B	156. C	157. C	158. D	159. A	160. C

二、判断题

161. √	162. ×	163. √	164. ×	165. ×	166. ×	167. √	168. ×	169. √	170. ×
171. ×	172. √	173. √	174. ×	175. √	176. √	177. ×	178. ×	179. √	180. √
181. √	182. ×	183. √	184. ×	185. ×	186. √	187. √	188. ×	189. ×	190. ×
191. √	192. ×	193. √	194. √	195. √	196. √	197. √	198. √	199. √	200. ×

（二）电工中级职业技能鉴定技能要求考核模拟试卷

【试题一】机床电气控制线路故障检查、分析及排除

1. 试题名称——M7130平面磨床、Z35摇臂钻床（或类似）电气控制线路故障检查、分析及排除
2. 试题内容及要求

（1）排除M7130平面磨床、Z35摇臂钻床（或类似）电气控制线路中的3个故障，主电路1个，控制电路2个。

（2）对M7130平面磨床或Z35摇臂钻床等机床进行操作，观察机床运行状况，找出故障，并对故障现

象进行描述。

(3) 对电气控制线路故障现象进行描述，画出故障点局部电路图，并标记故障点。

项目	检修报告栏	备注
故障现象与故障部位		
故障分析		
故障检修过程		

3. 注意事项

(1) 正确使用电工工具、仪器和仪表。
(2) 在考核过程中，带电进行检修时，注意人身和设备的安全。
(3) 做到安全文明操作。
(4) 严重违规者，取消评价资格。

4. 答题时间

满分 20 分，考试时间 50min。

5. 答题所需仪表、仪器、工具及器材

(1) M7130 平面磨床、Z35 摇臂钻床（或类似）电气控制线路原理图（无故障点）；
(2) 电工常用工具、万用表；
(3) M7130 平面磨床、Z35 摇臂钻床（或类似）实训控制线路板两种，线路上至少有 8 个故障设置开关，考试时由考评员任选其中 3 个设置故障。

6. 答题评价

答题评价总分为 20 分，具体评价标准详见下表。

姓名		考号		考点			
评价项目或内容		配分		评价(分)标准		扣分	得分
故障现象		6分		1. 操作按钮控制开关,查看故障现象,操作方法步骤不正确,每处扣1~3分。2. 故障现象记录不清晰、不完整、不正确扣1~3分			
故障原因分析		5分		由原理图分析故障原因,分析不完整、不正确扣1~3分			
故障检修		6分		1. 故障点排查错误一个扣2分。2. 故障检修过程不熟练扣1~2分。3. 检修工艺流程不对扣1~3分			
安全文明操作		3分		1. 有一项不合格扣1~3分。2. 发生严重事故,取消评价资格			
规定时间		50min	开始时间		完成时间	总评分	
考评员					考评日期	年 月 日	

【试题二】继电控制电路装调与维修

1. 试题名称——带能耗制动的双重互锁正反转控制线路的安装与调试
2. 试题内容及要求

(1) 检查各个电器的型号和规格是否符合要求。
(2) 按图正确完成简单光控延时电路的制作。

(3) 元件分布合理，安装工艺符合要求。
(4) 电路通电能正常运行，功能正常。
(5) 正确使用电工仪表和工具。

带能耗制动的双重互锁正反转控制线路如图所示：

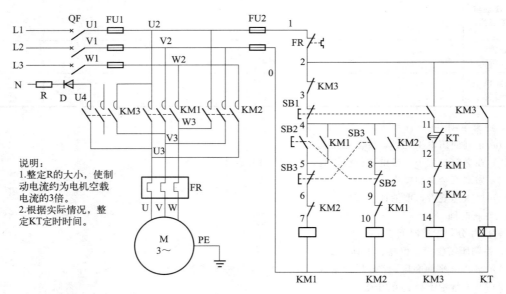

3. 注意事项
(1) 正确使用电工仪表，避免造成损坏。
(2) 做到安全文明操作。
(3) 严重违规者，取消评价资格。

4. 答题时间
答题时间规定为 100min。提前完成不加分，不允许超时。

5. 答题所需仪表、仪器、工具及器材
(1) 按电气原理图预先安装好元器件及线槽（电源、按钮、电动机等元件外接线端子）、电机拖动（继电控制）实训板、三相异步电动机；
(2) 连接导线、电工常用工具、万用表。

6. 答题评价
答题评价总分为 30 分，具体评价标准详见下表。

姓名		考号		考点			
评价项目或内容		配分		评价(分)标准		扣分	得分
安装工艺		8 分		1. 元件布置不合理、线路杂乱。每处扣 1 分。 2. 元件安装不符合工艺要求，每个扣 1 分。 3. 有连接线敷设在面板、底板连接线混乱，每处扣 0.5 分。			
接线与元件焊接		9 分		1. 焊点松动、不洁净、焊接锡堆积，每处扣 0.5 分。 2. 损坏元件每个扣 5 分。 3. 功能相同,但不按电路图完成电路制作,扣 5 分			
通电试运行		10 分		1. 接线操作时,每处错误扣 0.5 分。 2. 检查时,每处错误扣 1 分			

续表

姓名		考号		考点			
评价项目或内容		配分		评价(分)标准		扣分	得分
安全文明操作		3分		1. 有一项不合格扣1~3分。 2. 发生严重事故,取消评价资格			
规定时间	100min	开始时间			完成时间	总评分	
考评员					考评日期	年 月 日	

【试题三】自动控制电路装调与维修

1. 试题名称——用 PLC 改造三相异步电动机双重联锁正反转控制电路
2. 试题内容及要求

按照电气规范,将三相异步电动机双重联锁正反转控制电路的控制电路部分改为 PLC 控制,按要求完成下列各个小题。

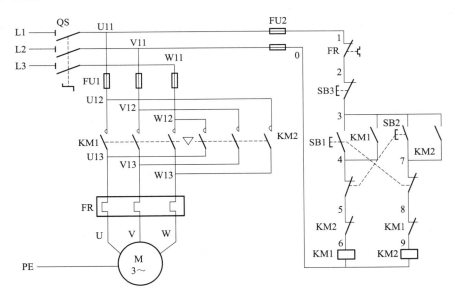

(1) 填写 I/O 分配表。
(2) 画出 I/O 接线图。

输入端(I)		输出端(O)	
外接元件	输入继电器地址	外接元件	输出继电器地址

(3) 根据控制要求,正确完成 PLC 控制系统的 I/O 接线。
(4) 接线必须符合国家电气安装规范,导线连接需紧固、布局合理,导线要进线槽,外接引出线必须经接线端子连接。
(5) 编写满足控制要求的 PLC 程序,并下载到 PLC 中。
(6) 通电调试,达到控制要求。

3. 注意事项

(1) 正确使用电工仪表，避免造成损坏。
(2) 所有操作均要符合安全文明生产规范。
(3) 严重违规者，取消评价资格。

4. 答题时间

答题时间规定为 50min。提前完成不加分，不允许超时。

5. 答题所需仪表、仪器、工具及器材

(1) 三相异步电动机双重互锁正反转控制电气原理图。
(2) 用 PLC 进行三相异步电动机双重互锁正反转控制电路改造的电路板或控制柜（包含 PLC、电机模拟台、主电路已接好等）。
(3) 可编程序控制器、计算机及软件（电脑必须有还原系统，如果发现电脑中有与考试相关的程序，考评员有权对本考生做作弊处理）。
(4) 连接导线、电工常用工具、万用表等。

6. 答题评价

答题评价总分为 30 分，具体评价标准详见下表。

姓名		考号		考点			
评价项目或内容		配分		评价(分)标准		扣分	得分
电路设计		20 分		1. 电气控制原理设计不全或设计有错，每处扣 2 分。 2. 输入输出地址遗漏或搞错，每处扣 1 分。 3. PLC 控制 I/O 口接线图设计不全或设计有错，每处扣 2 分。 4. 梯形图表达不正确或画法不规范，每处扣 2 分。 5. 指令有错，每条扣 2 分			
程序输入及调试运行		10		1. 能正确输入控制程序，程序有错误扣 5 分。 2. 调试操作不熟练或不会调试扣 2～5 分。 3. 调试时没有严格按照被控设备动作过程进行或达不到设计要求，每缺少一项工作方式扣 5 分			
规定时间	50min	开始时间		完成时间		总评分	
考评员				考评日期		年 月	日

【试题四】基本电子电路装调与维修

1. 试题名称——晶闸管调光电路焊接与调试

2. 试题内容及要求

晶闸管调光电路如图所示，按照电子焊接工艺要求，正确完成晶闸管调光电路的安装与调试。

(1) 安装前，正确使用仪器仪表检测各元器件的好坏，并核对其数量和规格。
(2) 按照电路图及电子焊接工艺要求，将各元器件在电路板上进行布局、安装与焊接。
(3) 通电试运行，考评员从 A、B、C、D 点中任意指定 2 个，测出其电压波形，并绘制在试卷上。

3. 注意事项

(1) 正确使用电工仪表，避免造成损坏。
(2) 所有操作均要符合安全文明生产规范。
(3) 严重违规者，取消评价资格。

4. 答题时间

答题时间规定为 50min。提前完成不加分，不允许超时。

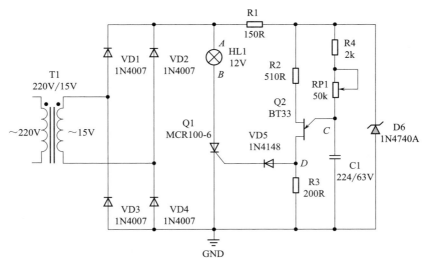

5. 答题所需仪表、仪器、工具及器材
(1) 电工常用工具、焊接工具、万用表。
(2) 晶闸管调光电路考试参考材料物品清单：

序号	名称	规格及型号	单位	数量
1	单相交流电源	220V/15V	个	1
2	二极管 VD1～VD4	1N4007	只	4
3	灯泡	12V 1W	只	1
4	晶闸管 Q1	MCR100-6	只	1
5	二极管 VD5	1N4148	只	1
6	电阻 R1,R2,R3,R4	1/4W,150Ω 510Ω 200Ω 2k	只	各1个
7	单结晶体管 Q2	BT33	只	1
8	电位器 RP1	1/4W,50k	只	1
9	稳压管 VD6	1N4740A,10V	只	1
10	电容 C1	224/63V	只	1
11	万用表	数字或指针式自定	个	1
12	示波器	自定	台	1
13	变压器	220V/15V 10V·A	个	1
14	多股细铜线	AVR—0.1mm^2	米	1
15	万能板	自定	块	1

6. 答题评价
答题评价总分为 20 分，具体评价标准详见下表。

姓名		考号		考点			
评价项目或内容			配分	评价(分)标准		扣分	得分
各元器件和印制电路板的检查			5分	1. 对电子元器件不会检测扣1～5分。 2. 不进行检测扣5分			
按图进行电路焊接			5分	1. 焊点毛糙的扣1～3分。 2. 出现虚、假焊，每点扣0.5分。 3. 电子元器件排列不规范扣1～3分			

续表

姓名		考号		考点			
评价项目或内容		配分		评价(分)标准		扣分	得分
通电调试并测量		5分		1. 电路功能不能实现扣5分。 2. 不会调试或调试方法不正确扣1～3分。 3. 波形错误扣1～3分。 4. 波形画错扣1～3分			
仪表、仪器的使用		5分		1. 仪表、仪器使用错误扣5分。 2. 不会使用扣5分。 3. 由于使用不当造成损坏,取消评价资格			
规定时间	50min	开始时间		完成时间		总评分	
考评员				考评日期		年 月 日	

电工中级职业技能鉴定技能要求考核试卷评分记录表:

序号	试题名称	配分(权重)	得分	备注
1	机床电气控制线路故障检查、分析及排除	20		
2	继电控制电路装调与维修	30		
3	自动控制电路装调与维修	30		
4	基本电子电路装调与维修	20		
	合计			

统分人:　　　　　　　　　　　　　　　　　　　　　　　　　　　　年　月　日

样题三 电工高级职业技能鉴定考核样题及其答案

（一）电工高级职业技能鉴定知识要求考核模拟试卷及其参考答案

一、单项选择题（第1～160题，选择正确的答案，将相应的字母填入题内的括号中，每题0.5分，共80分）

1. 职业道德是指从事一定职业劳动的人们，在长期的职业活动中形成的（　　）。
   A. 行为规范　　　　　B. 操作程序　　　　　C. 劳动技能　　　　　D. 思维习惯
2. 在市场经济条件下，促进员工行为的规范化是（　　）社会功能的重要表现。
   A. 治安规定　　　　　B. 奖惩制度　　　　　C. 法律法规　　　　　D. 职业道德
3. 企业文化的功能不包括（　　）。
   A. 激励功能　　　　　B. 导向功能　　　　　C. 整合功能　　　　　D. 娱乐功能
4. 职业道德对企业起到（　　）的作用。
   A. 决定经济效益　　　B. 促进决策科学化　　C. 增强竞争力　　　　D. 树立员工守业意识
5. 职业道德是人生事业成功的（　　）。
   A. 重要保证　　　　　B. 最终结果　　　　　C. 决定条件　　　　　D. 显著标志
6. 从业人员在职业交往活动中，符合仪表端庄具体要求的是（　　）。
   A. 着装华贵　　　　　　　　　　　　　　　　B. 适当化妆或戴饰品
   C. 饰品俏丽　　　　　　　　　　　　　　　　D. 发型要突出个性
7. 职业纪律是企业的行为规范，职业纪律具有（　　）的特点。
   A. 明确的规定性　　　B. 高度的强制性　　　C. 通用性　　　　　　D. 自愿性
8. 爱岗敬业作为职业道德的重要内容，是指员工（　　）。
   A. 热爱自己喜欢的岗位　　　　　　　　　　　B. 热爱有钱的岗位
   C. 强化职业责任　　　　　　　　　　　　　　D. 不应多转行
9. 电工安全操作规程不包含（　　）。
   A. 定期检查绝缘
   B. 禁止带电工作
   C. 上班带好雨具
   D. 电气设备的各种高低压开关调试时，悬挂标志牌，防止误合闸
10. 工作认真负责是（　　）。
    A. 衡量员工职业道德水平的一个重要方面　　B. 提高生产效率的障碍
    C. 一种思想保守的观念　　　　　　　　　　D. 胆小怕事的做法
11. 电路的作用是实现（　　）的传输和转换、信号的传递和处理。
    A. 能量　　　　　　　B. 电流　　　　　　　C. 电压　　　　　　　D. 电能
12. 在一定温度时，金属导线的电阻与（　　）成正比、与截面积成反比，与材料电阻率有关。
    A. 长度　　　　　　　B. 材料种类　　　　　C. 电压　　　　　　　D. 粗细
13. 欧姆定律不适合于分析计算（　　）。
    A. 简单电路　　　　　B. 复杂电路　　　　　C. 线性电路　　　　　D. 直流电路
14. （　　）的方向规定由高电位点指向低电位点。
    A. 电压　　　　　　　B. 电流　　　　　　　C. 能量　　　　　　　D. 电能
15. P型半导体是在本征半导体中加入微量的（　　）元素构成的。
    A. 三价　　　　　　　B. 四价　　　　　　　C. 五价　　　　　　　D. 六价
16. 稳压二极管的正常工作状态是（　　）。
    A. 导通状态　　　　　B. 截止状态　　　　　C. 反向击穿状态　　　D. 任意状态
17. 如右图所示为（　　）符号。
    A. 开关二极管　　　　B. 整流二极管　　　　C. 稳压二极管　　　　D. 普通二极管

18. 用万用表直流电压挡测得晶体管三个管脚的对地电压分别是 $V_1=2V$，$V_2=6V$，$V_3=2.7V$，由此可判断该晶体管的管型和三个管脚依次为（　　）。
　　A. PNP 管，CBE　　　　　　　　　　　　B. NPN 管，ECB
　　C. NPN 管，CBE　　　　　　　　　　　　D. PNP 管，EBC
19. 电工仪表按工作原理分为（　　）等。
　　A. 磁电系　　　　B. 电磁系　　　　C. 电动系　　　　D. 以上都是
20. 测量直流电流应选用（　　）电流表。
　　A. 磁电系　　　　B. 电磁系　　　　C. 电动系　　　　D. 整流系
21. 拧螺钉时应先确认螺钉旋具插入槽口，旋转时用力（　　）。
　　A. 越小越好　　　B. 不能过猛　　　C. 越大越好　　　D. 不断加大
22. 使用钢丝钳（电工钳子）固定导线时应将导线放在钳口的（　　）。
　　A. 前部　　　　　B. 后部　　　　　C. 中部　　　　　D. 上部
23. 常用的裸导线有铜绞线、铝绞线和（　　）。
　　A. 钨丝　　　　　B. 焊锡丝　　　　C. 钢丝　　　　　D. 钢芯铝绞线
24. 绝缘导线多用于（　　）和房屋附近的室外布线。
　　A. 安全电压布线　B. 架空线　　　　C. 室外布线　　　D. 室内布线
25. （　　）是人体能感觉有电的最小电流。
　　A. 感知电流　　　B. 触电电流　　　C. 伤害电流　　　D. 有电电流
26. 电击是电流通过人体内部，破坏人的（　　）。
　　A. 内脏组织　　　B. 肌肉　　　　　C. 关节　　　　　D. 脑组织
27. 使用台钳时，工件尽量夹在钳口的（　　）。
　　A. 上端位置　　　B. 中间位置　　　C. 下端位置　　　D. 左端位置
28. 台钻是一种小型钻床，用来钻直径（　　）及以下的孔。
　　A. 10mm　　　　　B. 11mm　　　　　C. 12mm　　　　　D. 13mm
29. 以下属于劳动者的基本权利的是（　　）。
　　A. 完成劳动任务　　　　　　　　　　　B. 提高职业技能
　　C. 执行劳动安全卫生规程　　　　　　　D. 获得劳动报酬
30. 以下属于劳动者的基本义务的是（　　）。
　　A. 完成劳动任务　　　　　　　　　　　B. 获得劳动报酬
　　C. 休息　　　　　　　　　　　　　　　D. 休假
31. 电气控制线路图测绘的一般步骤是（　　），先画电气布置图，再画电气接线图，最后画出电气原理图。
　　A. 准备图纸　　　B. 准备仪表　　　C. 准备工具　　　D. 设备停电
32. 电气控制线路图测绘的方法是先画主电路，再画控制电路；先画输入端，再画输出端；先画主干线，再画各支路；（　　）。
　　A. 先简单后复杂　　　　　　　　　　　B. 先复杂后简单
　　C. 先电气后机械　　　　　　　　　　　D. 先机械后电气
33. 电气控制线路测绘前要检验被测设备是否有电，不能（　　）。
　　A. 切断直流电　　　　　　　　　　　　B. 切断照明灯电路
　　C. 关闭电源指示灯　　　　　　　　　　D. 带电作业
34. 测绘 T68 镗床电器位置图时，重点要画出两台电动机、电源总开关、按钮、行程开关以及（　　）的具体位置。
　　A. 电器箱　　　　B. 接触器　　　　C. 熔断器　　　　D. 热继电器
35. 分析 T68 镗床电气控制主电路原理图时，首先要看懂主轴电动机 M1 的（　　）和高低速切换电路，然后再看快速移动电动机 M2 的正反转电路。
　　A. Y-△启动电路　　　　　　　　　　　B. 能耗制动电路

C. 降压启动电路 D. 正反转电路

36. 测绘 T68 镗床电气控制主电路图时要画出电源开关 QS、熔断器 FU1 和 FU2、接触器 KM1～KM7、热继电器 FR、（　　）等。
    A. 电动机 M1 和 M2　　　　　　　　　　B. 按钮 SB1～SB5
    C. 行程开关 SQ1～SQ8　　　　　　　　　D. 中间继电器 KA1 和 KA2

37. 测绘 T68 镗床电气线路的控制电路图时要正确画出控制变压器 TC、按钮 SB1～SB5、行程开关 SQ1～SQ8、中间继电器 KA1 和 KA2、速度继电器 KS、（　　）等。
    A. 电动机 M1 和 M2　　　　　　　　　　B. 熔断器 FU1 和 FU2
    C. 电源开关 QS　　　　　　　　　　　　D. 时间继电器 KT

38. 测绘 X62W 铣床电器位置图时要画出电源开关、电动机、按钮、行程开关、（　　）等在机床中的具体位置。
    A. 电器箱　　　B. 接触器　　　C. 熔断器　　　D. 热继电器

39. 分析 X62W 铣床主电路工作原理时，首要要看懂主轴电动机 M1 的（　　）、制动及冲动电路，然后再看进给电动机 M2 的正反转电路，最后看冷却泵电动机 M3 的电路。
    A. Y-△启动电路　　　　　　　　　　　　B. 能耗制动电路
    C. 降压启动电路　　　　　　　　　　　　D. 正反转电路

40. 测绘 X62W 铣床电气控制主电路图时要画出电源开关 QS、熔断器 FU1、接触器 KM1～KM6、热继电器 FR1～FR3、（　　）等。
    A. 电动机 M1～M3　　　　　　　　　　　B. 按钮 SB1～SB6
    C. 行程开关 SQ1～SQ7　　　　　　　　　D. 转换开关 SA1～SA2

41. 20/5t 桥式起重机的主电路中包含了电源开关 QS、交流接触器 KM1～KM4、凸轮控制器 SA1～SA3、电动机 M1～M5、（　　）、电阻器 1R～5R、过电流继电器等。
    A. 电磁制动器 YB1～YB6　　　　　　　　B. 限位开关 SQ1～SQ4
    C. 欠电压继电器 KV　　　　　　　　　　D. 熔断器 FU2

42. 20/5t 桥式起重机电气线路的控制电路中包含了主令控制器 SA4、紧急开关 QS4、启动按钮 SB、过电流继电器 KC1～KC5、限位开关 SQ1～SQ4、（　　）等。
    A. 电动机 M1～M5　　　　　　　　　　　B. 电磁制动器 YB1～YB6
    C. 电阻器 1R～5R　　　　　　　　　　　D. 欠电压继电器 KV

43. 20/5t 桥式起重机的小车电动机可以由凸轮控制器实现（　　）的控制。
    A. 启停和调速　　B. 减压启动　　C. 能耗制动　　D. 回馈制动

44. 20/5t 桥式起重机的主钩电动机一般用（　　）实现正反转的控制。
    A. 断路器　　　B. 凸轮控制器　　　C. 频敏变阻器　　　D. 接触器

45. 20/5t 桥式起重机的保护电路由（　　）、过电流继电器 KC1～KC5、欠电压继电器 KV、熔断器 FU1～FU2、限位开关 SQ1～SQ4 等组成。
    A. 紧急开关 QS4　　　　　　　　　　　　B. 电阻器 1R～5R
    C. 热继电器 FR1～FR5　　　　　　　　　D. 接触器 KM1～KM2

46. 20/5t 桥式起重机的主接触器 KM 吸合后，过电流继电器立即动作的可能原因是（　　）。
    A. 电阻器 1R～5R 的初始值过大　　　　　B. 热继电器 FR1～FR5 额定值过小
    C. 熔断器 FU1～FU2 太粗　　　　　　　　D. 凸轮控制器 SA1～SA3 电路接地

47. X62W 铣床的主电路由电源总开关 QS、熔断器 FU1、接触器 KM1～KM6、热继电器 FR1～FR3、电动机 M1～M3、（　　）等组成。
    A. 快速移动电磁铁 YA　　　　　　　　　B. 位置开关 SQ1～SQ7
    C. 按钮 SB1～SB6　　　　　　　　　　　D. 速度继电器 KS

48. X62W 铣床电气线路的控制电路由控制变压器 TC、熔断器 FU2～FU3、按钮 SB1～SB6、位置开关 SQ1～SQ7、速度继电器 KS、（　　）、热继电器 FR1～FR3 等组成。
    A. 电动机 M1～M3　　　　　　　　　　　B. 快速移动电磁铁 YA

C. 电源总开关 QS　　　　　　　　　　　　D. 转换开关 SA1～SA3
49. X62W 铣床的主轴电动机 M1 采用了（　　）启动方法。
  A. 全压　　　　　　B. 定子减压　　　　C. Y-△　　　　　　D. 变频
50. X62W 铣床的主轴电动机 M1 采用了（　　）的停车方法。
  A. 回馈制动　　　　B. 能耗制动　　　　C. 再生制动　　　　D. 反接制动
51. X62W 铣床主轴电动机 M1 的冲动控制是由位置开关 SQ7 接通（　　）一下。
  A. 反转接触器 KM2　　　　　　　　　　　B. 反转接触器 KM4
  C. 正转接触器 KM1　　　　　　　　　　　D. 正转接触器 KM3
52. X62W 铣床进给电动机 M2 的左右（纵向）操作手柄有（　　）位置。
  A. 快、慢、上、下、中五个　　　　　　　B. 上、下、中三个
  C. 上、下、前、后、中五个　　　　　　　D. 左、中、右三个
53. X62W 铣床使用圆形工作台时必须把左右（纵向）操作手柄置于（　　）。
  A. 中间位置　　　　B. 左边位置　　　　C. 右边位置　　　　D. 纵向位置
54. X62W 铣床的三台电动机由（　　）实现过载保护。
  A. 熔断器　　　　　B. 过电流继电器　　C. 速度继电器　　　D. 热继电器
55. X62W 铣床主轴电动机不能启动的可能原因有（　　）。
  A. 三相电源缺相　　　　　　　　　　　　B. 控制变压器无输出
  C. 速度继电器损坏　　　　　　　　　　　D. 快速移动电磁铁损坏
56. T68 镗床电气控制主电路由电源开关 QS、熔断器 FU1 和 FU2、接触器 KM1～KM7、热继电器 FR、（　　）等组成。
  A. 速度继电器 KS　　　　　　　　　　　B. 行程开关 SQ1～SQ8
  C. 时间继电器 KT　　　　　　　　　　　D. 电动机 M1 和 M2
57. T68 镗床电气线路控制电路由控制变压器 TC、按钮 SB1～SB5、行程开关 SQ1～SQ8、中间继电器 KA1 和 KA2、速度继电器 KS、（　　）等组成。
  A. 时间继电器 KT　　　　　　　　　　　B. 电动机 M1 和 M2
  C. 制动电阻 R　　　　　　　　　　　　　D. 电源开关 QS
58. T68 镗床的主轴电动机采用了（　　）方法。
  A. 自耦变压器启动　B. Y-△启动　　　　C. 定子串电阻启动　D. 全压启动
59. T68 镗床的主轴电动机采用了（　　）调速方法。
  A. △-YY 变极　　　B. Y-YY 变极　　　C. 变频　　　　　　D. 变转差率
60. T68 镗床的主轴电动机 M1 采用了（　　）的停车方法。
  A. 回馈制动　　　　B. 能耗制动　　　　C. 再生制动　　　　D. 反接制动
61. 下列不属于常用输入单元电路的功能有（　　）。
  A. 取信号能力强　　　　　　　　　　　　B. 抑制干扰能力强
  C. 具有一定信号放大能力　　　　　　　　D. 带负载能力强
62. 下列不属于集成运放电路线性应用的是（　　）。
  A. 加法运算电路　　　　　　　　　　　　B. 减法运算电路
  C. 积分电路　　　　　　　　　　　　　　D. 过零比较器
63. 下列不属于集成运放电路非线性应用的是（　　）。
  A. 加法运算电路　　B. 滞回比较器　　　C. 非过零比较器　　D. 过零比较器
64. 下列不能用于构成组合逻辑电路的是（　　）。
  A. 与非门　　　　　B. 或非门　　　　　C. 异或门　　　　　D. 触发器
65. 下列不属于组合逻辑电路的加法器的为（　　）。
  A. 半加器　　　　　B. 全加器　　　　　C. 多位加法器　　　D. 计数器
66. 时序逻辑电路的分析方法有（　　）。
  A. 列写状态方程　　B. 列写驱动方程　　C. 列写状态表　　　D. 以上都是

67. 下列不属于时序逻辑电路的计数器进制的为（　　）。
   A. 二进制计数器　　　B. 十进制计数器　　　C. N 进制计数器　　　D. 脉冲计数器
68. 555 定时器构成的典型应用中不包含（　　）电路。
   A. 多谐振荡　　　B. 施密特振荡　　　C. 单稳态振荡　　　D. 存储器
69. 当 74LS94 的控制信号为 01 时，该集成移位寄存器处于（　　）状态。
   A. 左移　　　B. 右移　　　C. 保持　　　D. 并行置数
70. 当 74LS94 的 S_L 与 Q_0 相连时，电路实现的功能为（　　）。
   A. 左移环形计数器　　　　　　　　　B. 右移环形计数器
   C. 保持　　　　　　　　　　　　　　D. 并行置数
71. 集成译码器 74LS138 的 3 个使能端，只要有一个不满足要求，其八个输出为（　　）。
   A. 高电平　　　B. 低电平　　　C. 高阻　　　D. 低阻
72. 集成译码器与七段发光二极管构成（　　）译码器。
   A. 变量　　　B. 逻辑状态　　　C. 数码显示　　　D. 数值
73. 集成计数器 74LS192 是（　　）计数器。
   A. 异步十进制加法　　　　　　　　　B. 同步十进制加法
   C. 异步十进制减法　　　　　　　　　D. 同步十进制可逆
74. 两片集成计数器 74LS192，最多可构成（　　）进制计数器。
   A. 100　　　B. 50　　　C. 10　　　D. 9
75. 集成运放电路引脚如插反，会将（　　），导致运放损坏。
   A. 电源极性接反　　　B. 输入接反　　　C. 输出接反　　　D. 接地接反
76. 集成运放电路的电源端可外接（　　），防止其极性接反。
   A. 三极管　　　B. 二极管　　　C. 场效应管　　　D. 稳压管
77. 集成译码器的（　　）状态不对时，译码器无法工作。
   A. 输入端　　　B. 输出端　　　C. 清零端　　　D. 使能端
78. 集成译码器无法工作，首先应检查（　　）的状态。
   A. 输入端　　　B. 输出端　　　C. 清零端　　　D. 使能端
79. 由与非门组成的基本 RS 触发器，当 RS 为（　　）时，触发器处于不定状态。
   A. 00　　　B. 01　　　C. 10　　　D. 11
80. JK 触发器，当 JK 为（　　）时，触发器处于翻转状态。
   A. 00　　　B. 01　　　C. 10　　　D. 11
81. 时序逻辑电路的输出端取数如有问题会产生（　　）。
   A. 时钟脉冲混乱　　　B. 置数端无效　　　C. 清零端无效　　　D. 计数模错误
82. 时序逻辑电路的计数器直接取相应进制数经相应门电路送到（　　）。
   A. 异步清零端　　　　　　　　　　　B. 同步清零端
   C. 异步置数端　　　　　　　　　　　D. 同步置数端
83. 晶闸管触发电路所产生的触发脉冲信号必要（　　）。
   A. 有一定的电位　　　　　　　　　　B. 有一定的电抗
   C. 有一定的频率　　　　　　　　　　D. 有一定的功率
84. 锯齿波触发电路由（　　）、脉冲形成与放大、强触发与输出、双窄脉冲产生四个环节组成。
   A. 锯齿波产生与相位控制　　　　　　B. 矩形波产生与移相
   C. 尖脉冲产生与移相　　　　　　　　D. 三角波产生与移相
85. 锯齿波触发电路中的锯齿波是由（　　）对电容器充电以及快速放电产生的。
   A. 矩形波电源　　　　　　　　　　　B. 正弦波电源
   C. 恒压源　　　　　　　　　　　　　D. 恒流源
86. 三相半波可控整流电路由（　　）只晶闸管组成。
   A. 3　　　B. 5　　　C. 4　　　D. 2

87. 三相半波可控整流电路电阻负载的控制角α移相范围是（　　）。
   A. 0～90°　　　　　　B. 0～100°　　　　　　C. 0～120°　　　　　　D. 0～150°
88. 三相半波可控整流电路大电感负载无续流管,每个晶闸管电流平均值是输出电流平均值的（　　）。
   A. 1/3　　　　　　　B. 1/2　　　　　　　　C. 1/6　　　　　　　　D. 1/4
89. 三相半控桥式整流电路由（　　）晶闸管和三只功率二极管组成。
   A. 四只　　　　　　　B. 一只　　　　　　　　C. 二只　　　　　　　　D. 三只
90. 三相半控桥式整流电路电阻性负载时,控制角α的移相范围是（　　）。
   A. 0～180°　　　　　B. 0～150°　　　　　　C. 0～120°　　　　　　D. 0～90°
91. 三相半控桥式整流电路电感性负载每个晶闸管电流平均值是输出电流平均值的（　　）。
   A. 1/6　　　　　　　B. 1/4　　　　　　　　C. 1/2　　　　　　　　D. 1/3
92. 三相全控桥式整流电路是由一组共阴极的与另一组共阳极的三相半波可控整流电路相（　　）构成的。
   A. 串联　　　　　　　B. 并联　　　　　　　　C. 混联　　　　　　　　D. 复联
93. 三相可控整流触发电路调试时,首先要检查三相同步电压波形,再检查三相锯齿波波形,最后检查（　　）。
   A. 同步变压器的输出波形　　　　　　　B. 整流变压器的输出波形
   C. 晶闸管两端的电压波形　　　　　　　D. 输出双脉冲的波形
94. 单相桥式可控整流电路电阻性负载的输出电压波形中,一个周期内会出现（　　）个波峰。
   A. 2　　　　　　　　B. 1　　　　　　　　　C. 4　　　　　　　　　D. 3
95. 单相桥式可控整流电路大电感负载无续流管的输出电流波形（　　）。
   A. 只有正弦波的正半周部分　　　　　　B. 正电流部分大于负电流部分
   C. 会出现负电流部分　　　　　　　　　D. 是一条近似水平线
96. 三相半波可控整流电路电阻性负载的输出电压波形在控制角（　　）的范围内连续。
   A. 0＜α＜30°　　　　　　　　　　　　B. 0＜α＜45°
   C. 0＜α＜60°　　　　　　　　　　　　D. 0＜α＜90°
97. 三相半波可控整流电路电感性负载的输出电流波形（　　）。
   A. 在控制角α＞30°时出现断续　　　　　B. 正电流部分大于负电流部分
   C. 与输出电压波形相似　　　　　　　　D. 是一条近似的水平线
98. 三相桥式可控整流电路电阻性负载的输出电压波形在控制角α＜（　　）时连续。
   A. 60°　　　　　　　B. 70°　　　　　　　　C. 80°　　　　　　　　D. 90°
99. 三相桥式可控整流电路电感性负载,控制角α增大时,输出电流波形（　　）。
   A. 降低　　　　　　　B. 升高　　　　　　　　C. 变宽　　　　　　　　D. 变窄
100. 晶闸管触发电路发出触发脉冲的时刻是由（　　）来定位的,由偏置电压来调整初始相位,由控制电压来实现移相。
   A. 脉冲电压　　　　　B. 触发电压　　　　　　C. 异步电压　　　　　　D. 同步电压
101. 以下PLC梯形图实现的功能是（　　）。

   A. 双线圈输出　　　　　　　　　　　　B. 多线圈输出
   C. 两地控制　　　　　　　　　　　　　D. 以上都不对
102. 以下PLC梯形图实现的功能是（　　）。

```
      X000   X001
   0 ──┤├────┤/├──────────────────────────(Y000)
      │
      Y000
     ──┤├──
```

A. 顺序控制　　　　B. 点动控制　　　　C. 长动控制　　　　D. 自动往复

103. 在以下 PLC 梯形图程序中，0 步和 2 步实现的功能：（　　）。

```
      X000
   0 ──┤├──────────────────────────[SET   Y000]

      X002   X001
   2 ──┤├────┤/├──────────────────────────(Y001)
      │
      Y001
     ──┤├──
```

A. 0 步是上升沿脉冲指令，2 步是下降沿脉冲指令
B. 一样的
C. 0 步是点动，2 步是下降沿脉冲指令
D. 2 步是上升沿脉冲指令，0 步是下降沿脉冲指令

104. 以下 FX2N 系列可编程序控制器程序中，第一行和第二行程序功能相比，（　　）。

```
      X000   X001
   0 ──┤├────┤/├──────────────────────────(Y000)
      │
      Y000
     ──┤├──

      X001   X002
   5 ──┤├────┤/├──────────────────────────(Y001)
      │
      Y001
     ──┤├──
```

A. 没区别　　　　　　　　　　　　B. 第一行程序可以防止输入抖动
C. 第二行程序运行稳定　　　　　　D. 工业现场应该采用第二行

105. FX2N PLC 中使用 SET 指令时必须（　　）。
A. 配合使用停止按钮　　　　　　　B. 配合使用置位指令
C. 串联停止按钮　　　　　　　　　D. 配合使用 RST 指令

106. 以下 FX2N 系列可编程序控制器程序，0 步和 2 步实现的启动功能是（　　）。

```
      X000
   0 ──┤├──────────────────────────[SET   Y000]

      X002   X001
   2 ──┤├────┤/├──────────────────────────(Y001)
      │
      Y001
     ──┤├──
```

A. 不一样的　　　　　　　　　　　B. 一样的
C. 0 步中 Y0 不能保持　　　　　　D. 0 步不对，2 步对

107. 在下面 PLC 程序中，使用 RST 的目的是（　　）。

```
      X000                                   K15
   0 ──┤├──────────────────────────(C0     )

      X001
   4 ──┤├──────────────────────────[RST   C0]
```

A. 停止计数　　　　　B. 暂停计数　　　　　C. 对C0复位　　　　　D. 以上都不是

108. 以下FX2N PLC程序可以实现（　　）功能。

```
    X000                                      K15
0───┤├─────────────────────────────────────(C0    )
    X001
4───┤├─────────────────────────────[RST    C0    ]
```

A. 循环计时　　　　　B. 计数到15停止　　　C. C0不能计数　　　　D. 逐次计数

109. 在以下FX2N PLC程序中，Y1得电，是因为（　　）先闭合。

```
    X001  Y002  Y003  Y004
0───┤├────┤/├──┤/├──┤/├─────────────────(Y001  )
    X002  Y001  Y003  Y004
5───┤├────┤/├──┤/├──┤/├─────────────────(Y002  )
    X003  Y001  Y002  Y004
10──┤├────┤/├──┤/├──┤/├─────────────────(Y003  )
    X004  Y001  Y002  Y003
15──┤├────┤/├──┤/├──┤/├─────────────────(Y004  )
```

A. X4　　　　　　　　B. X3　　　　　　　　C. X2　　　　　　　　D. X1

110. 在以下FX2N PLC程序中，当Y3得电后，（　　）还可以得电。

```
    X001  Y002  Y003  Y004
0───┤├────┤/├──┤/├──┤/├─────────────────(Y001  )
    X002  Y003  Y004
5───┤├────┤/├──┤/├──────────────────────(Y002  )
    X003  Y004
9───┤├────┤/├────────────────────────────(Y003  )
    X004
12──┤├───────────────────────────────────(Y004  )
```

A. Y1　　　　　　　　B. Y2　　　　　　　　C. Y4　　　　　　　　D. 以上都是

111. 以下程序是对输入信号X0进行（　　）分频。

```
    X000
0───┤├──────────────────────────────[PLS    M100  ]
    M100  Y000
3───┤├────┤/├────────────────────────────(Y000  )
    │
    M100  Y000
    ─┤├───┤├─
```

A. 二　　　　　　　　B. 四　　　　　　　　C. 六　　　　　　　　D. 八

112. 在FX2N PLC中配合使用PLS可以实现（　　）功能。

A. 计数　　　　　　　B. 计时　　　　　　　C. 分频　　　　　　　D. 倍频

113. 在FX2N PLC中，T0的定时精度为（　　）。

A. 10ms　　　　　　　B. 100ms　　　　　　　C. 1s　　　　　　　　D. 1ms

114. 以下FX2N可编程序控制器程序实现的是（　　）功能。

```
    X000  T1                                  K20
0───┤├────┤├─────────────────────────────(T0    )
    T0                                        K50
5───┤├───────────────────────────────────(T1    )
    │
    └────────────────────────────────────(Y000  )
```

A. Y0 通 5s，断 2s　　　B. Y0 通 2s，断 5s　　　C. Y0 通 7s，断 2s　　　D. Y0 通 2s，断 7s

115. 在使用 FX2N 可编程序控制器控制交通灯时，将相对方向的同色灯并联起来，是为了（　　）。
A. 简化电路　　　B. 节约电线　　　C. 节省 PLC 输出口　　　D. 减少工作量

116. 在使用 FX2N 可编程序控制器控制交通灯时，M8013 的功能是（　　）。
A. 输出 100ms 时钟脉冲　　　　　　B. 输出 1s 时钟脉冲
C. 作为常开点　　　　　　　　　　D. 提供 2s 时钟脉冲

117. 在使用 FX2N 可编程序控制器控制电动机星三角启动时，至少需要使用（　　）个交流接触器。
A. 2　　　B. 3　　　C. 4　　　D. 5

118. 以下 FX2N 可编程序控制器控制多速电动机运行时，（　　）是运行总开关。

```
        X000   X001
   0 ───┤├─────┤/├──────────────────(Y001)
               X001                          K10
            ───┤├───────────────────(T0)
               T0
            ───┤├───────────────────(Y000)
```

A. X1　　　B. T0　　　C. X0　　　D. Y0

119. 以下 FX2N 可编程序控制器控制车床运行时，程序中使用了顺控指令（　　）。

```
       X004
  62 ──┤├──────────────────[SET   S25]
  65 ─────────────────────[STL   S35]
  66 ─────────────────[ZRST  S20   S25]
  T1 ────────────────────────────[RET]
  T2 ────────────────────────────[END]
```

A. STL　　　B. ZRST　　　C. RET　　　D. END

120. 在使用 FX2N 可编程序控制器控制磨床运行时，Y2 和 M0 是（　　）。
A. 双线圈　　　　　　　　　　　　B. 可以省略的
C. 并联输出　　　　　　　　　　　D. 串联输出

121. PLC 控制系统的主要设计内容不包括（　　）。
A. 选择用户输入设备、输出设备以及由输出设备驱动的控制对象
B. PLC 的选择
C. PLC 的保养和维护
D. 分配 I/O 点，绘制电气连接图，考虑必要的安全保护措施

122. PLC 编程软件安装方法不正确的是（　　）。
A. 安装选项中，所有选项要都打钩
B. 先安装通用环境，解压后，进入相应文件夹，单击安装
C. 在安装的时候，最好把其他应用程序关掉，包括杀毒软件
D. 安装前，请确定下载文件的大小及文件名称

123. 以下不是 PLC 编程语言的是（　　）。
A. VB　　　B. 指令表　　　C. 顺序功能图　　　D. 梯形图

124. PLC 程序的检查内容是（　　）。
A. 继电器检测　　　　　　　　　　B. 红外检测
C. 指令检查、梯形图检查、软元件检查等　　　D. 以上都有

125. （　　）程序上载时要处于 STOP 状态。
A. 人机界面　　　B. PLC　　　C. 继电器　　　D. 以上都是

126. 在FX系列PLC控制中可以用（　　）替代中间继电器。
A. T   B. C   C. S   D. M
127. 下图实现的功能是（　　）。

A. 输入软元件强制执行   B. 输出软元件强制执行
C. 计数器元件强制执行   D. 以上都不是
128. PLC通过（　　）寄存器保存数据。
A. 掉电保持   B. 存储   C. 缓存   D. 以上都是
129. 以下程序出现的错误是（　　）。

A. 双线圈错误   B. 输入量过多   C. 没有寄存器   D. 以上都不是
130. 下图是（　　）方式的模拟状态。

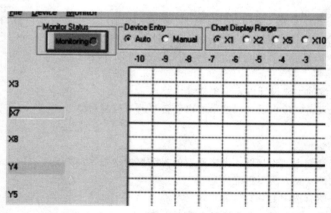

A. 没有仿真   B. 主控电路   C. 变量模拟   D. 时序图仿真
131. PLC输入模块本身的故障描述不正确的是（　　）。
A. 没有输入信号，输入模块指示灯不亮是输入模块的常见故障
B. PLC输入模块本身的故障可能性极小，故障主要来自外围的元器件
C. 输入模块电源接反会烧毁输入端口的元器件
D. PLC输入使用内部电源，给信号时，指示灯不亮，可能是内部电源烧坏
132. PLC输出模块常见的故障是（　　）。
①供电电源故障　②端子接线故障　③模板安装故障　④现场操作故障
A. ①②③④   B. ②③④   C. ①③④   D. ①②④
133. "AC"灯闪表示PLC的（　　）报警。

A. 交流总电源　　　　　B. VDC24　　　　　C. VDC5　　　　　　D. 后备电源
134. 以下属于PLC与计算机连接方式的是（　　）。
A. RS232通信连接　　　B. RS422通信连接　　C. RS485通信连接　　D. 以上都是
135. 以下不属于PLC外围输入故障的是（　　）。
A. 接近开关故障　　　　B. 按钮开关短路　　　C. 传感器故障　　　　D. 继电器
136. 同开环控制系统相比，闭环控制的优点之一是：（　　）。
A. 具有抑制干扰的能力　　　　　　　　　B. 系统稳定性提高
C. 减小了系统的复杂性　　　　　　　　　D. 对元件特性变化更敏感
137. 调节器输出限幅电路的作用是：保证运放的（　　），并保护调速系统各部件正常工作。
A. 线性特性　　　　　　　　　　　　　　B. 非线性特性
C. 输出电压适当衰减　　　　　　　　　　D. 输出电流适当衰减
138. 无静差调速系统中必定有（　　）。
A. 比例调节器　　　B. 比例微分调节器　　C. 微分调节器　　　D. 积分调节器
139. 直流双闭环调速系统引入转速微分负反馈后，可使突加给定电压启动时转速调节器提早退出饱和，从而有效地（　　）。
A. 抑制转速超调　　　　　　　　　　　　B. 抑制电枢电流超调
C. 抑制电枢电压超调　　　　　　　　　　D. 抵消突加给定电压突变
140. 若要使PI调节器输出量下降，必须输入（　　）的信号。
A. 与原输入量不相同　　　　　　　　　　B. 与原输入量大小相同
C. 与原输入量极性相反　　　　　　　　　D. 与原输入量极性相同
141. 在带PI调节器的无静差直流调速系统中，可以用（　　）来抑制突加给定电压时的电流冲击，以保证系统有较大的比例系数来满足稳态性能指标要求。
A. 电流截止正反馈　　　　　　　　　　　B. 电流截止负反馈
C. 电流正反馈补偿　　　　　　　　　　　D. 电流负反馈
142. 在调速性能指标要求不高的场合，可采用（　　）直流调速系统。
A. 电流、电压负反馈　　　　　　　　　　B. 带电流正反馈补偿的电压负反馈
C. 带电流负反馈补偿的电压正反馈　　　　D. 带电流负反馈补偿的电压负反馈
143. 电压电流双闭环系统中电流调节器ACR的输入信号有（　　）。
A. 速度给定信号与电压调节器的输出信号　B. 电流反馈信号与电压反馈信号
C. 电流反馈信号与电压调节器的输出信号　D. 电流反馈信号与速度给定信号
144. 双闭环调速系统包括电流环和速度环，其中两环之间关系是（　　）。
A. 电流环为内环，速度环为外环　　　　　B. 电流环为外环，速度环为内环
C. 电流环与速度环并联　　　　　　　　　D. 两环内外均可
145. 目前三相交流调压调速系统中广泛采用（　　）来调节交流电压。
A. 晶闸管相位控制　　　　　　　　　　　B. 晶闸管周波控制
C. 晶闸管PWM控制　　　　　　　　　　 D. GTO相位控制
146. 系统对扰动信号的响应能力也称作扰动指标，如（　　）。
A. 振荡次数、动态速降　　　　　　　　　B. 最大超调量、动态速降
C. 最大超调量、恢复时间　　　　　　　　D. 动态速降、调节时间
147. 直流测速发电机在（　　）时，由于电枢电流的去磁作用，输出电压下降，从而破坏了输出特性$U=f(n)$的线性关系。
A. R_L较小或转速过高　　　　　　　　　B. R_L较大或转速过高
C. R_L较小或转速过低　　　　　　　　　D. 转速过低
148. 直流调速装置安装无线电干扰抑制滤波器与进线电抗器，必须遵守滤波器网侧电缆与负载侧电缆在空间上必须隔离。整流器交流侧电抗器电流按（　　）。
A. 电动机电枢额定电流选取　　　　　　　B. 等于电动机电枢额定电流0.82倍选取

C. 等于直流侧电流选取　　　　　　　　　　D. 等于直流侧电流 0.82 倍选取

149. 晶闸管-电动机调速系统的主回路电流断续时，开环机械特性（　　）。
A. 变软　　　　　B. 变硬　　　　　C. 不变　　　　　D. 电动机停止

150. 当交流测速发电机的转子转动时，由杯形转子电流产生的磁场与输出绕组轴线重合，在输出绕组中感应的电动势的频率与（　　）。
A. 励磁电压频率相同，与转速相关　　　　B. 励磁电压频率不同，与转速无关
C. 励磁电压频率相同，与转速无关　　　　D. 转速相关

151. 将变频器与 PLC 等上位机配合使用时，应注意（　　）。
A. 使用共同地线，最好接入噪声滤波器，电线各自分开
B. 不使用共同地线，最好接入噪声滤波器，电线汇总一起布置
C. 不使用共同地线，最好接入噪声滤波器，电线各自分开
D. 不使用共同地线，最好不接入噪声滤波器，电线汇总一起布置

152. 步进电动机的角位移或线位移与（　　）。
A. 脉冲数成正比　　　　　　　　　　　　B. 脉冲频率 f 成正比
C. 驱动电源电压的大小　　　　　　　　　D. 环境波动相关

153. 三相单三拍运行、三相双三拍运行、三相单双六拍运行。其通电顺序分别是（　　）。
A. A-B-C-A　AB-BC-CA-AB　A-AB-B-BC-C-CA-A
B. AB-BC-CA-AB　A-B-C-A　A-AB-B-BC-C-CA-A
C. A-B-C-A　A-AB-B-BC-C-CA-A　AB-BC-CA-AB
D. A-AB-B-BC-C-CA-A　A-B-C-A　AB-BC-CA-AB

154. 直流电动机弱磁调速时，励磁电路接线务必可靠，防止发生（　　）。
A. 运行中失磁造成飞车故障　　　　　　　B. 运行中失磁造成停车故障
C. 启动时失磁造成飞车故障　　　　　　　D. 启动时失磁造成转速失控问题

155. 双闭环直流调速系统调试中，出现转速给定值 U 达到设定最大值时，而转速还未达到要求值，应（　　）。
A. 逐步减小速度负反馈信号　　　　　　　B. 调整速度调节器 ASR 限幅
C. 调整电流调节器 ACR 限幅　　　　　　D. 逐步减小电流负反馈信号

156. 若调速系统反馈极性错误，纠正的办法有（　　）。
A. 直流测速发电机的两端接线对调　　　　B. 电动机电枢的两端接线对调
C. 电动机励磁的两端接线对调　　　　　　D. 加负给定电压

157. 变频器运行时过载报警，电机不过热。此故障可能的原因是（　　）。
A. 变频器过载整定值不合理、电机过载　　B. 电源三相不平衡、变频器过载整定值不合理
C. 电机过载、变频器过载整定值不合理　　D. 电网电压过高、电源三相不平衡

158. 西门子 MM420 变频器参数 P0004＝3 表示要访问的参数类别是（　　）。
A. 电动机数据　　　B. 电动机控制　　　C. 命令和数字 I/O　　　D. 变频器

159. 变频电动机与通用感应电动机相比其特点是（　　）。
A. 低频工作时电动机的损耗小　　　　　　B. 低频工作时电动机的损耗大
C. 频率范围大　　　　　　　　　　　　　D. 效率高

160. 电动机的启动转矩必须大于负载转矩。若软启动器不能启动某负载，则可改用的启动设备是（　　）。
A. 采用内三角接法的软启动器　　　　　　B. 采用外三角接法的软启动器
C. 变频器　　　　　　　　　　　　　　　D. 星-三角启动器

二、判断题（对的在括号内打"√"，错的打"×"，每小题 0.5 分，共 20 分。）

161.（　　）设计 PLC 系统时 I/O 点数不需要留裕量，刚好满足控制要求是系统设计的原则之一。

162.（　　）深入了解控制对象及控制要求是 PLC 控制系统设计的基础。

163.（　　）PLC 通用编程软件可能会自带模拟仿真的功能。

164.（　　）PLC 编程语言可以随时相互转换。

165. (   ) 电力法保障和促进电力事业的发展，维护电力投资者、经营者和使用者的合法权益。
166. (   ) PLC 程序下载时不能断电。
167. (   ) 为保障人身安全，C6150 车床照明灯配线时要保护接地。
168. (   ) PLC 编程软件只能对 FX2N 系列进行编程。
169. (   ) PLC 程序不能修改。
170. (   ) PLC 程序中的错误可以修改纠正。
171. (   ) PLC 硬件故障类型只有 I/O 类型的。
172. (   ) PLC 没有输入信号，输入模块指示灯不亮时，应检查输入电路是否开路。
173. (   ) PLC 输出模块故障处理时先考虑是否是由端子接线引起的故障。
174. (   ) PLC 电源模块不会有故障。
175. (   ) PLC 通信模块出现故障不影响程序正常运行。
176. (   ) 所谓自动控制，就是在没有人直接参与的情况下，利用控制装置，对生产过程、工艺参数、技术指标、目标要求等进行自动调节与控制，使之按期望规律或预定程序进行的控制系统。
177. (   ) 调节器是调节与改善系统性能的主要环节。
178. (   ) 积分调节器的功能可由软件编程来实现。
179. (   ) 将积分调节器中的电容、电阻位置互换即可成为微分调节器。
180. (   ) 比例积分调节器的等效放大倍数在静态与动态过程中是相同的。
181. (   ) 直流电动机有多种调速方案，其中改变励磁磁通调速最便捷有效。
182. (   ) 就调速性能而言，转速负反馈调速系统优于电枢电压负反馈调速系统。
183. (   ) 在带电流正反馈的电压负反馈调速系统中，电流正反馈的作用不同于电压负反馈，它在系统中起补偿控制作用。
184. (   ) 欧陆 514 调速器组成的电压电流双闭环系统中必须让电流正反馈补偿不起作用。
185. (   ) 双闭环调速系统启动过程基本上实现了在限制最大电流下的快速启动，达到"准时间最优控制"。
186. (   ) 直流电动机的调速方法中，调节励磁电流只能在额定转速之下调速。
187. (   ) 测速发电机是一种反映转速信号的电气元件，它的作用是将输入的机械转速变换成电压信号输出。
188. (   ) 电磁式直流测速发电机虽然复杂，但因励磁电源外加，不受环境等因素的影响，其输出电动势斜率高，特性线性好。
189. (   ) 在直流电机启动时，要先接通电枢电源，后加励磁电源。停车时，要先关电枢电源，再关励磁电源。
190. (   ) 交流测速发电机有异步式和同步式两类，应用较为广泛的是异步测速发电机。
191. (   ) 在计算解答系统中，为了满足误差小、剩余电压低的要求，交流同步测速发电机往往带有温度补偿及剩余电压补偿电路。
192. (   ) 变频器调试应遵循"先空载、轻载、后重载"的规律。
193. (   ) 步进电动机的驱动电源由运动控制器（卡）、脉冲分配器和功率驱动级组成。
194. (   ) 在直流电动机轻载运行时，失去励磁会出现停车故障。
195. (   ) 逻辑无环流双闭环可逆调速系统，在整定电流调节器 ACR 正负限幅值时，其依据是 $\alpha_{min} = \beta_{min} = 15°\sim 30°$。
196. (   ) 负反馈是指反馈到输入端的信号与给定信号比较时极性必须是负的。
197. (   ) 变频器由微处理器控制，可以实现过电压/欠电压保护、过热保护、接地故障保护、短路保护、电机过热保护等。
198. (   ) 变频器的参数设置不正确，参数不匹配，会导致变频器不工作、不能正常工作或频繁发生保护动作甚至损坏。
199. (   ) 变频器主电路逆变桥功率模块中每个 IGBT 与一个普通二极管反并联。

200. (　) 软启动器具有完善的保护功能，并可自我修复部分故障。

电工高级知识要求考核模拟试卷参考答案

一、单项选择题

1. A	2. D	3. D	4. C	5. A	6. B	7. A	8. C	9. C	10. A
11. A	12. A	13. B	14. A	15. A	16. C	17. C	18. B	19. D	20. A
21. B	22. C	23. D	24. D	25. A	26. A	27. B	28. C	29. D	30. A
31. D	32. A	33. D	34. A	35. D	36. A	37. D	38. A	39. D	40. A
41. A	42. D	43. A	44. D	45. A	46. D	47. A	48. D	49. A	50. D
51. A	52. D	53. A	54. D	55. A	56. D	57. A	58. D	59. A	60. D
61. D	62. D	63. A	64. D	65. D	66. D	67. D	68. D	69. B	70. A
71. A	72. C	73. D	74. A	75. A	76. B	77. D	78. D	79. A	80. D
81. D	82. A	83. D	84. A	85. D	86. A	87. D	88. A	89. D	90. A
91. D	92. A	93. D	94. A	95. D	96. A	97. D	98. A	99. A	100. D
101. B	102. C	103. B	104. B	105. D	106. B	107. C	108. D	109. D	110. C
111. A	112. C	113. B	114. A	115. C	116. B	117. B	118. C	119. A	120. C
121. C	122. A	123. A	124. C	125. B	126. D	127. B	128. A	129. A	130. D
131. C	132. C	133. A	134. D	135. D	136. A	137. D	138. D	139. D	140. C
141. B	142. B	143. C	144. A	145. A	146. D	147. A	148. D	149. C	150. D
151. C	152. A	153. A	154. A	155. A	156. A	157. B	158. A	159. A	160. C

二、判断题

161. ×	162. √	163. √	164. √	165. √	166. √	167. √	168. ×	169. ×	170. √
171. ×	172. √	173. √	174. √	175. √	176. √	177. √	178. ×	179. ×	180. ×
181. ×	182. √	183. √	184. ×	185. √	186. ×	187. √	188. ×	189. √	190. √
191. ×	192. √	193. √	194. ×	195. √	196. ×	197. √	198. √	199. ×	200. ×

（二）电工高级职业技能鉴定技能要求考核模拟试卷

【试题一】 机床电气控制线路故障检查、分析及排除

1. 试题名称——T68 型卧式镗床、X62W 铣床（或类似）电气控制线路故障检查、分析及排除
2. 试题内容及要求
（1）排除电气控制线路中的 3 个故障。
（2）找出故障，对故障现象进行描述。
（3）画出故障点局部电路图，并标明故障位置。
（4）所有操作符合行业安全文明生产规范。
（5）写出电气控制线路故障现象、画出故障点局部电路图。
① 故障现象描述；
② 故障点局部电路图。
3. 答题时间
满分 20 分，考试时间 60min。
4. 答题所需仪表、仪器、工具及器材
（1）T68 型卧式镗床、X62W 铣床（或类似）电气控制线路原理图（无故障点），每个工位一份。
（2）电工常用工具、万用表。
（3）T68 型卧式镗床、X62W 铣床（或类似）电气控制线路实训控制线路板两种，线路上设置 10 个故障开关，考试时由考评员任选其中 3 个设置故障。
（4）类似电气控制线路原理图参考如下：

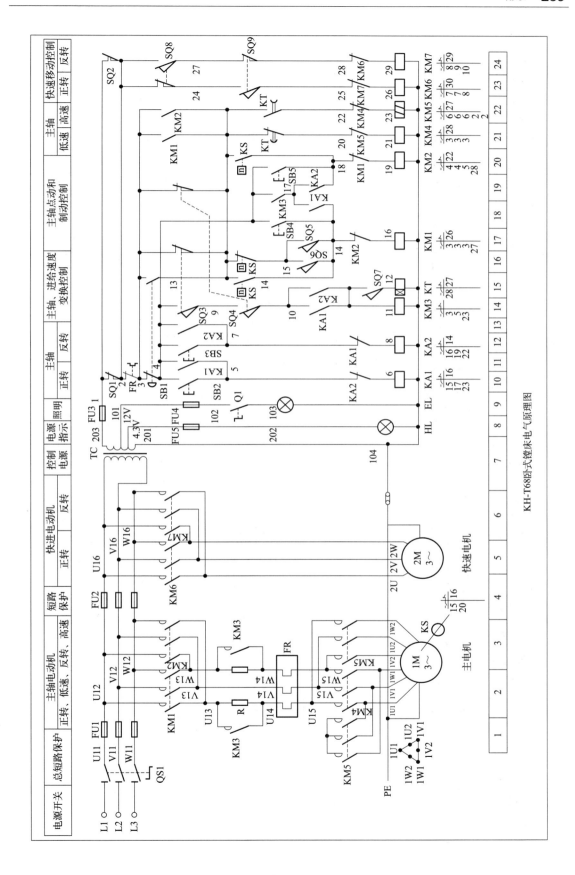

KH-T68卧式镗床电气原理图

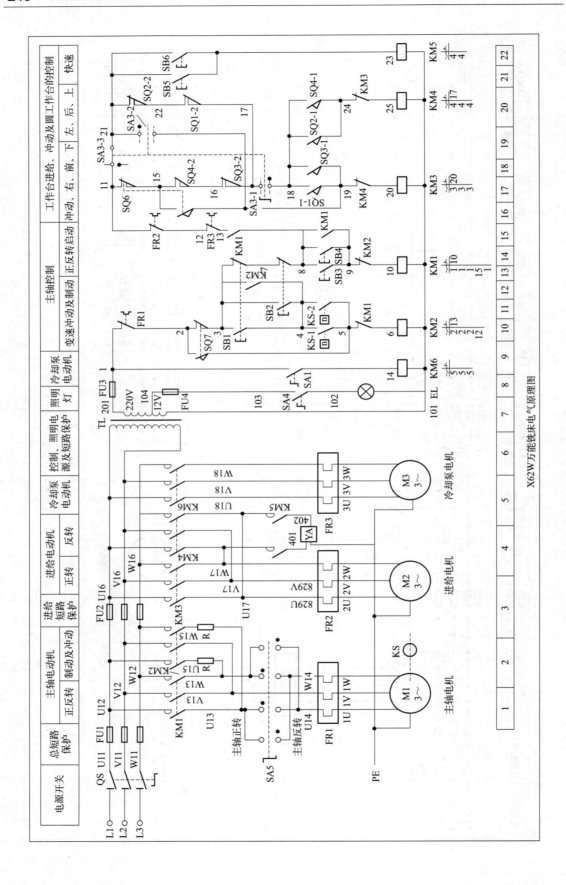

X62W万能铣床电气原理图

5. 答题评价

答题评价总分为 20 分，具体评价标准详见下表。

姓名		考号		考点			
评价项目或内容		配分		评价(分)标准		扣分	得分
故障现象		6 分		1. 操作按钮控制开关,查看故障现象,操作方法步骤不正确,每处扣 1～3 分。2. 故障现象记录不清晰、不完整、不正确扣 1～3 分			
故障原因分析		5 分		由原理图分析故障原因,分析不完整、不正确扣 1～3 分			
故障检修		6 分		1. 故障点排查错误一个扣 2 分。2. 故障检修过程不熟练扣 1～2 分。3. 检修工艺流程不对扣 1～3 分			
安全文明操作		3 分		1. 有一项不合格扣 1～3 分。2. 发生严重事故,取消评价资格			
规定时间		60min	开始时间		完成时间	总评分	
考评员					考评日期	年 月 日	

【试题二】 可编程控制系统装调与维修

1. 试题名称——简易机械手 PLC 控制系统的设计、安装与调试
2. 试题内容及要求
(1) 简易机械手控制要求。机械手的加工控制工艺流程如下。

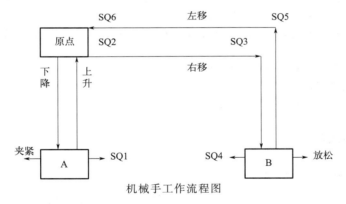

机械手工作流程图

机械手工作操作面板图

机械手的初始位置停在原点，按下启动按钮后，机械手将下降→夹紧工件→上升→右移→再下降→放松工件→再上升→左移→原点动作，完成一个工作周期。机械手的下降、上升、右移、左移等动作的转换，是由相应的限位开关来控制的，而夹紧、放松动作的转换是由时间来控制的。

为了确保安全，机械手右移到位后，必须在右工作台上无工件时才能下降，若上次搬到右工作台上的工件尚未移走，机械手应自动暂停，等待。为此设置了一个光电开关，以检测"无工件"信号。

为了满足生产要求，机械手设置了手动工作方式和自动工作方式，而自动工作方式又分为单步、单周期和连续工作方式。手动、单步、单周期和连续工作方式只能选择其中一种方式，输入端建议采用选择开关。

"手动"模式：利用按钮对机械手每一步动作进行点动控制。例如，按下"下降"按钮，机械手下降；按下"上升"按钮，机械手上升。手动操作可用于调整工作位置和紧急停车后机械手返回原点。

"单步"模式：从原点开始，按照自动工作循环的步序，每按一次启动按钮，机械手完成一步动作后自动停止。

"单周期"模式：按下启动按钮，机械手按工序从原点开始自动完成一个周期的动作，返回原点后停止。

"连续"模式：按下启动按钮，机械手从原点，按步序自动反复连续工作。在自动工作方式下设置两种停车状态：

暂时停车：在正常工作状态下停车。按下暂时停车按钮，机械手停止当前状态的驱动输出。当前状态继电器仍处于激活状态，当按下启动按钮，在原来驱动输出的基础上继续往下运行。

紧急停车：在发生事故或紧急状态时停车。按下紧急停车按钮，机械手停止在当前状态。当故障排除后，需手动回到原点。

"回原点"模式：在回原点模式下（此时设备停止工作），按下启动按钮，机械手返回原点位置。

(2) 考核要求如下。

① 根据控制要求，正确完成PLC控制系统的I/O接线。

② 接线必须符合国家电气安装规范，导线连接需紧固、布局合理，导线要进线槽，外接引出线必须经接线端子连接。

③ 编写满足控制要求的PLC程序，并下载到PLC中。

④ 通电调试，达到控制要求。

⑤ 所有操作符合行业安全文明生产规范。

3. 答题时间

满分30分，考试时间90min。

4. 答题所需仪表、仪器、工具及器材

(1) 简易机械手运行示意图一张。

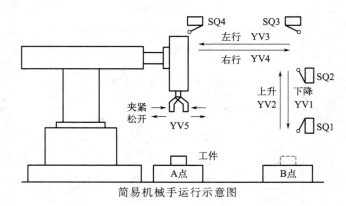

简易机械手运行示意图

(2) 简易机械手模拟接线板一块。

(3) 计算机、可编程序控制器及编程软件。

(4) 连接导线、电工常用工具、万用表等。

5. 答题评价

答题评价总分为 30 分，具体评价标准详见下表。

姓名		考号		考点			
评价项目或内容		配分		评价(分)标准		扣分	得分
电路设计		20 分		1. 电气控制原理设计不全或设计有错，每处扣 2 分。 2. 输入输出地址遗漏或搞错，每处扣 1 分。 3. PLC 控制 I/O 口接线图设计不全或设计有错，每处扣 2 分。 4. 梯形图表达不正确或画法不规范，每处扣 2 分。 5. 指令有错，每条扣 2 分			
程序输入及模拟调试		10 分		1. 能正确输入控制程序,程序有错误扣 5 分。 2. 调试操作不熟练或不会调试扣 2~5 分。 3. 调试时没有严格按照被控设备动作过程进行或达不到设计要求，每缺少一项工作方式扣 2 分			
规定时间	90min	开始时间		完成时间		总评分	
考评员				考评日期		年 月 日	

【试题三】 交流传动系统装调与维修

1. 试题名称——变频器三段固定频率调速系统设计、安装与调试
2. 试题内容及要求
(1) 设计要求。
① 电机运行示意图如下所示：

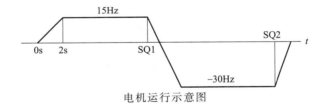

电机运行示意图

② 工作模式：有手动、自动工作模式，有转换开关切换；
③ 在手动工作模式时，按下启动按钮 SB1，电动机按照上图运行一周后，停止工作；
④ 在自动工作模式时，按下启动按钮 SB1，电动机按照上图运行一周后，能够重复循环上述过程，按下停止按钮，电机马上停止工作；
⑤ 参数要求：加速时间 1s，减速时间 0.5s，设置过流保护参数；
⑥ 有必要的电气保护和互锁措施。
(2) 考核要求。
① 设计并绘制交流变频调速控制系统接线图。
② 正确完成交流变频调速控制系统接线。
③ 接线符合国家电气安装规范，导线连接需紧固、布局合理，导线要进线槽，外接引出线必须经接线端子连接。
④ 按控制要求，设置变频器参数，并通电调试。
⑤ 所有操作符合行业安全文明生产规范。
⑥ 画出交流变频调速控制系统接线图。
⑦ 写出变频器设置参数清单：

变频器参数	设置值	变频器参数	设置值

3. 答题时间

满分 30 分，考试时间 50min。

4. 答题所需仪表、仪器、工具及器材

(1) 变频器手册。

(2) 变频器实操控制板一块（变频器主回路电源、主回路线路等接好；相应的中间继电器、时间继电器、按钮安装好；PLC）。

(3) 连接导线、电工常用工具、万用表等。

(4) 三相笼型异步电动机（1kW 以下）一台。

5. 答题评价

答题评价总分为 30 分，具体评价标准详见下表。

姓名		考号		考点		
评价项目或内容		配分	评价(分)标准		扣分	得分
电路设计、安装与接线		10 分	1. 系统运行正常，但没按电路图接线，扣 1 分。 2. 线路安装工艺不整齐、不美观，主电路、控制电路每处扣 0.5 分；接点松动、露铜过长每处扣 0.5 分。 本项配分扣完为止			
系统调试		10 分	1. 通电测试发生短路和开路现象扣 10 分。 2. 通电测试扣坏元件，每项扣 2 分。 3. 不会调整测试参数，每项扣 2 分。 4. 系统参数不符合要求，每处扣 2 分。 本项配分扣完为止			
识图与绘图		7 分	1. 电气图形文字符号错误或遗漏，每处扣 2 分。 2. 电路原理错误扣 5 分。 3. 电路图绘制不美观，每处扣 1 分			
安全文明操作		3 分	1. 有一项不合格扣 1~3 分。 2. 发生严重事故，取消评价资格			
规定时间	50min	开始时间		完成时间		总评分
考评员				考评日期		年 月 日

【试题四】直流调速系统安装与维修

1. 试题名称——直流调速系统的故障检测与排除

2. 试题内容及要求

(1) 按照电气安装规范，完成开环直流调速系统主电路的接线。

(2) 调节给定电位器，使电枢电压恒定在（   ）V（具体电压由考评员指定）。

(3) 正确使用仪表和工具。

(4) 在开环直流调速系统实训控制线路板上设置 6 个故障开关，考试时由考评员任选其中一个设置故障。

(5) 所有操作符合行业安全文明生产规范。
(6) 写出电气控制线路故障现象、画出故障点局部电路图。
① 故障现象描述。
② 故障点局部电路图。

3. 答题时间

满分 20 分，考试时间 40min。

4. 答题所需仪表、仪器、工具及器材

(1) 开环直流调速系统主电路图：

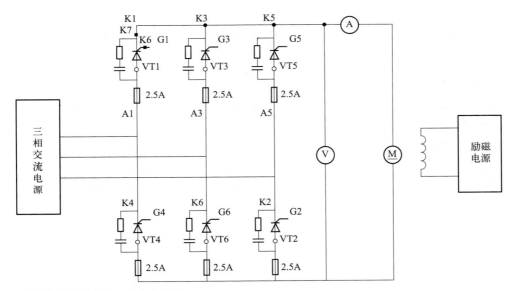

(2) 开环直流调速系统触发电路图：

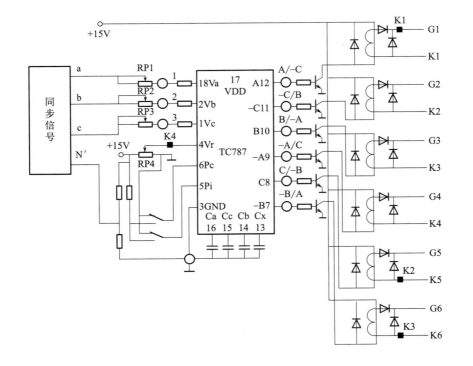

(3) 电工常用工具、示波器、万用表。

5. 答题评价

答题评价总分为 20 分，具体评价标准详见下表。

姓名		考号		考点			
评价项目或内容		配分		评价(分)标准		扣分	得分
故障现象		6 分		1. 操作按钮控制开关,查看故障现象,操作方法步骤不正确,每处扣 1~3 分。 2. 故障现象记录不清晰、不完整、不正确扣 1~3 分			
故障原因分析		5 分		由原理图分析故障原因,分析不完整、不正确扣 1~3 分			
故障检修		6 分		1. 故障点排查错误一个扣 2 分。 2. 故障检修过程不熟练扣 1~2 分。 3. 检修工艺流程不对扣 1~3 分			
安全文明操作		3 分		1. 有一项不合格扣 1~3 分。 2. 发生严重事故,取消评价资格			
规定时间	40min	开始时间		完成时间		总评分	
考评员				考评日期		年 月 日	

二、国家职业技能标准——电工（2019 年版）

1. 职业概况

1.1 职业名称

电工

1.2 职业编码

6-31-01-03

1.3 职业定义

使用工具、量具和仪器、仪表，安装、调试与维护、修理机械设备电气部分和电气系统线路及器件的人员。

1.4 职业技能等级

本职业共设五个等级，分别为：五级/初级工、四级/中级工、三级/高级工、二级/技师、一级/高级技师。

1.5 职业环境条件

室内、外，常温。

1.6 职业能力特征

具有一定的学习理解能力、观察判断推理能力和计算能力，手指和手臂灵活，动作协调，无色盲。

1.7 普通受教育程度

初中毕业（或相当文化程度）。

1.8 职业技能鉴定要求

1.8.1 申报条件

——具备以下条件之一者，可申报五级/初级工：

(1) 累计从事本职业工作 1 年（含）以上。

(2) 本职业学徒期满。

——具备以下条件之一者，可申报四级/中级工：

(1) 取得本职业五级/初级工职业资格证书（技能等级证书）后，累计从事本职业工作 4 年（含）以上。

(2) 累计从事本职业工作 6 年（含）以上。

(3) 取得技工学校本专业或相关专业毕业证书（含尚未取得毕业证书的在校应届毕业生）；或取得经评估论证、以中级技能为培养目标的中等及以上职业学校本专业或相关专业毕业证书（含尚未取得毕业证书的在校应届毕业生）。

——具备以下条件之一者，可申报三级/高级工：

(1) 取得本职业四级/中级工职业资格证书（技能等级证书）后，累计从事本职业工作 5 年（含）以上。

(2) 取得本职业四级/中级工职业资格证书（技能等级证书），并具有高级技工学校、技师学院毕业证书（含尚未取得毕业证书的在校应届毕业生）；或取得本职业四级/中级工职业资格证书，并具有经评估论证、以高级技能为培养目标的高等职业学校本专业或相关专业毕业证书（含尚未取得毕业证书的在校应届毕业生）。

(3) 具有大专及以上本专业或相关专业毕业证书，并取得本职业四级/中级工职业资格证书（技能等级证书）后，累计从事本职业工作 2 年（含）以上。

——具备以下条件之一者，可申报二级/技师：

(1) 取得本职业三级/高级工职业资格证书（技能等级证书）后，累计从事本职业工作 4 年（含）以上。

(2) 取得本职业三级/高级工职业资格证书（技能等级证书）的高级技工学校、技师学院毕业生，累计从事本职业工作 3 年（含）以上；或取得本职业预备技师证书的技师学院毕业生，累计从事本职业工作 2

年(含)以上。

——具备以下条件者,可申报一级/高级技师:

取得本职业二级/技师职业资格证书(技能等级证书)后,累计从事本职业工作4年(含)以上。

1.8.2 鉴定方式

分为理论知识考试、技能考核以及综合评审。理论知识考试以笔试、机考等方式为主,主要考核从业人员从事本职业应掌握的基本要求和相关知识要求;技能考核主要采用现场操作、模拟操作等方式进行,主要考核从业人员从事本职业应具备的技能水平;综合评审主要针对技师和高级技师,通常采取审阅申报材料、答辩等方式进行全面评议和审查。

理论知识考试、技能考核和综合评审均实行百分制,成绩皆达60分(含)以上者为合格。职业标准中标注"★"的为涉及安全生产或操作的关键技能,如考生在技能考核中违反操作规程或未达到该技能要求的,则技能考核成绩为不合格。

……

更多详情扫描二维码查看。

扫码查看
更多详情

参考文献

[1] 陈斗. 维修电工国家职业资格培训教材（初级、中高级）[M]. 北京：电子工业出版社. 2022.
[2] 陈斗. 设备电气控制与检修 [M]. 北京：电子工业出版社. 2022.
[3] 陈斗. 电工电路的分析与应用 [M]. 北京：中国水利水电出版社. 2018.
[4] 陈斗. 电子电路分析与应用 [M]. 北京：化学工业出版社. 2019.
[5] 陈斗. 电工与电子技术 [M]. 北京：化学工业出版社. 2013.
[6] 孙增全，丁海明，童书霞. 维修电工增训读本 [M]. 北京：化学工业出版社. 2010.
[7] 吴关兴，金国砥，鲁晓阳. 维修电工中级实训 [M]. 北京：人民邮电出版社. 2009.
[8] 周辉林. 维修电工技能实训教程 [M]. 北京：冶金工业出版社. 2009.
[9] 华满香，刘小春，唐亚平. 电气自动化技术 [M]. 长沙：湖南大学出版社. 2012.
[10] 廖芳. 电子产品生产工艺与管理 [M]. 北京：电子工业出版社. 2007.
[11] 汤光华，黄新民. 模拟电子技术 [M]. 湖南：中南大学出版社. 2007.
[12] 刘美俊. 西门子PLC编程及应用 [M]. 北京：机械工业出版社. 2011.
[13] 高安邦. S7-200PLC工程应用设计 [M]. 北京：机械工业出版社. 2011.
[14] 周四六. FX系列PLC项目教程 [M]. 北京：机械工业出版社. 2011.
[15] 丁洪起. PLC技术及工程应用 [M]. 北京：清华大学出版社. 2011.
[16] 王建. PLC实用技术（三菱）[M]. 北京：机械工业出版社. 2012.
[17] 向晓汉. S7-200PLC完全精通教程 [M]. 北京：化学工业出版社. 2012.
[18] 李树元，孟玉茹. 电气设备控制与检修 [M]. 北京：中国电力出版社. 2009.
[19] 中国中车集团有限公司编. 轨道交通电气设备装调（中级）[M]. 北京：中国铁道出版社有限公司. 2021.
[20] 杨德印，杨电功，崔靖. 电气控制一本通 [M]. 北京：化学工业出版社. 2018.
[21] 屈刚，何志伟. 机床电气控制线路识图技巧：升级版 [M]. 2版. 北京：机械工业出版社. 2016.
[22] 王建，刘艳菊，杜新琦. 电工：初级、中级 [M]. 北京：机械工业出版社. 2021.
[23] 付志勇，房永亮. 维修电工实践教程 [M]. 北京：中国电力出版社. 2019.
[24] 殷佳琳，罗华富. 电工技能与工艺项目教程 [M]. 3版. 北京：电子工业出版社. 2019.
[25] 黄志坚. 机床电气设备维修实用技术 [M]. 北京：中国电力出版社. 2018.